中渗透砂岩气藏
地下储气库改建技术

钱根葆 王延杰 王 彬 等著

石油工业出版社

内 容 提 要

本书以准噶尔盆地 A 储气库的建设为例，对中渗透砂岩气藏地下储气库改建技术进行了系统的描述。

本书可供石油工程技术人员参考。

图书在版编目(CIP)数据

中渗透砂岩气藏地下储气库改建技术/钱根葆等著.
北京:石油工业出版社,2016.5
(准噶尔盆地油气勘探开发系列丛书)
ISBN 978-7-5183-1245-0

Ⅰ.中…
Ⅱ.钱…
Ⅲ.准噶尔盆地-低渗透油气藏-地下储气库-改建
Ⅳ.TE972

中国版本图书馆 CIP 数据字(2016)第 081123 号

出版发行:石油工业出版社
　　　　(北京安定门外安华里 2 区 1 号楼　100011)
　　　　网　址:www.petropub.com
　　　　编辑部:(010)64523543　图中营销中心:(010)64523633
经　销:全国新华书店
印　刷:北京中石油彩色印刷有限责任公司

2016 年 5 月第 1 版　2016 年 5 月第 1 次印刷
787×1092 毫米　开本:1/16　印张:10.75
字数:272 千字

定价:80.00 元
(如出现印装质量问题,我社图书营销中心负责调换)
版权所有,翻印必究

《中渗透砂岩气藏地下储气库改建技术》
编 写 人 员

钱根葆　王延杰　王　彬　庞　晶

崔国强　李道清　闫利恒　孔丽娜

仇　鹏　陈　超

序

　　准噶尔盆地位于中国西部,行政区划属新疆维吾尔自治区。盆地西北为准噶尔界山,东北为阿尔泰山,南部为北天山,是一个略呈三角形的封闭式内陆盆地,东西长700千米,南北宽370千米,面积13万平方千米。盆地腹部为古尔班通古特沙漠,面积占盆地总面积的36.9%。

　　1955年10月29日,克拉玛依黑油山1号井喷出高产油气流,宣告了克拉玛依油田的诞生,从此揭开了新疆石油工业发展的序幕。1958年7月25日,世界上唯一一座以石油命名的城市——克拉玛依市诞生。1960年,克拉玛依油田原油产量达到166万吨,占当年全国原油产量的40%,成为新中国成立后发现的第一个大油田。2002年原油年产量突破1000万吨,成为中国西部第一个千万吨级大油田。

　　准噶尔盆地蕴藏着丰富的油气资源。油气总资源量107亿吨,是我国陆上油气资源当量超过100亿吨的四大含油气盆地之一。虽然经过半个多世纪的勘探开发,但截至2012年底石油探明程度仅为26.26%,天然气探明程度仅为8.51%,均处于含油气盆地油气勘探阶段的早中期,预示着巨大的油气资源和勘探开发潜力。

　　准噶尔盆地是一个具有复合叠加特征的大型含油气盆地。盆地自晚古生代至第四纪经历了海西、印支、燕山、喜马拉雅等构造运动。其中,晚海西期是盆地坳隆构造格局形成、演化的时期,印支—燕山运动进一步叠加和改造,喜马拉雅运动重点作用于盆地南缘。多旋回的构造发展在盆地中造成多期活动、类型多样的构造组合。

　　准噶尔盆地沉积总厚度可达15000米。石炭系—二叠系被认为是由海相到陆相的过渡地层,中、新生界则属于纯陆相沉积。盆地发育了石炭系、二叠系、三叠系、侏罗系、白垩系、古近系六套烃源岩,分布于盆地不同的凹陷,它们为准噶尔盆地奠定了丰富的油气源物质基础。

　　纵观准噶尔盆地整个勘探历程,储量增长的高峰大致可分为西北缘深化勘探阶段(20世纪70—80年代)、准东快速发现阶段(20世纪80—90年代)、腹部高效勘探阶段(20世纪90年代—21世纪初期)、西北缘滚动勘探阶段(21世纪初期至今)。不难看出,勘探方向和目标的转移反映了地质认识的不断深化和勘探技术的日臻成熟。

　　正是由于几代石油地质工作者的不懈努力和执著追求,使准噶尔盆地在经历了半个多世纪的勘探开发后,仍显示出勃勃生机,油气储量和产量连续29年稳中有升,为我国石油工业发展做出了积极贡献。

　　在充分肯定和乐观评价准噶尔盆地油气资源和勘探开发前景的同时,必须清醒地看到,由于准噶尔盆地石油地质条件的复杂性和特殊性，随着勘探程度的不断提高，勘探目标多呈"低、深、隐、难"的特点，勘探难度不断加大，勘探效益逐年下降。巨大的剩余油气资源分布和赋存于何处，是目前盆地油气勘探研究的热点和焦点。

由新疆油田公司组织编写的《准噶尔盆地油气勘探开发系列丛书》历经近两年时间的努力，今天终于面世了。这是第一部由油田自己的科技人员编写出版的专著丛书，这充分表明我们不仅在半个多世纪的勘探开发实践中取得了一系列重大的成果、积累了丰富的经验，而且在准噶尔盆地油气勘探开发理论和技术总结方面有了长足的进步，理论和实践的结合必将更好地推动准噶尔盆地勘探开发事业的进步。

系列专著的出版汇集了几代石油勘探开发科技工作者的成果和智慧，也彰显了当代年轻地质工作者的厚积薄发和聪明才智。希望今后能有更多高水平的、反映准噶尔盆地特色地质理论的专著出版。

"路漫漫其修远兮，吾将上下而求索"。希望从事准噶尔盆地油气勘探开发的科技工作者勤于耕耘，勇于创新，精于钻研，甘于奉献，为"十二五"新疆油田的加快发展和"新疆大庆"的战略实施做出新的更大的贡献。

新疆油田公司总经理 陈治发
2012.11.8

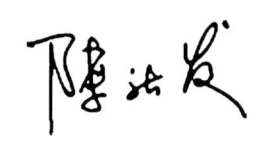

前　言

地下储气库作为一种具有注入、存储、采出天然气功能的地下地质储气构造,在季节调峰和能源安全保障等方面具有重要作用,越来越受到许多国家的重视。目前全球已建立大量的地下储气库,但绝大部分分布在北美、欧洲、俄罗斯—中亚等地区;目前中国已建立的储气库数量较少,储气库建设经验较为欠缺,储气库建设技术也相对落后,还没有形成非常系统、完善的储气库建设方法。

准噶尔盆地 A 储气库发育多条断层,建库密封性的评价与监测非常困难;由于气藏采出程度高,压力下降对储层物性产生影响,并且气藏规模大、具有边底水,设计出合理的储气库库容参数难度很大;在强注强采过程中如何准确评价注采井的注采气能力、如何利用数值模拟技术也是巨大的挑战。A 储气库作为目前中国最大的地下储气库,在面对这些难题时缺少可以借鉴的经验,但中国石油新疆油田公司组织大量研究人员,针对上述难题,开展地质、地球物理、油藏工程等多学科技术结合的艰苦攻关研究,最终形成了 4 项关键技术:盖层及断层密封性评价技术、弱边水大型储气库库容参数设计技术、强注气过程注气能力评价技术及强注强采数值模拟技术。A 储气库的成功建设有效保障了新疆地区的季节调峰和西气东输二线的应急供气,它不仅推进了新疆经济建设与发展的步伐,同时对我国地下储气库的建设与技术进步也具有重要意义。

全书以准噶尔盆地 A 储气库的建设为例,对中渗透砂岩气藏地下储气库改建技术进行了较系统的描述,可为国内外同类型储气库的建设提供丰富的参考资料。

全书共分为十章。第一章对国内外储气库的建设发展状况、技术发展趋势进行了全面的介绍。第二章在储气库选址基本原则调研的基础上,分析了 A 气藏改建地下储气库的有利因素、不利因素与建库规模,并针对 A 气藏改建地下储气库所面临的主要问题提出了需要攻克的关键技术难题。第三章系统介绍了 A 储气库的地质构造、地层与砂层划分、地层沉积特征、储层特征及气藏特征。第四章分别从微观和宏观的角度对 A 储气库盖层密封性和断层密封性进行了评价。第五章介绍了 A 气藏的开发现状,分析了气井产水情况、单井采气能力变化,并总结了 A 气藏的驱动类型。第六章从产能方程出发,对直井和水平井的采气能力与注气能力分别进行了评价。第七章阐述了储气库设计的基本原则,并在 A 气藏原始地质储量计算的基础上、考虑水侵及反凝析等因素的影响后预测了 A 储气库的库容量。

第八章阐述了 A 储气库注采层位、注采井网的设计,建立了气藏数值模拟,并通过多种方案的设计比较优选出了第一周期的注采气方案。第九章介绍了 A 储气库主要的监测方法,并对监测内容及方案进行了设计。第十章介绍了 A 储气库的工程进展,并对第一周期的注采气效果进行了评价。

在全书编写过程中,中国石油新疆油田公司原总经理陈新发欣然为本丛书作序,西南石油大学教授司马立强等人参与了部分编写工作,新疆油田公司专家周惠泽对全书做了系统校审,在此深表感谢。

鉴于编者水平有限,难免有错误及不妥之处,敬请广大读者不吝指正。

CONTENTS 目录

第一章 绪论 …………………………………………………………………（1）
　第一节 国外地下储气库发展现状 …………………………………………（1）
　第二节 国内地下储气库发展现状 …………………………………………（5）

第二章 A气藏改建储气库条件与关键技术分析 ……………………………（10）
　第一节 库址筛选 …………………………………………………………（10）
　第二节 A气藏改建地下储气库主要难点与关键技术 ……………………（12）

第三章 储气库地质特征 ………………………………………………………（14）
　第一节 山前高陡构造解释 ………………………………………………（14）
　第二节 地层对比与划分 …………………………………………………（20）
　第三节 沉积特征 …………………………………………………………（24）
　第四节 储层特征描述 ……………………………………………………（28）
　第五节 气藏特征 …………………………………………………………（37）

第四章 储气库密封性评价 ……………………………………………………（44）
　第一节 盖层密封性评价 …………………………………………………（44）
　第二节 断层密封性评价 …………………………………………………（49）

第五章 气藏开采特征 …………………………………………………………（52）
　第一节 开发现状分析 ……………………………………………………（52）
　第二节 气井产水分析 ……………………………………………………（53）
　第三节 采气能力变化分析 ………………………………………………（55）
　第四节 气藏驱动类型分析 ………………………………………………（56）

第六章 建库注采气能力评价 …………………………………………………（60）
　第一节 注采井产能分析 …………………………………………………（60）
　第二节 采气能力评价 ……………………………………………………（66）
　第三节 注气能力评价 ……………………………………………………（74）

第七章 库容参数设计 …………………………………………………………（81）
　第一节 储气库设计原则 …………………………………………………（81）
　第二节 库容量设计 ………………………………………………………（82）

第三节　工作气量预测 …………………………………………………（95）
第八章　建库方案设计 ………………………………………………………（99）
　　第一节　注采层位设计 …………………………………………………（99）
　　第二节　注采井网设计 …………………………………………………（99）
　　第三节　气藏数值模拟 …………………………………………………（101）
　　第四节　注采气方案设计（第一周期）…………………………………（109）
第九章　储气库监测方案设计 ………………………………………………（126）
　　第一节　主要监测方法介绍 ……………………………………………（126）
　　第二节　监测内容及方案设计 …………………………………………（130）
第十章　注采效果评价（第一周期）…………………………………………（135）
　　第一节　储气库工程建设进展 …………………………………………（135）
　　第二节　注气效果评价 …………………………………………………（136）
　　第三节　采气效果评价 …………………………………………………（143）
参考文献 ………………………………………………………………………（155）

第一章 绪 论

第一节 国外地下储气库发展现状

地下储气库是一种具有注入、存储、采出天然气功能的地下地质储气构造。它作为大型天然气集输工程的重要组成部分,对优化天然气产、供、销系统功能,减少工程投资;对调节用气市场冬夏季节的用气不均衡,保障用户需求;对实现天然气资源的储备,提供经济与生活的战略性能源安全保障都具有重要作用(马小明等,2011)。

由于地下储气库在调峰和保障供气安全方面具有不可替代的作用和明显的优势,因而越来越受到许多国家的重视。相关资料显示,全球10%左右的天然气用气量由地下储气库供应,西欧国家和俄罗斯分别达到20%、30%。就国际上储气库发展趋势看,欧美国家正在不断加大储气库的建设力度,增大储气量,除了常规的调峰应急需要外,已经开始进行天然气战略储备的课题研究。美国已经就长输管网地下储气库建立相关的法律,欧洲国家也有立法的趋势。

目前世界上典型的天然气地下储气库类型有4种:枯竭油气藏储气库、含水层储气库、盐穴储气库、废弃矿坑(岩洞)储气库(李国兴,2006)。

一、国外地下储气库建设发展状况

自1915年加拿大在Welland气田建成世界上第一个地下储气库以来,地下储气库经历了一个世纪的发展历程。据IGU2009年统计资料表明(马小明等,2011;郭平等,2012;IGU,2009),全世界共建成、并运营各类地下储气库共630座,总的工作气量达3524.81×10^{8}m^3,相当于同期世界天然气总销量的11.7%或民用—商用气的44%。与2005年3330×10^{8}m^{3}的工作气量相比,5年间全球地下储气库的工作气量增加了200×10^{8}m^3(郭平等,2012)。这些储气库分属全世界35个国家110多家公司,其分布状况见表1-1。

表1-1 世界各国地下储气库统计表

国家	枯竭油气藏储气库(座)	含水层储气库(座)	盐穴储气库(座)	岩洞储气库(座)	废弃矿坑储气库(座)	总数(座)	工作气量(10^{8}m^3)
美国	307	51	31			389	1106.74
加拿大	43		9			52	164.13
德国	15	7	23		1	46	203.15
俄罗斯	15	7				22	955.61
法国		12	3			15	119.13
乌克兰	11	2				13	318.80
意大利	11					11	167.55

续表

国家	枯竭油气藏储气库(座)	含水层储气库(座)	盐穴储气库(座)	岩洞储气库(座)	废弃矿坑储气库(座)	总数(座)	工作气量($10^8 m^3$)
捷克	6	1		1		8	30.73
奥地利	6					6	41.84
中国	5		1			6	11.40
波兰	5		1			6	16.60
罗马尼亚	6					6	27.60
英国	3		3			6	37.00
匈牙利	5					5	37.20
澳大利亚	4					4	11.34
日本	4					4	5.50
哈萨克斯坦	1	2				3	42.03
荷兰	3					3	50.00
乌兹别克斯坦	3					3	46.00
阿塞拜疆	2					2	13.50
白俄罗斯	1	1				2	7.50
丹麦		1	1			2	8.20
斯洛伐克	2					2	27.20
西班牙	2					2	14.59
土耳其	2					2	16.00
亚美尼亚	1					1	1.00
阿根廷			1			1	1.10
比利时		1				1	5.50
保加利亚	1					1	5.00
克罗地亚	1					1	5.58
爱尔兰	1					1	2.10
吉尔吉斯斯坦	1					1	0.60
拉脱维亚		1				1	23.00
匈牙利			1			1	1.50
瑞典				1		1	0.09
合计	467	86	74	2	1	630	3524.81
占总数百分比(%)	74.13	13.65	11.74	0.32	0.16		

全球地下储气库总的工作气量中,北美地区占36%,欧洲占24%,独联体国家占39%,西亚和亚太地区占0.8%,拉丁美洲和加勒比海地区占0.03%(丁国生,2010)。这些储气库中最

主要的类型是枯竭油气藏储气库,占总数的 74.13%;其次是含水层储气库,占 13.35%;盐穴储气库占 11.57%;岩洞储气库与废弃矿坑储气库较少,分别占 0.32%、0.16%(IGU,2009)。

世界地下储气库发展极不平衡,其中,北美地区(美国、加拿大)发展最为迅猛,其次是欧洲、俄罗斯—中亚地区,其中美国、俄罗斯、乌克兰、德国、意大利、加拿大、法国是地下储气库大国,其地下储气库工作气量约占全球地下储气库总工作气量的 85%。亚太地区及其他地区发展相对滞后,非洲到目前为止尚未建成一座地下储气库。

1. 北美地区

北美作为世界地下储气库开发的先驱,其运营的储气库数量共 441 座,占总量的 70%。在加拿大,民用气占消耗总量的比例达 44%,美国也达 38%。因此,取暖季节的天然气供应主要来源于地下储气库。

美国拥有的天然气地下储气库数量居世界第一,现在共运营储气库 389 座,库容量为 $2277 \times 10^8 m^3$,工作气容量达到 $1106.74 \times 10^8 m^3$,其工作气容量占美国全年消费量的 17.2%。美国 1916 年在纽约布法罗附近的 ZOAR 枯竭气田利用气藏建设储气库,1954 年在 CALG 的纽约城气田首次利用枯竭油藏建成储气库,1958 年在肯塔基首次建成含水层储气库,1963 年在科罗拉多丹佛附近首次建成废弃矿坑储气库。其中南加州地下储气库是美国地下储气库的典范,代表了美国地下储气库的能力与技术水平,其规模大,储量多,同时还可以出租或代储(佚名,2001)。储气库的灵活性在天然气消费旺季与淡季发挥重要作用,特别是在发生世界能源危机与极端异常气候年度,储气库的灵活性将得到充分利用。例如 1998 年,由于气候条件压制了天然气的需求,美国的储气库吸纳了市场上大量不急需的剩余产量。美国天然气研究所(GRI)研究报告预测,到 2015 年,工作气储存容量将增至约 $1130 \times 10^8 m^3$。

加拿大作为最早建设地下储气库的国家,其开发储气库主要是基于以下两个方面的原因:一是加拿大的天然气产区主要集中在西部几个省,而主要用气地区则分布在东部;二是加拿大全年温差变化相对大,从而加大了原本就高度不均的季节耗气量变化。加拿大共建有 52 座地下储气库,工作气量为 $164.13 \times 10^8 m^3$,其类型主要是枯竭油气藏储气库,其次是盐穴储气库(丁国生,2010)。

2. 欧洲地区

欧洲地区地下储气库也比较发达。西欧和东欧储气库建设具有各自不同的特点。西欧是世界上第三大天然气市场,其天然气消费大多集中在民用与第三产业,而这两个产业的需求波动较大,因此,西欧开发了许多储气设施,以满足高峰需求并确保供给安全。西欧各国储气库数量相差悬殊,大多数储气库分布在德国、法国、意大利和英国。其中德国已建有地下储气库 46 座,工作气量达 $203.15 \times 10^8 m^3$;法国已建有地下储气库 15 座,工作气量达 $119.13 \times 10^8 m^3$;意大利已建有地下储气库 11 座,工作气量达 $167.55 \times 10^8 m^3$;英国已建有地下储气库 6 座,工作气量达 $37 \times 10^8 m^3$。

东欧的情况与西欧不同,东欧的天然气主要用于工业消费,其次是用于发电,住宅与商业部分的消费量很低,其用气量的季节性变化小于西欧。目前,东欧地区建设地下储气库的国家有罗马尼亚、保加利亚、捷克、斯洛伐克、前南斯拉夫、波兰、匈牙利等。东欧国家的大部分天然气从俄罗斯进口,存在供气中断的风险,因此,急需建设相应的储气设施。波兰正准备在

Wicrchowicc 附近将一个枯竭的气藏建成一座容量为 $43 \times 10^8 m^3$ 的储气库。捷克正在 DolniBojanovicc 附近的枯竭气藏新建一个储气库,工作气容量为 $3 \times 10^8 m^3$(杨伟等,2010)。

3. 俄罗斯—中亚地区

俄罗斯和中亚地区蕴藏丰富的天然气资源,每年向东欧地区出口相当数量的天然气。天然气在该地区的一次能源消费中约占 20%,在俄罗斯更是高达 50% 以上。巨大的天然气消费量要求其具备完善的地下储气库系统,以确保国家能源安全。该地区的地下储气库主要分布在俄罗斯、乌克兰、哈萨克斯坦、阿塞拜疆等国家。

俄罗斯地下储气库建设工作起步较晚,1959 年在莫斯科附近建设了第一座地下储气库,其后发展很快,1960 年就有 4 座地下储气库投产,目前有 22 座正常运营,工作气量 $955.61 \times 10^8 m^3$,仅次于美国。其中枯竭油气藏储气库 15 座,含水层储气库 7 座(丁国生,2010)。准备建于盐穴的 4 个地下储气库项目在处于论证、投资和建设的研究阶段。据 2005—2010 年俄罗斯地下储气工作规划,2010—2011 年采气季节计划将地下储气库的日采气量达到 $7 \times 10^8 m^3$ 的水平。在 2030 年以前,俄罗斯计划投资 2000 亿卢布用于发展地下储气库系统,其中 700 亿卢布用于改造现有的地下储气库(杨伟等,2010)。

乌克兰拥有 13 座地下储气库,其中 11 座由枯竭气田与凝析气田改建,2 座由含水层改建,储气量达 $318.8 \times 10^8 m^3$,取暖季节初期最大输出能力为 $1.7 \times 10^8 m^3$。乌克兰的地理环境特别适合发展储气库,在其境内有大量的气田、凝析气田和油田,它们大多数实际上已趋于枯竭,从而为储气库的建立提供了良好的条件(马小明等,2011)。

综上所述,美国、俄罗斯、乌克兰、德国、意大利、加拿大、法国是地下储气库大国,其地下储气库工作气量约占全球地下储气库总工作气量的 85%。今后地下储气库的需求主要增长区还是欧洲、北美和独联体国家等天然气市场较为成熟的国家和地区。根据 IGU 预测,全球地下储气库工作气量将从 2005 年的 $3330 \times 10^8 m^3$ 增加到 2030 年的 $5430 \times 10^8 m^3$。其中,欧洲地下储气库工作气量将从 2005 年的 $790 \times 10^8 m^3$ 增加到 2030 年的 $1350 \times 10^8 m^3$;北美地区的地下储气库工作气量将从 2005 年的 $1160 \times 10^8 m^3$ 增加到 2030 年的 $1870 \times 10^8 m^3$;独联体国家的地下储气库工作气量将从 2005 年的 $1360 \times 10^8 m^3$ 增加到 2030 年的 $1770 \times 10^8 m^3$。亚太地区由于受到天然气管网的限制和地下储气库建库地质条件的限制,且日本、韩国等传统天然气市场以 LNG 为主,储气库总体工作气量比例仍将小于 1%(丁国生,2010)。

二、国外地下储气库技术发展趋势

国外储气库经历了近一个世纪的发展历程,特别是欧美主要发达国家与俄罗斯的储气库研究、建设及运行形成了相应的技术体系与发展模式(丁国生等,2006)。

(1)形成了 3 种典型的储气库技术体系:
① 利用废弃油气藏改建地下储气库评价设计与运行技术体系。
② 含水层储气库建库评价、设计技术体系。
③ 盐穴储气库建库评价、设计技术体系。

(2)储气库技术随着油气田开采技术的发展而发展,并将油气开发的最前沿技术应用于储气库的建设,包括将地震、测井等多种勘探评价技术用于储气库的改建;将地质建模等精细地质描述技术用于储气库的地质评价;将实验分析与数值模拟等油藏工程分析技术用于储气库的设计;水平井、分支井开采技术等完井工程技术用于储气库的开采;将声呐技术用于盐穴溶腔形成预测等。

（3）随着储气库技术的不断发展完善,现在地下储气库技术主要向延长地下储气库使用寿命、减少地下储气库对环境的影响和增强地下储气库运行的灵活性等方向发展。归纳起来,储气库建设技术发展出现了以下趋势(丁国生等,2006;FRAN K HEINZE,2003):

① 加强气库的上下游协调优化,提高储气库的协调能力。在储气库建库运行期间特别强调储气库的协调运行,包括地面地下一体化管理、储气库与管网的一体化管理、储气库与市场用户一体化管理等。

② 加强地下储气库优化管理,提高储气库的利用效率。主要包括加大储气库运行压力范围,提高储气库运行效率;优化注采井网与注采量,减少水侵对储气库运行的影响;利用焊接注采管柱,提高储气库安全性;提高最大注采速度,加快储气库周转;广泛采用新型压缩机、脱水方式;实现储气库的在线监控及远程遥控等。

③ 在油藏和含水层储气库领域进行试验和摸索。包括将储气库建设与提高原油采收率相结合的建库技术、大幅度提高单井产能的钻完井技术、减少垫气量的垫气混相技术、低幅度水平层建库技术、储气库泄漏监测与泡沫堵漏技术和盐穴储气库气囊应用技术等。

④ 盐穴储气库建库技术将得到进一步发展。由于利用盐丘建设储气库技术已经成熟,盐丘建腔将向百万立方米以上大型化溶腔方向发展;盐层储气库技术已经得到快速发展,但还有很大的发展空间。从厚盐层(500m以上)建库将逐步向200m甚至其以下的薄盐层方向发展;适应薄盐层建库的系列造腔技术、稳定评价技术、泄漏控制与监测技术将会继续得到发展(郭平等,2012;刘伟等,2011)。

⑤ 用惰性气体、氮气、二氧化碳代替天然气作为储气库的垫层气。地下储气库内的气体主要由垫层气、工作气及未动用气组成。其中,垫层气占总工作气量的45%～130%,具有相当大的比例。而目前通常采用天然气作为垫层气,其投资费用高。以美国为例,1987年美国地下储气库的总垫层气量达$1080 \times 10^8 m^3$,按评价每千立方米天然气60美元计,当年垫层气相当于长期沉积资金达64亿美元。因此,多年来一些地下储气库技术比较发达的国家对这一问题给予了极大关注,一直在研究减少垫层气增大有效气的可能性以及利用惰性气体、氮气、二氧化碳等成本较低的气体替换天然气作为地下储气库垫层气的可能性,以此节约大量投资。

第二节　国内地下储气库发展现状

一、国内地下储气库建设发展状况

1. 国内地下储气库建设发展历程

与西方发达国家相比,我国的地下储气库建设起步较晚。

20世纪70年代以前,我国天然气的主要产区在四川,修建地下储气库已开始讨论。20世纪50年代曾将川南阳高寺气田二叠系阳7井的高压气向同一气田三叠系压力较低井进行探索性试注,但未获成功;60年代,威成线向成都供气后,考虑供气安全,也曾拟利用成都附近磨盘山构造作为终端气库,后因地质结构问题而放弃;70年代后期讨论将兴隆场气田作为干线储气库,但因技术原因搁置下来(王希勇等,2004)。

20世纪70年代在大庆油田曾经进行过利用气藏建设地下储气库的尝试,并建了两座地下储气库——萨尔图1号储气库与喇嘛甸储气库[13]。萨尔图1号储气库在运行十多年后,因储气库与市区扩大后的安全距离问题而被撤除;喇嘛甸储气库目前仍在使用,并于2000年进行了扩建,扩建后年注气量为$1\times10^8 m^3$。这两座地下储气库利用能力低,注气流程复杂,与国外技术相比,各方面差距很大(王希勇等,2004)。

20世纪90年代初,随着陕京天然气输气管道的建设,为确保北京、天津的安全供气,国家开始加大力度研究建设地下储气库技术。并先后在天津附近的大港油田利用枯竭凝析气藏建成了3个地下储气库,即大张坨地下储气库、板867地下储气库和板中北高点储气库(苏欣,2007)。

进入21世纪以来,我国储气库建设跨入了快速发展期,2013年7月,我国最大的地下储气库——呼图壁储气库投产,标志着我国储气库建设规模与技术又上了一个新的台阶。据资料统计(马小明等,2011;郭平等,2012;天工,2013;天工,2010),截至2013年,我国已建成地下储气库14座(表1-2),其中,萨尔图1号已停止运行。目前我国地下储气库工作气量已达$110.245\times10^8 m^3$,注气能力达$4501\times10^4 m^3$,采气能力达$11007\times10^4 m^3$。

表1-2 我国已建地下储气库汇总表

储气库名称	储气库类型	工作气量($10^8 m^3$)	注气能力($10^4 m^3$)	采气能力($10^4 m^3$)	建成时间	地理位置	备注
萨尔图1号	枯竭油气藏型				1969	大庆油田	
喇嘛甸	枯竭油气藏型	1.5	100	250	1975		
大张坨	凝析气藏型	6	320	1000	2000	大港油田	与京陕线配套
板876	凝析气藏型	2.17	100	300	2001		
板中北高点	凝析气藏型	10.97	150	300	2003		
板中北高点	凝析气藏型		150	600	2004		
板中南高点	凝析气藏型	4.7	225	600	2005		
板808、828	凝析油气藏型	6.74	360	600	2006		
京58	凝析油气藏型	7.535	400	700	2010	华北油田	
永22	枯竭油气藏型	2.99	136	250	2011		
金坛(一期)	盐穴型	5.4	640	1500	2006	江苏金坛	与西气东输配套
金坛(二期)	盐穴型	11.74	400	1500	2012		
刘庄	凝析气藏型	2.45	150	200	2012	江苏油田	
呼图壁	气藏型	45.1	1550	1066~1900	2013	新疆油田	
文96	枯竭油气藏型	2.95	70	200	2012	中原油田	
合计		110.245	4501	11007			

随着我国经济的快速发展,对天然气的需求量也持续增长,国内输气管道建设规模不断扩大,遍及全国的天然气管道网络基本形成,相应的天然气网络的供应安全也面临着极大的挑

战,从而也促使我国的地下储气库建设跨入快速发展期。

中国石油天然气股份有限公司规划在2020年前建成工作气量达$450 \times 10^8 m^3$的地下储气库,其中2011—2015年,要先期在大港油田、华北油田、辽河油田、西南油气田、新疆油田、长庆油田等6个油田建设10座总工作气量达$240 \times 10^8 m^3$的地下储气库,2010年初步完成的构造筛选工作。

目前,中国石化的储气库项目已经通过国家发展和改革委员会可行性论证,文23储气库设计容量$108.3 \times 10^8 m^3$,工作气量$55 \times 10^8 m^3$;卫11储气库项目亦在规划论证中。

地下储气库在天然气工业发展过程中的作用重大,因此,政府、企业都对此高度重视。依据国家总体战略部署,中国将形成四大区域性联网协调的储气库群:东北储气库群、华北储气库群、长江中下游储气库群和珠江三角洲储气库群。展望2020年,国家将规划建设地下储气库30座以上,可调峰总量达$320 \times 10^8 m^3$。随着国家经济的高速发展和对能源需求的日益增长,地下储气库将在中国的油气消费、油气安全领域发挥更加重要的作用,建库目标将从目前的调峰型向战略储备型方向延伸及发展,建库技术水平也将在实践中不断得到提高。

2. 国内典型的地下储气库

目前,我国共有一批储气库建成并投入运行。

1)萨尔图1号储气库与喇嘛甸储气库(马小明等,2011;郭平等,2006;舒萍等,2001;李志等,2001)

我国在大庆利用枯竭气藏建造过萨尔图1号储气库与喇嘛甸储气库。萨尔图1号地下储气库于1969年由萨零组北块气藏转建而成,最大容量为$3800 \times 10^4 m^3$,年注气量不到库容的1/2,主要用于萨尔图市区民用气的季节性调峰。在运行十多年后,因储气库与市区扩大后的安全距离问题而被拆除;大庆喇嘛甸地下储气库1975年建成,是大庆合成氨的原料工程之一,建在喇嘛甸油田气顶部,地面设施的设计注采能力为$40 \times 10^4 m^3$,到1995年注气量为$2060 \times 10^4 m^3$,不足库容的0.5%。通过近年来的两次扩建,大庆喇嘛甸地下储气库的日储气能力达到$100 \times 10^4 m^3$,年注气能力达到$1.5 \times 10^8 m^3$,总库容已经达到$25.0 \times 10^8 m^3$,到目前为止已经安全运行30年,累计采气$10 \times 10^8 m^3$。

2)天津大张坨地下储气库(郭平等,2012;崔立宏等,2003;王起京等,2003)

我国首次大规模采用储气库调峰是在陕京输气管道工程,目的是解决北京市季节用气的不均衡性问题,保证向北京市稳定供气。2000年11月,我国首次在大港油田利用枯竭凝析气藏建成了大张坨地下储气库。大张坨地下储气库采用当时国内最先进的循环注气开采系统,有效工作采气量为$6 \times 10^8 m^3/a$,特殊时期的最大日调峰能力为$1000 \times 10^4 m^3$,地下储气库自2002年开始运行以来,一直运行正常,对北京市调峰发挥了重要作用。

之后,为了保证供气安全,并满足北京、天津、河北沧州等地天然气供应需求,2001年来,继大张坨地下储气库后又建成了板876地下储气库,板中北高点地下储气库。这3个储气库已经累计注气近$8 \times 10^8 m^3$,而且配套设施完善,能够在3min内启动整个应急供应系统,保证了北京的用气量。

3)江苏金坛地下储气库(丁国生,2010;丁国生,2003)

江苏省金坛地下储气库属盐穴地下储气库,是中国盐穴第一库,规模为亚洲第一,位于江苏省金坛市,是西气东输的重要调峰设施,它开创了中国利用深部洞穴实施能源储存的先河,在地址选区、区块评价、溶腔设计、造腔控制、稳定性分析、注采方案设计、钻完井工艺等多方面获得了一批研究成果和技术手段,是我国利用盐穴建设地下储气库的首创。设计单腔有效储气空间为 $25 \times 10^4 m^3$,工作气量为 $2550 \times 10^4 m^3$,第一批储气库已于 2010 年投产,形成了 $3.8 \times 10^4 m^3$ 调峰能力,并计划利用 10~15 年的持续建设,最终储气库储量将达到 $20 \times 10^8 m^3$。

4)呼图壁储气库

呼图壁储气库是目前为止我国最大的地下储气库,它位于准噶尔盆地南缘,作为我国重点建设项目,是一座由气藏改建的地下储气库,为西气东输管网首个大型配套系统,也是西气东输二线首座大型储气库,具备季节调峰和应急储备双重功能,设计总库容量为 $107 \times 10^8 m^3$,工作气量为 $45.1 \times 10^8 m^3$,是中国目前规模最大、建设难度最大的储气库建设项目。该储气库建成后将有效缓解新疆北疆冬季用气趋紧的局面,对保障西气东输稳定供气、北疆天然气平稳供应发挥重要作用。

二、国内地下储气库技术发展趋势

我国的地下储气库建设起步较晚,但随着我国经济的快速发展,储气库建设与技术发展非常快,特别是迈入 21 世纪以来,对天然气的需求量的持续增长,天然气网络的供应安全也促使我国的地下储气库建设跨入快速发展期,地下储气库技术也得到迅速发展与进步(张旭,2013)。

(1)枯竭油藏改建地下储气库技术的探索:我国自 2001 年便开始对油藏改建地下储气库技术进行系统的研究,并取得了一定的研究成果。通过对忠武线和陕京输气管线的油藏目标改建为地下储气库的系统研究,已经在建库周期、建库方式、渗流机理以及注排机理等各方面取得了较为明显的成果。

(2)气藏改建地下储气库技术逐渐成熟:中国石油勘探开发研究院等相关单位对库址选择以及选址评价等方面进行了科学的研究,我国的几座大型的地下储气库已经基本达到设计和实施的相关标准。随着多个地下储气库的建设顺利完工,在建库过程中所使用的各种工程技术已经得到了广泛的运用,而且部分技术已经具备一定的特色。由此可以证明,近年来我国的气藏改建地下储气库技术已经基本发展成熟。

(3)盐穴储气库的研究取得进展:我国自 1998 年起便开始了对盐穴储气库的研究,经过近 5 年的努力,先后完成了对定远、金坛建设盐穴地下储气库的可行性研究。并且在选址、溶腔设计以及区块评价等方面的技术水平得到了提高。

随着在我国储气库建设技术的不断发展、完善,逐步形成了更合理、更完善的储气库建设技术体系,目前地下储气库建设技术主要朝以下两个方面发展:

第一,地下储气库工艺设计将逐渐趋于标准化和统一化。虽然不同类型的地下储气库存在不同的工作参数和地质情况,但是各种类型的地下储气库在建设的过程中具有一些共同点。天然气集输以及处理工艺的设计原理对于任何地下储气库来说都是相同的,不同之处仅是设备和具体结构。在地下储气库的建设过程中,通过使用标准化的工艺设计,可以保证设计部门之间工作的协调性,在工艺方案选择中涉及的极其复杂的订货清单编制以及工艺计算等工作可以得到有效减少,从而大大减少了地下储气库建设过程中设计以及建设的工作量。通过完成地下储气库工艺设计的标准化和统一化,可以有效地减少建库周期、提高建库速度以及保证建库质量。

第二,数值模拟技术将进一步得到深入广泛的应用。国外的一些发达国家从20世纪开始就在地下储气库的建设和注采动态运行的研究过程中运用数值模拟技术。德国、美国、意大利等国家针对不同类型的储气库以及气体种类的差异性,不同的地质条件、不同的流动过程,提出了相应的数学模型,对储气库的实际运行提供了有效的理论依据,从而实现高效经济地控制地下储气库运行。当前,在对不同类型地下储气库运行的指导过程中,数值模拟已经成为一种有效的方法。随着数值模拟技术的不断发展,已经实现了地质力学模型与经济分析模型的结合,这种技术上的新突破不但可以在不增加储气成本的情况下提高储气库的注采应变能力以及储存能力,还能通过建立储气库优化运行模式提高经济效益。

第二章　A气藏改建储气库条件与关键技术分析

第一节　库址筛选

一、气藏地下储气库选址基本原则

气藏地下储气库对库址有很高的要求,并不是每个气藏都能改造成天然气地下储气库。由于地下储气库的特殊性,因此,对备选地下储气库气藏的地质条件、地面条件、开采状况及其他辅助条件都有一定的要求。根据对国内外地下储气库建设的研究与对比(马小明等,2011;杨毅等,2005;毛川勒等,2010;刘振兴等,2005),结合准噶尔盆地的地质条件与气田勘探开发现状,制定了以下气藏地下储气库选址基本原则。

1. 地理位置

靠近用户市场(200km),便于发挥调峰能力;在管道能力许可的条件下也可靠近长输干线,节约投资。

2. 地质条件

(1)构造落实且较简单,圈闭幅度大,密封性好;内部断层少、气水关系较简单。

(2)埋深适度,1000~2500m比较合适,一般不超过3500m,既发挥储气库效率又节约投资。

(3)储层有一定厚度、分布稳定、连通性好,物性好($\phi>15\%$,$K>100mD$),注采能力强。

(4)构造具有良好储盖组合,盖层具有一定厚度,分布稳定、封闭性能好。

(5)储气库具有一定的储气规模,降低单位投资。

3. 开发状况

(1)单井产能高,开采至中后期。

(2)老井和过层井少,井况简单,保证储气库的安全。

(3)天然气性质好,不含酸性气体,尤其是硫化氢气体含量不超标($<20mg/m^3$)。

4. 地面条件

交通便利,地面条件简单,远离人口密集区、大型的工厂及建筑物等,保证安全,易于建库、减少投资。

截至2009年底,准噶尔盆地累计探明天然气气藏31个,根据上述气藏地下储气库选址基本原则,优选A气田作为改建储气库的库址。

二、A气藏改建储气库条件分析

1. A气藏区域地质特征

A背斜位于准噶尔盆地南缘冲断带霍玛吐背斜带东段,该区经历了多期构造运动,特别是喜马拉雅期,受北天山强烈活动影响,使山前区强烈褶皱并伴生一系列大型逆掩断裂,造成深浅层构造有差异。A 背斜主要形成于喜马拉雅期。

石炭纪至早二叠世,南缘山前和阜康凹陷总体处于陆缘裂陷至有限洋盆环境。早石炭世,准噶尔洋继承了晚泥盆世开始的南北双向俯冲构造格局,而南缘地区则逐渐演化为陆间裂谷。中晚石炭世发生准噶尔板块与塔里木板块碰撞。

中晚二叠世,该区以内陆河湖相沉积为主,在阜康前缘沉积了芦草沟组和红雁池组半深湖—深湖相烃源岩,为该区油气生成奠定了物质基础。三叠纪基本继承并发展了晚二叠世的沉积格局,主要发育山麓冲—洪积相和河湖相碎屑岩沉积。

渐新世晚期至中新世初期,受印度板块和欧亚板块强烈碰撞造山影响,北天山快速、大幅度隆升,并向盆地冲断推覆,南缘冲断带开始形成,沉积中心西移至南缘西段独山子—高泉一带。喜马拉雅运动后期,北天山进一步隆升,阜康凹陷和南缘冲断带三排构造带最终定型,A 背斜在此时亦最终形成。

2. A 气藏建库有利因素

A 气藏是一个开采到一定程度的气藏,停止采气转为夏注冬采的地下储气库。A 气藏改建储气库具有以下有利因素(郭平等,2012):

(1)构造比较完整,为背斜构造,为建地下储气库提供了良好的构造条件。

(2)盖层、底层稳定,具备良好的密封性。古近系紫泥泉子组二段砂层顶部(地层符号为:$E_{1-2}z_2^1$)为一套 50m 左右砂泥互层泥岩盖层,上部安集海河组($E_{2-3}a$)为上百米区域性大盖层,下部紫泥泉子组一段($E_{1-2}z_1$)为稳定的砂层组。

(3)具有很大的天然气储气容积空间,具有良好的渗滤条件。储层有效孔隙度 19.5%,水平渗透率 64.89mD,垂直渗透率高,为水平渗透率的 50% 左右。

(4)采出程度高,地层压力保持程度低。气藏已到稳产的后期,2013 年 3 月 5 日气藏全面停采,累计采出天然气 $62.55 \times 10^8 m^3$,采出程度 52.0%,地层压力 14.37MPa,压力保持程度 42.3%,处于稳产阶段的后期。

(5)气井产能高。据多口生产井资料统计分析,单井无阻流量最低 $98 \times 10^4 m^3/d$,最高 $333 \times 10^4 m^3/d$,平均无阻流量 $188 \times 10^4 m^3/d$。

(6)气藏整体受边底水影响小。A 气田为受岩性构造控制的、带边底水的贫凝析气藏。总体产水量少,水气比低,西区气井部分见水,东区气井均产凝析水。目前只有 2 口井见地层水。

(7)所需垫层气少,建库及储气库运行成本低。

(8)储气库承压能力强,储气量大,一般注气井停止注气压力的最高上限可达到原始关井压力的 90%~95%。

(9)调峰工作气量大。一般调峰工作气量为注入气量的 70%~90%。

(10)有完整配套的天然气地面集输、水、电、通信、矿建等系统工程设施,可供选择利用。

(11)天然气注采及配套系统工程改造、新建工程量较小。

(12)建库周期短,试注、试采运行把握性大,工程风险小,工程实施快。

(13)有完整、成套的成熟采气工艺技术及熟练的技术人员。

(14)建库费用相对较低。

3. A 气藏建库不利因素

(1)气层在纵向上分两层,$E_{1-2}z_2^2$ 层受边底水影响较大。

(2)夹层局部发育。

(3)南缘构造带安集海河组地层厚度有 850m 左右,其中安集海河组底部有 300m 左右砂泥互层高压泥岩层,可钻性差,水平井能否在该区实施需进一步论证。

(4)地面影响:根据新疆维吾尔自治区政府新政函〔2008〕167 号关于昌吉高新技术产业开发区扩区的批复文件,A 气田所在范围已被昌吉市规划为高新技术产业开发区。

4. A 气藏建库规模

根据紫二段 $E_{1-2}z_2$ 气藏可采储量和采出程度,预测储气库容量为 $107×10^8 m^3$,工作气量为 $45.1×10^8 m^3$。可行性方案设计注采井 30 口,其中 $E_{1-2}z_2^1$ 砂层设计直井 26 口,$E_{1-2}z_2^2$ 砂层设计水平井 4 口;部署监测井 5 口(含 1 口备用监测井),污水回注井 2 口。

第二节 A 气藏改建地下储气库主要难点与关键技术

气藏改建地下储气库最核心的评价标准有 2 项:

(1)气藏的库容恢复即地下储气库核实库容及有效工作气规模。

(2)最高日调峰(采)供气能力。

因此,气藏改建地下储气库的关键是要围绕这 2 项评价标准进行攻关研究(李建中等,2013)。

一、A 气藏改建储气库主要难点

A 储气库是新疆改建的第一座储气库,且国内储气库改建研究工作起步较晚,缺少弱边水大型储气库的改建经验,改建过程中可借鉴经验少,因此技术难点较多:

(1)密封性关系到整个储气库的安全,气藏已开采 12 年,在强注强采的过程中,应力发生变化,其盖层及断层是否达到建库密封性的要求?

(2)气藏的采出程度高,压力低,压力下降对储层物性产生影响,并且气藏具有边水,如何在多种因素的影响下设计出合理的库容参数指标?

(3)储气库运行是一个强注强采的过程,如何确定及评价注采井的注采气能力?

(4)储气库在强注强采运行过程中如何利用数值模拟技术?

二、A 气藏改建储气库关键技术

在 A 储气库改建过程中,针对上述 4 个难点,需要开展地质、地球物理、油藏工程等多学科技术结合攻关研究,具体需要攻克如下 4 项关键技术:

(1)盖层及断层密封性评价技术:包括利用地震属性分析技术,预测盖层的空间展布,从宏观角度评价盖层密封性;利用岩心分析实验技术,从微观角度评价盖层封闭性;采用岩性对接关系及生产动态相结合技术,定性评价断层密封性;利用泥岩涂抹因子计算方法,定量评价断层封堵性。

(2)弱边水大型储气库库容参数设计技术:包括利用弱边水储气库库容量预测技术,确定不同压力下库容量;工作气量、产气量、压力和注采井数相结合,优选合理运行压力区间;利用气藏型储气库库容参数设计技术流程,确定合理库容参数指标。

(3)高速强注气过程注气能力评价技术:利用流入流出节点分析技术,确定气井注采气能力;建立强注气不稳定渗流理论数学模型,解决强注过程中渗流参数评价问题;将采气一点法理论引入到强注气过程中,建立注气稳定渗流方程,评价注气能力。

(4)强注强采数值模拟技术:在储气库强注强采数值模拟中引用示踪剂技术,追踪注气前缘推进情况。

第三章　储气库地质特征

地下储气库地质构造形态的三维空间立体描述工作,是地下储气库地质方案研究的基础性、关键性工作,尤其是储气库的密闭性如何?储气库容量的大小?地质体是否具备建库条件?这三大方面都是储气库静态地质条件论证的重点所在(马小明等,2011)。

第一节　山前高陡构造解释

一、山前高陡构造模式建立

玛纳斯背斜(A 背斜)位于准噶尔盆地南缘冲断带霍玛吐 A 背斜带,背斜带主要由霍尔果斯背斜、玛纳斯背斜、吐谷鲁背斜、A 西背斜和 A 背斜组成。山前高陡构造模式的建立首先从构造形成机制的分析出发,进行构造建模,准确指导精细构造解释,其次是利用构造模型进行速度结构分析。

玛纳斯背斜(A 背斜)地表为近东西向山脉,由于齐古断褶带在喜马拉雅期受天山隆升影响急剧抬升,使山前大断裂至霍玛吐断裂上盘地层整体抬升并向北推移,导致安集海河组以上地层沿该组塑性泥岩层产生逆冲推覆,形成了上部薄皮冲断构造。总体上是顶面构造南高北低,海拔在 600~1270m,山区多是锯齿状山地地形及单面断山,冲沟发育,地形起伏较大。

地质露头表现为一线性展布背斜,地层产状南翼缓(43°~56°)、北翼陡(55°~78°)。长轴近东西向约 50km 左右,短轴 2~4km,地表为低山,表现为一单斜,北翼及轴部被覆盖。地表出露最老地层为安集海河组中下部泥岩,可以看到一东西向展布的南倾逆断层(霍玛吐断裂)。该断裂在浅层分叉发育为两条次级断裂,其基本构造模式如图 3-1 所示,纵向上分为上下两个构造层。上部是以新近系独山子组、塔西河组、沙湾组及古近系安集海河组部分地层为主的南倾单斜地层,断裂下盘安集海河组地层以厚层的塑性泥岩为主,喜马拉雅造山运动中,在来自南部盆地边缘的构造应力向北的作用下,安集海河组以上地层沿通至地表的霍玛吐断裂向上滑移,应力在推覆断裂中得以释放。但霍玛吐断裂以下地层中应力无法释放,从平衡地质理论来讲,此应力在北部的玛纳斯北断裂处受阻产生反向作用,形成挤压,造成塑性岩层剧烈变型,推覆位移量转化为安集海河组内部塑性泥岩的揉皱变型,推覆位移量在垂向的累加造成地层加厚。而下伏的古近系紫泥泉子组及白垩系地层为非塑性地层,发生弯曲褶皱从而形成背斜。并掀斜北翼上覆的新近系地层。形成了现今的玛纳斯背斜构造样式。由于应力在玛纳斯北断裂处被阻隔,因此该断裂以北的地层未发生明显变形,较为平缓。

古近系安集海河组地层以下是一个较为完整的背斜构造,南北两翼基本对称,顶部平缓,有断裂将其古近系紫泥泉子组及白垩系地层断开,断距一般小于 150m。

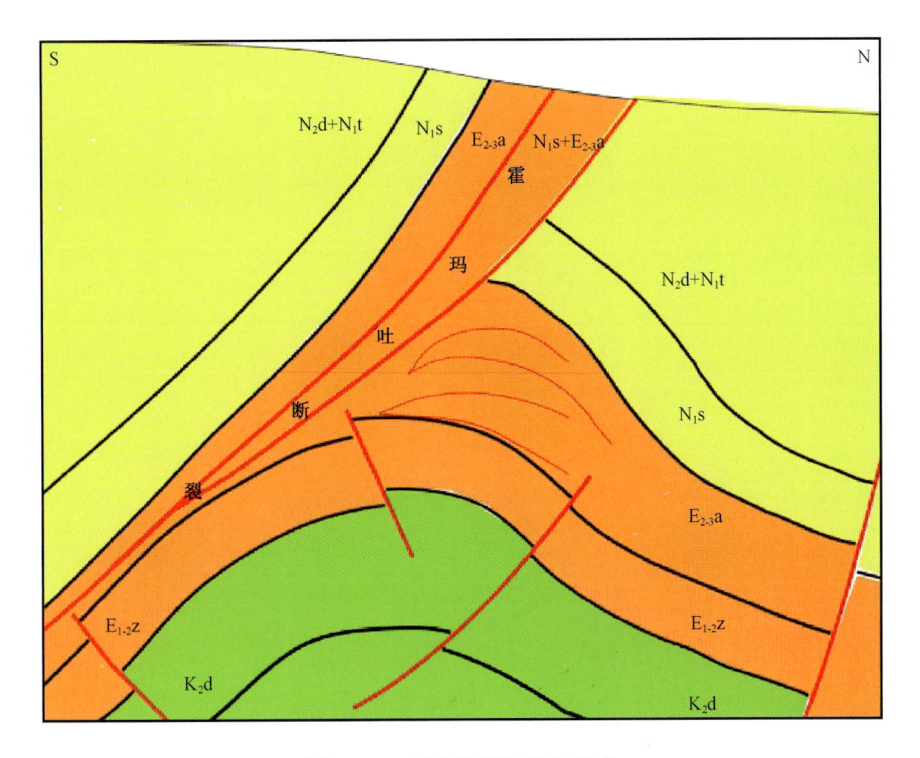

图 3-1 玛纳斯背斜构造模式

二、层位标定

层位标定是构造解释的基础,层位标定的准确度决定着构造解释的精度。层位标定方法包括地质露头标定、合成地震记录层位标定、VSP 层位标定(王秩,2011)。在 A 气田构造精细解释中,采用了合成地震记录标定地震标准反射层的方法进行层位标定。

1. 层位标定的技术关键

层位标定的技术关键包括:(1)利用井旁地震剖面上的断点与井地质分层断点的一一对应关系,验证并校正所用速度的准确性;(2)制作合成地震记录时,对声波测井曲线进行环境校正,消除井径变化的影响;(3)有密度测井资料的井在制作合成地震记录时一定要利用;(4)多井标定,在目的层反射特征相变较大的地区,不同断块内选有代表性的多口井进行标定,可帮助了解各断块的波组特征变化情况。

2. 层位标定

在制作合成记录时,分别用带通子波、雷克子波和从井旁道地震资料提取子波制作合成记录,并进行了对比,发现 20Hz 雷克子波比其他子波制作的合成记录效果更好。基于 A 气田的声波测井资料情况,首先选择距离断裂较远、地质分层准确、井震标定相关性良好的 A001、A002 两口井,制作合成地震记录对井旁地震反射层位进行精确标定(图 3-2)。然后,分别利用 A001、A002 两口井的时深关系对邻近开发井进行对比标定。

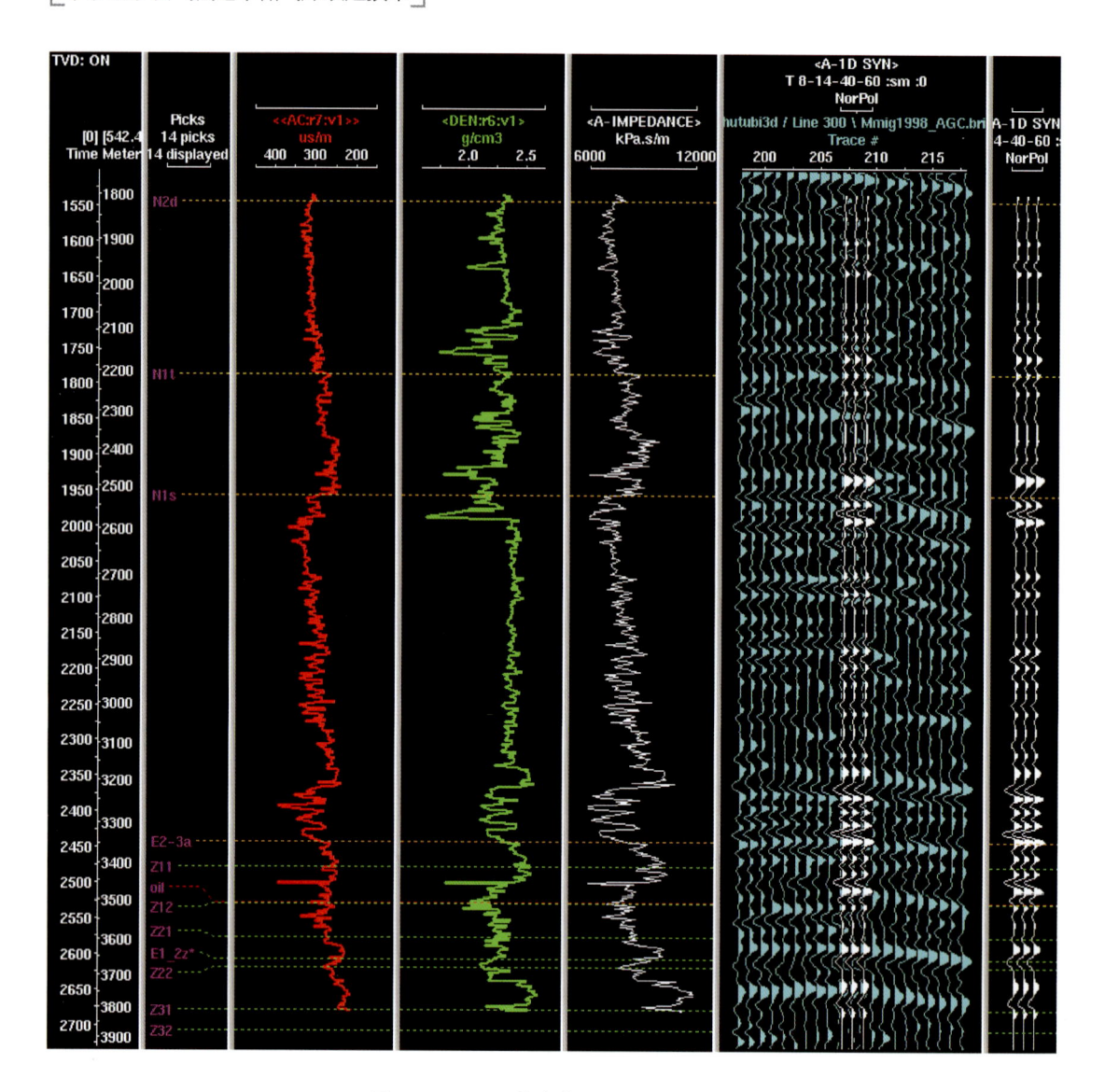

图 3-2 A002 井合成地震记录标定图

利用上述思路完成工区内所有开发井的时深标定。在东西向连井剖面上(图 3-3),井点处波组关系与钻井地质分层对应良好,无明显的穿时现象。根据标定结果,确定了紫泥泉子组顶、底,紫泥泉子组内部 $E_{1-2}z_2$ 顶、底及安集海河组顶面等 5 个层面的地震反射同相轴。

3. 应用合成记录法进行层位标定时应注意的问题

(1)标准井选择:选择地层全、断层少、产状较平缓、井旁地震资料特征清楚、声波时差曲线受井壁坍塌、钻井液浸泡等因素影响少的作为标准井。

(2)必须对声波曲线进行环境校正:为了提高合成记录的质量,在做合成记录之前,首先对声波时差曲线进行环境校正或局部编辑。

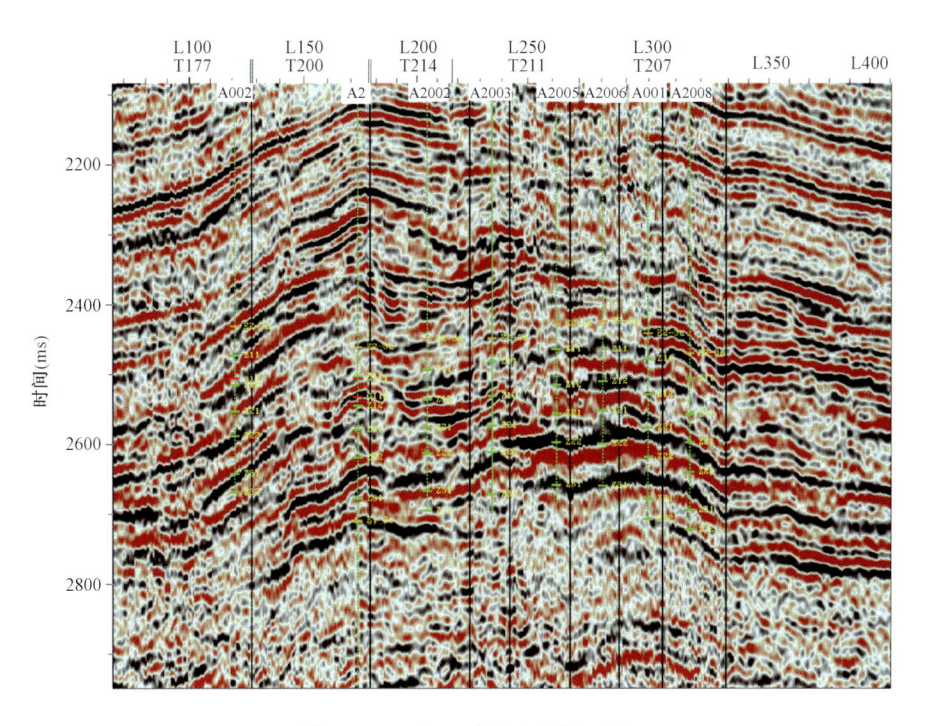

图3-3 A气田连井地震剖面图

三、构造精细解释

地震资料构造精细解释,是地质、钻井、物探资料综合分析的基础上,充分利用三维数据体所提供的各种信息和工作站提供的各种功能,对地震数据体从不同角度进行动态浏览、分析,确定地质构造形态和空间位置,推测地层岩性、厚度及层间接触关系,确定地层形成油气藏的可能性,为钻探提供准确井位。地震资料构造精细解释关键技术包括地震时间剖面对比与层位追踪、精细断裂解释及精细构造成图(孙家振,2002)。

1. 精细地震追踪

A背斜为一被A逆掩断裂分割的断背斜。目的层段地层在逆掩断裂上下盘有重复,同时地震剖面显示,该区微幅度构造发育。为了提高地层追踪的精度,采取如下措施:

(1)同一层位上下盘分开定名,这样逆掩断裂带上下盘地层均可生成相应数据,准确刻画出逆掩部分地层重复段(图3-4)。

(2)5×5道加密解释,以免漏掉可能的低幅度构造,从上到下,完成了N_1s、$E_{2-3}a$、$E_{1-2}z_3^2$、$E_{1-2}z_2^2$、$E_{1-2}z_1^2$等5个地震反射层位的精细追踪(N_1s为新近系沙湾组,E_2为古近系安集海河组,E_1为古近系紫泥泉子组)。

2. 精细断裂解释

A逆掩断裂模式相对比较简单,关键在于准确确定断面的空间位置。本区共有两块三维地震资料,地震资料品质稍有差异。在断裂解释过程中,采取如下措施完成工区内断裂组合:

(1)两块三维结合。利用A2井区B块三维地震完成工区内断裂组合,利用A2井区A块三维修正断面的准确位置,确认局部小断裂。

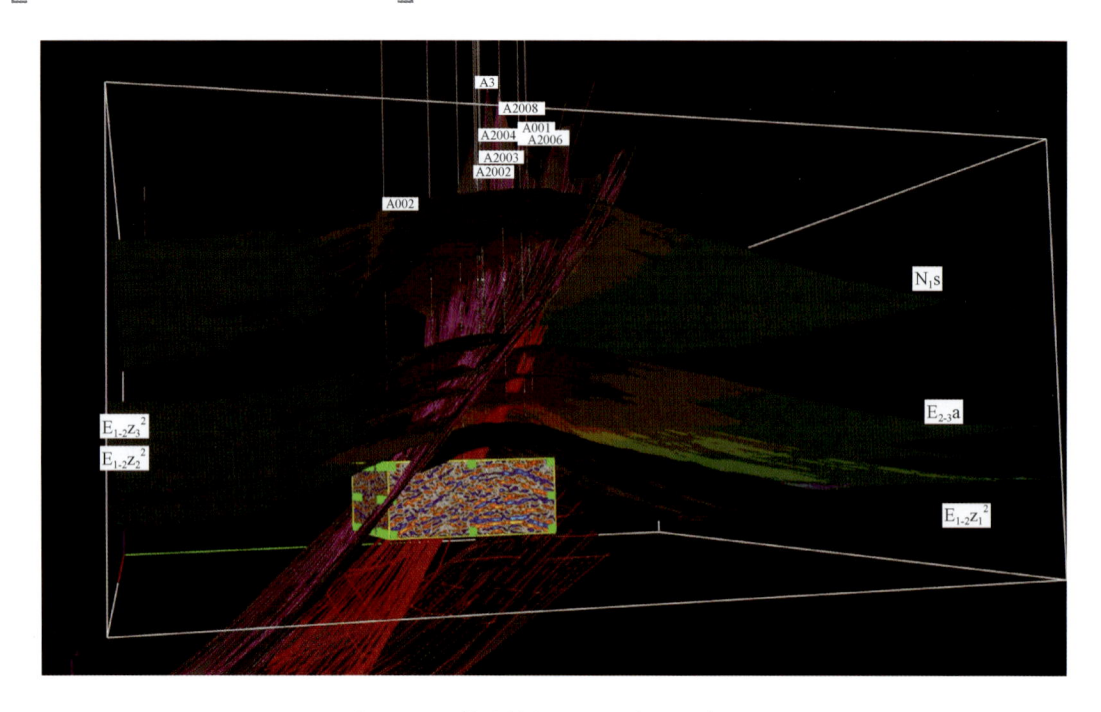

图 3-4　A 构造精细地震追踪三维效果图

(2) 多属性综合。地震剖面、时间切片、本真值相干数据体综合确认断裂。

(3) 加密解释。与层位追踪相对应,5×5 道对三维地震工区的断裂进行解释,确保断裂剖面位置准确,断点闭合良好,在三维空间内断面形态良好。

(4) 断裂平面组合时,严格按照运算的断裂投影点勾绘断层多边形,尽可能真实反映逆掩带宽度。

应用上述方法,进行了 A 构造的精细断裂解释:

(1) 在三维工区内,紫泥泉子组主要发育有 4 条近东西向南倾的逆断裂(图 3-5)。

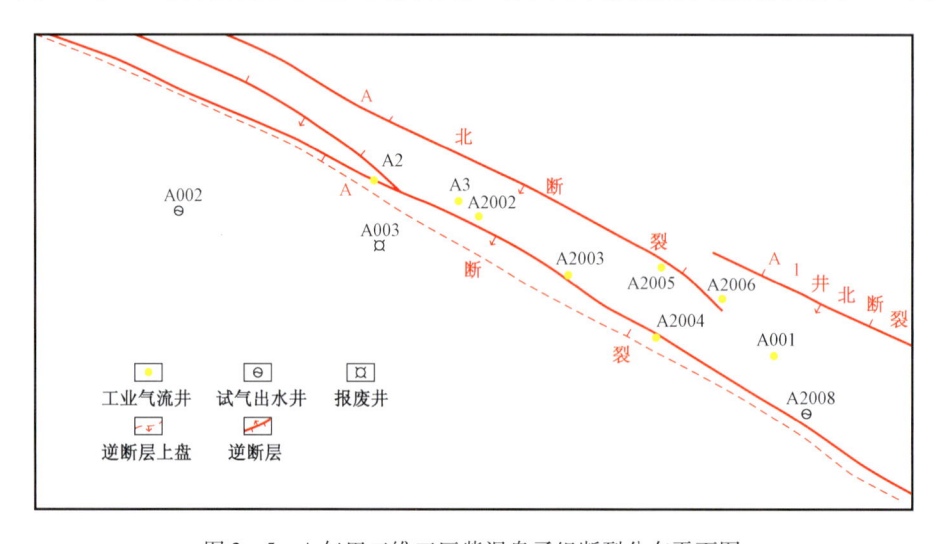

图 3-5　A 气田三维工区紫泥泉子组断裂分布平面图

（2）从下到上断面倾角逐渐增大，最深部断裂断面平缓，几乎顺侏罗系煤层滑脱，只在侏罗—白垩系内发育；最上部断裂断面陡倾，断开层系最多（J—N）。这4条断裂中，断穿紫泥泉子组地层的断裂有3条：A断裂、A北断裂及A001井北断裂（图3-6）。

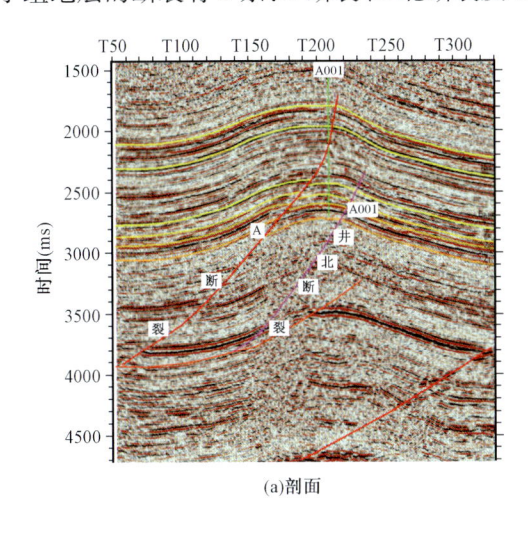

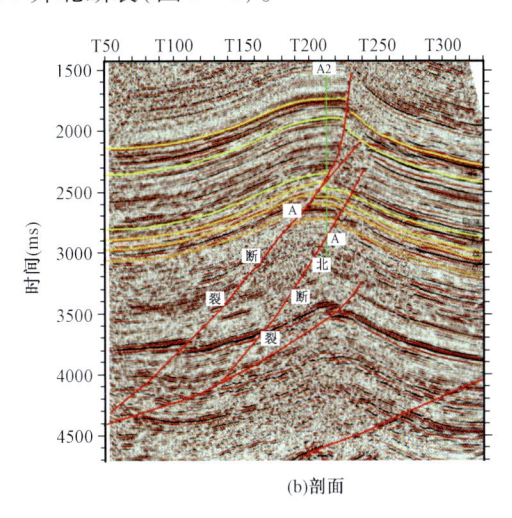

图3-6 A气田主要断裂地震地质解释剖面图

（3）A断裂是该区最主要的断裂，自A2井往西，断裂分叉。该断裂属逆掩断裂，断面上陡下缓，在紫泥泉子组目的层段造成地层重复，纵向上，从上到下（从N_1s底到$E_{1-2}z$底）逆掩带逐渐变宽，横向上，逆掩带在工区中部最宽，东西两侧逐渐变窄。紫泥泉子组底部地层重复段最宽达到770m。在下盘断背斜中，发育A北断裂和A001井北断裂两条与之相平行的逆断裂，与A断裂相比，这两条断裂垂直断距较小，平面延伸距离较短（表3-1），断裂上下盘地层重复量很小。

表3-1 A构造断层要素表

断裂名称	断层性质	延伸长度（km）	走向	倾向	断距（m）	层位	形成时期
A断裂	逆	20	北西西	南倾	60~200	J—N_1t	喜马拉雅期
A北断裂	逆	12	北西西	南倾	20~40	J—$E_{2-3}a$	喜马拉雅期
A001井北断裂	逆	8.5	北西西	南倾	20~40	J—$E_{2-3}a$	喜马拉雅期
A2井西断裂	逆	6.7	北西西	南倾	180	$E_{2-3}a$—$E_{1-2}z_3$	

3. 精细构造成图

如何体现逆掩带，如何保证微幅度构造不被平滑掉，如何保证构造图深度与钻井深度基本吻合，这都是构造成图的重点。

（1）上下盘分开成图，合理表现了逆掩带地层。逆掩带上盘地层和断面均为实线，逆掩部分地层和断面以虚线表示，从下到上，逆掩带逐渐变窄。

（2）等值线网格化过程中，结合本区构造特点与地震面元参数，多次试验网格参数，最终选择了适当的网格增量和搜索半径，保证微幅度构造不被平滑掉。

（3）时深转换过程中，3次利用钻井分层数据为逐级约束条件，在保证构造形态不变形的前提下,构造图深度误差大大减小。

根据上述方法,分别完成了 $E_{1-2}z_3$、$E_{1-2}z_2$、$E_{1-2}z_1$ 3 个层位的顶面构造图(图 3-7)。

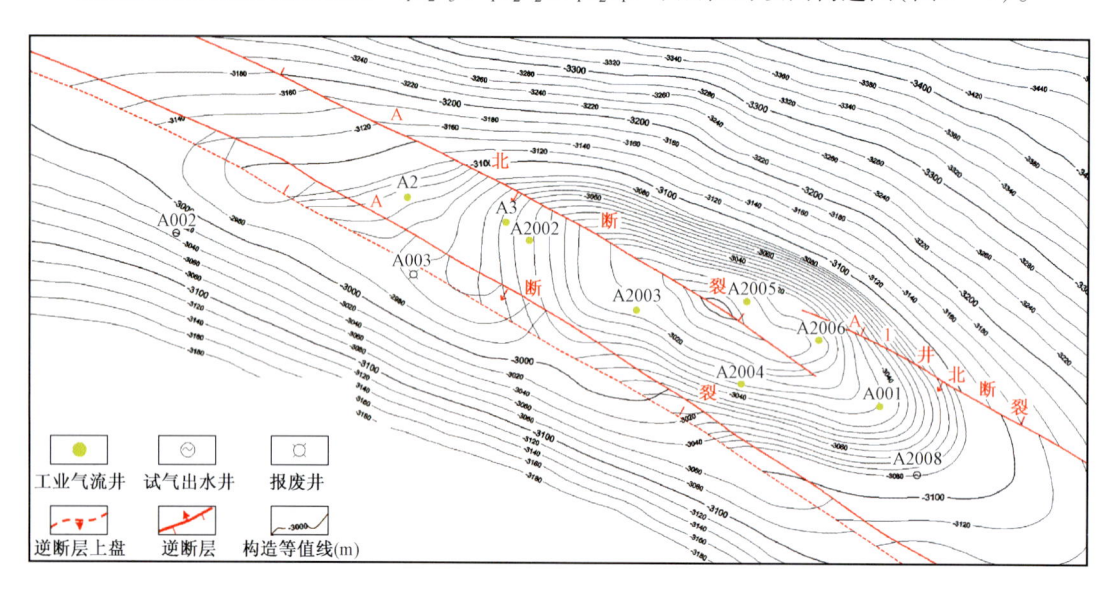

图 3-7 A 气田紫泥泉子组 $E_{1-2}z_2$ 顶界构造图

A 气田整体构造形态为近东西向展布的长轴断背斜,东西长约 20km,南北宽约 3.5km。A 断裂将背斜切割为上、下盘两个断背斜。从构造图可以明显看出,从上到下,断裂下盘背斜构造越来越完整,从断鼻变为背斜。反之,断裂上盘构造从完整背斜变为断鼻。A 背斜下盘紫泥泉子组地层倾角总体上呈西陡东缓,构造高点在 A2006 井与 A2004 井之间,在 A2 井以西,背斜变窄,在背斜构造背景上发育一微幅度鼻状构造。A 背斜上盘高点在 A003 井附近,断鼻西宽东窄。从上下盘高点位置、背斜短轴宽度变化及上下盘地层分布状况分析,该构造早期为一完整背斜,喜马拉雅运动晚期构造活动发育的 A 断裂等将背斜切割,断裂走向与背斜轴向呈一定交角。

第二节 地层对比与划分

一、砂层组划分

地层对比是研究地质问题的一种基本方法,即把不同区域、不同地点的地层加以比较判断是否相当或相同,并找出它们的相关关系。常见的地层对比与划分方法有:岩性对比法、古生物地层对比法、沉积旋回对比法、地球化学对比法、地球物理对比法等(曾鼎乾,1958)。

结合 A 气田测井、取心现状,采用岩性、测井结合对比方法,选用深探测电阻率(RT)、浅探测电阻率(RI)、冲洗带电阻率(RXO)、自然伽马(GR)、自然电位(SP)用作对比曲线,主要从岩电关系出发,便于提高单元对比的精度,另外,这几条曲线的沉积特征明显,有利于细分砂层和沉积微相。A 储气库储气层发育在紫泥泉子组,其上覆地层安集海河组底部有一界面,其特征为 GR 曲线平直低值突变为钟形,该界面可划分为紫泥泉子组顶的标志,距紫泥泉子组顶几米处 GR 曲线有 1~2 个小尖峰的出现。

A气田紫泥泉子组($E_{1-2}z$)由下至上分为3个砂层组,即紫一段($E_{1-2}z_1$)、紫二段($E_{1-2}z_2$)和紫三段($E_{1-2}z_3$)(表3-2)。而作为改建地下储气库的目的层为$E_{1-2}z_2$砂层组。

表3-2 A气田紫泥泉子组地质分层数据表

井号	井型	完钻井深(m)	完钻层位	$E_{1-2}z_3$(m)	$E_{1-2}z_2$(m)		$E_{1-2}z_1$(m)
					$E_{1-2}z_2^1$	$E_{1-2}z_2^2$	
A2	预探	4634.31	K_2d	3549	3626	3672	3963
A001	评价井	3810	$E_{1-2}z$	3503	3578	3618	3810(未穿)
A002	评价井	3800	$E_{1-2}z$	3512	3584	3630	3800(未穿)
A003	评价井	3496	$E_{1-2}z$	3417	3490	3496(未穿)	
A2002	开发井	3735	$E_{1-2}z$	3510	3582	3624	3735(未穿)
A2003	开发井	3765	$E_{1-2}z$	3511	3577	3615	3765(未穿)
A2004	开发井	3710	$E_{1-2}z$	3524	3589	3625	3710(未穿)
A2005	开发井	3670	$E_{1-2}z$	3484	3552	3590	3670(未穿)
A2006	开发井	3750	$E_{1-2}z$	3479	3552	3593	3750(未穿)
A2008	开发井	3760	$E_{1-2}z$	3563	3639	3680	3760(未穿)

$E_{1-2}z_2$分为上、下两个砂层组:$E_{1-2}z_2^1$和$E_{1-2}z_2^2$,$E_{1-2}z_2^1$又可根据其中部较为稳定的泥岩隔层分为$E_{1-2}z_2^{1-1}$、$E_{1-2}z_2^{1-2}$两个单层(图3-8)。

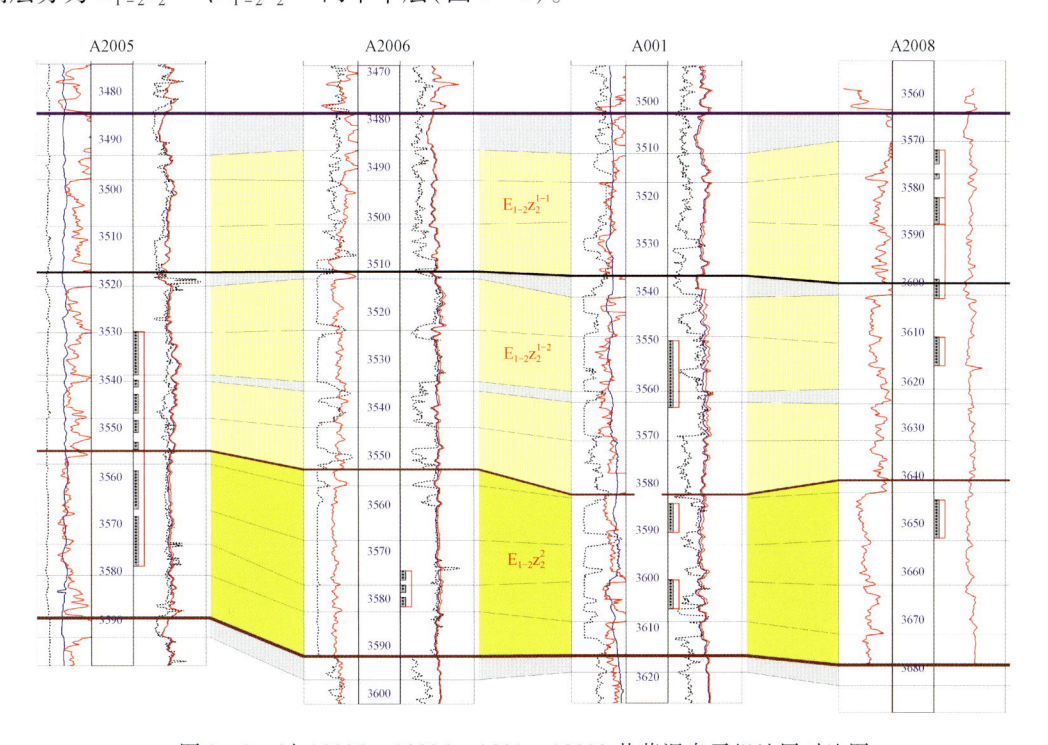

图3-8 过A2005—A2006—A001—A2008井紫泥泉子组地层对比图

1. $E_{1-2}z_2^1$ 砂层岩电特征

$E_{1-2}z_2^1$ 顶部沉积了一套胶结致密的泥岩、泥质粉砂岩,是气层的直接盖层。可以作为地层划分对比的标准层。厚度为 6.5~14.6m。电性特征:自然伽马(GR)和声波时差(AC)明显异常高值;电阻率(RT 和 RI)很低,明显呈"C"形。

$E_{1-2}z_2^1$ 砂层中沉积了一套泥岩层,岩性较纯,是上、下砂层组的隔层,全区发育稳定,仅 A2 井和 A2003 井为泥质粉砂岩,也可作为对比标准层。

$E_{1-2}z_2^1$ 砂层中部隔层将 $E_{1-2}z_2^1$ 分为 $E_{1-2}z_2^{1-1}$、$E_{1-2}z_2^{1-2}$ 两个单层。$E_{1-2}z_2^{1-1}$ 单层上部多为泥岩、泥质粉砂岩,砂体欠发育;$E_{1-2}z_2^{1-2}$ 单层以粉砂岩、泥质粉砂岩为主,砂体较发育。

2. $E_{1-2}z_2^2$ 砂层岩电特征

$E_{1-2}z_2^1$ 砂层和 $E_{1-2}z_2^2$ 砂层之间,也就是 $E_{1-2}z_2^2$ 砂层顶部沉积了一套胶结致密的粉砂质泥岩,也是 $E_{1-2}z_2^1$ 砂层和 $E_{1-2}z_2^2$ 砂层之间的隔层,全区发育稳定,同时也作为地层划分对比的标准层,沉积厚度在 2.8~11.8m 变化。电性特征:深浅电阻率(RT 和 RI)呈较明显的尖峰状。工区边部的井主要发育前三角洲泥岩,在 A2、A001 和 A2008 井发育,自然 GR 曲线呈明显高值。

$E_{1-2}z_2^2$ 砂层底部电性特征也比较明显,根据冲洗带电阻率 RXO 曲线可以发现,在 $E_{1-2}z_2^2$ 砂层底部以下($E_{1-2}z_1$ 砂层组)RXO 曲线形态比较平直,且呈现锯齿状波动,而且从 RT 和 RI 曲线形态上可知,RT 与 RI 的值整体上明显高于 $E_{1-2}z_2^2$ 砂层,可作为 $E_{1-2}z_2^2$ 砂层结束的标志。

$E_{1-2}z_2^2$ 砂层除顶底标志层位外,主要发育粉砂岩及部分泥质粉砂岩、中砂岩,砂体较发育。

二、砂体划分

地层对比发现,$E_{1-2}z_2$ 砂层组顶部和中下部发育两套高伽马、高声波、低电阻率的稳定泥岩,以中下部泥岩为界,$E_{1-2}z_2$ 砂层组分为 $E_{1-2}z_2^1$ 和 $E_{1-2}z_2^2$ 两套砂层,$E_{1-2}z_2^1$ 砂层内部存在一套稳定的泥岩隔层,进一步将 $E_{1-2}z_2^1$ 砂层层分为 $E_{1-2}z_2^{1-1}$ 和 $E_{1-2}z_2^{1-2}$ 两个单层。

砂体纵向对比剖面图(图 3-9)表明:作为改建储气库的目的层 $E_{1-2}z_2$ 砂层组整体砂体分

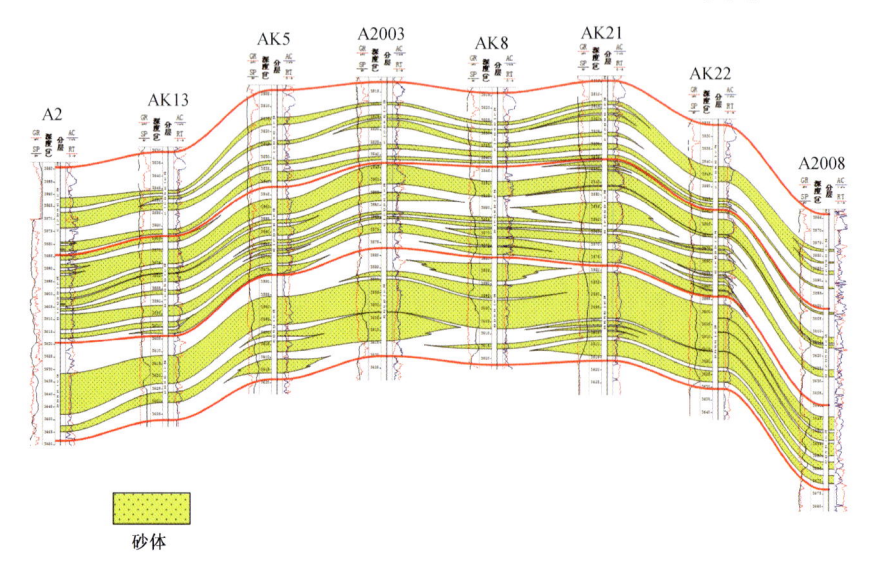

图 3-9 过 A2—A2008 井紫泥泉子组地层对比剖面图

布稳定,其中,$E_{1-2}z_2^{1-1}$单层砂体发育较差,单层厚度较小;$E_{1-2}z_2^{1-2}$单层和 $E_{1-2}z_2^2$ 砂体发育好,单层厚度较大,砂体总厚度也较大;砂体厚度往东南方向减小,AKJ2、A2008 两口井砂体发育程度变差,但砂体整体的连通性好。

平面上,$E_{1-2}z_2^{1-1}$ 砂层砂体厚度 5～17m,由东向西厚度逐渐增加,A2006 井附近砂体厚度较薄,西部新井厚度较大,一般在 15m 左右(图 3-10);$E_{1-2}z_2^{1-2}$ 砂层、$E_{1-2}z_2^2$ 砂层砂体发育,砂体厚度分别在 15～30m、25～35m,东西部砂体厚度差异不大(图 3-11)。

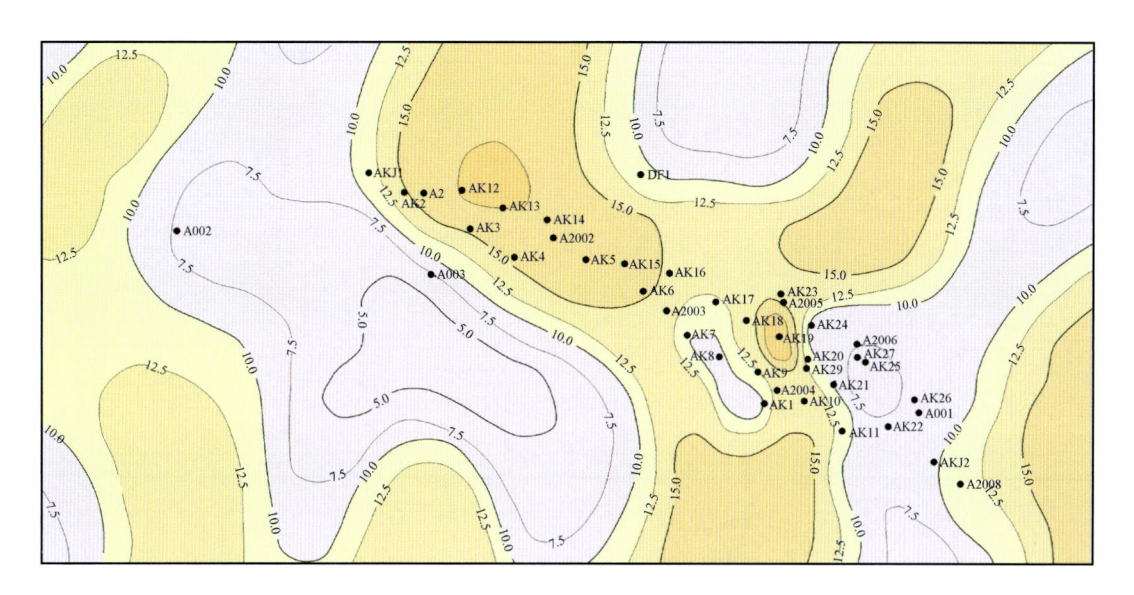

图 3-10　$E_{1-2}z_2^{1-1}$ 单层砂体厚度分布图

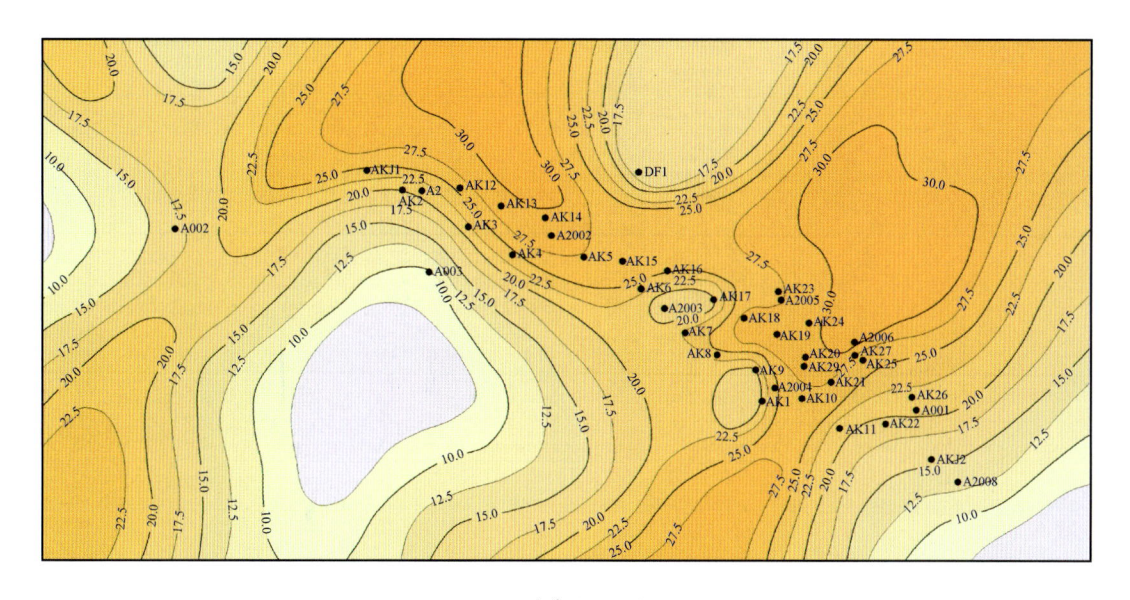

图 3-11　$E_{1-2}z_2^{1-2}$ 单层砂体厚度分布图

第三节 沉积特征

前人研究表明:准噶尔盆地南缘古近系紫泥泉子组发育的沉积相主要有辫状河、三角洲相和滨浅湖相(肖立新,2011)。A 构造位于准噶尔盆地南缘北天山山前坳陷第三排构造带的东端,紫泥泉子组从下至上分为 3 个砂层组,分别是紫一砂层组($E_{1-2}z_1$)、紫二砂层组($E_{1-2}z_2$)、紫三砂层组($E_{1-2}z_3$)。紫泥泉子组总体上为一套湖进背景下的退积型三角洲沉积,具有进积—加积—退积旋回性,代表了湖泊水系扩大、岸线后移过程中,三角洲退积的沉积过程。垂向剖面上总体表现为正旋回特点,相序自下而上表现为:辫状河亚相—三角洲平原亚相—三角洲前缘亚相—前三角洲亚相—浅湖亚相。

储气库建库目的层为紫二砂层组,从下到上主要的亚相为:三角洲前缘、前三角洲。平面上微相的组合有:水下分流河道、河口坝—远沙坝及席状砂。

一、沉积相类型及识别标志

通过多口井对岩心和分析化验资料的观察分析,认为 A 气田紫泥泉子组 $E_{1-2}z_2$ 砂层组主要为湖泊三角洲下的三角洲前缘和前三角洲亚相(图 3-12)。储层主要为三角洲前缘亚相下的水下分流河道和河口坝—远沙坝以及一些物性较好的席状砂。

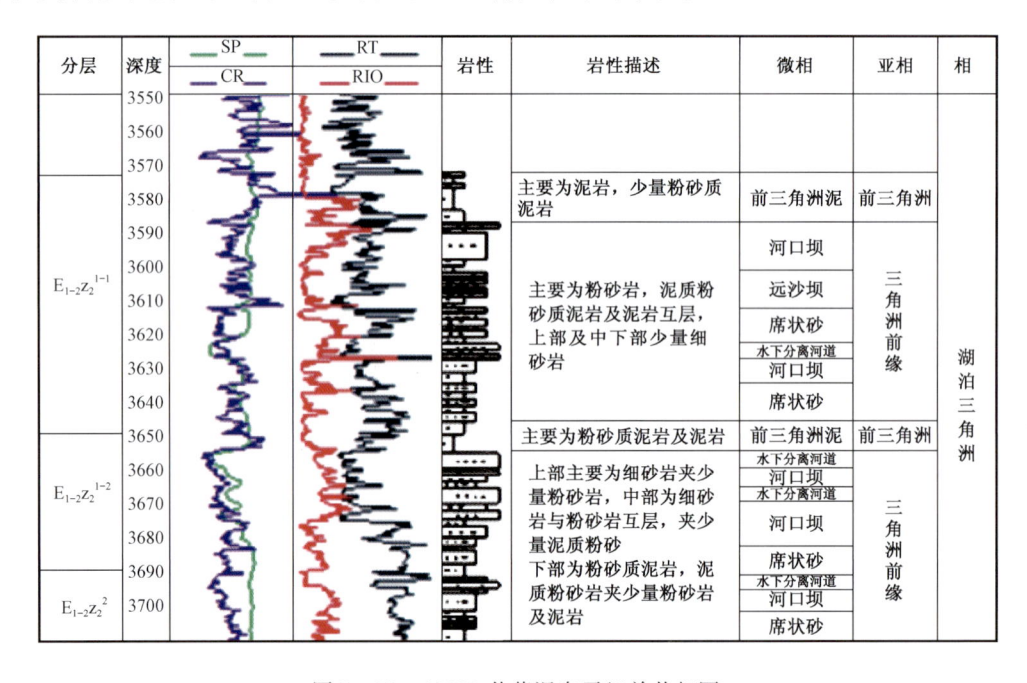

图 3-12 A2008 井紫泥泉子组单井相图

1. 前三角洲亚相

前三角洲位于三角洲前缘的前方,主要由泥岩和粉砂质泥岩组成,含极少量细砂(赵澄林等,2011)。

在 A 气田范围内前三角洲亚相基本为前三角洲泥岩沉积,岩性上主要为泥岩,有较薄的棕色泥质粉砂岩。电性上表现为高自然伽马、低电阻率的特点,易于识别。在 $E_{1-2}z_2$ 砂层组顶部是一套最稳定的前三角洲泥岩,厚度相对较大,一般 7~12m,仅在 A2 井变薄。在 $E_{1-2}z_2^2$ 砂层的顶部也有一套前三角洲泥岩沉积,但很不稳定,工区西部厚度相对较大,但也只有 4m。

2. 三角洲前缘亚相

三角洲前缘亚相呈环带状分布于三角洲平原向湖泊或海洋一侧,是三角洲最活跃的沉积中心。

A 气田范围内紫二砂层组($E_{1-2}z_2$)三角洲前缘亚相主要有以下几种微相:水下分流河道、河口坝—远沙坝、席状砂。

(1) 水下分流河道:水下分流河道微相的岩性较粗,主要由中砂岩、细砂岩等组成,砂岩中见交错层理和斜层理。垂向上表现出下粗上细的正粒序特征,自然电位等测井曲线呈较明显的钟形或齿化箱形。

(2) 河口坝:其主要岩性为粉砂岩,分选较好。河口坝的形态在平面上多呈长轴方向上与河流方向平行的椭圆形,由于水动力的影响,易于被波浪冲刷和改造,使之再行分布于各分支河道之间的侧缘及前缘,形成席状砂层,从而将各河口坝连接起来。河口坝在测井曲线上表现为漏斗形或锯齿状漏斗形。远沙坝位于河口坝前较远部位,沉积物较河口坝细,是河口坝前缘的延伸。

(3) 席状砂:是河口坝经水冲刷作用使之再行分布于其侧翼及前缘的薄而面积大的砂体,岩性为粉砂岩和泥质粉砂岩,具有波状层理和平行层理,自然电位曲线等测井曲线呈明显的指状尖峰,反映出能量较弱且以波浪改造为主的水动力状况(水退层序)。

二、沉积相剖面特征

从过 A2005—A2006—A001—A2008 井紫泥泉子组沉积相剖面(图 3 - 13)上看,自下而上沉积亚相为:三角洲前缘—前三角洲。

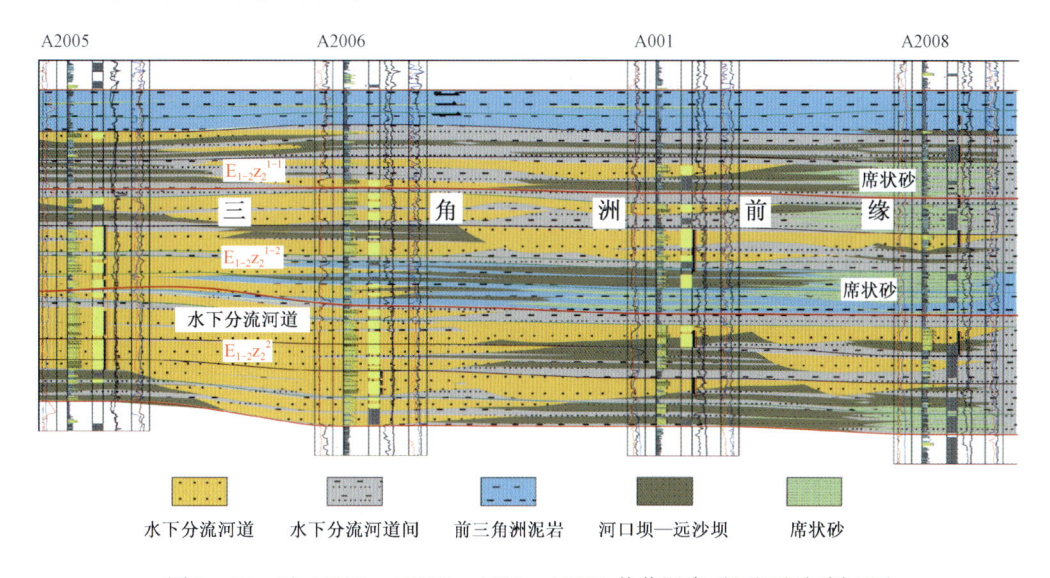

图 3 - 13 过 A2005—A2006—A001—A2008 井紫泥泉子组沉积相剖面图

$E_{1-2}z_2^2$ 砂层主要亚相为三角洲前缘，微相有：水下分流河道、河口坝—远沙坝及席状砂。该段水下分流河道比较发育，该段上部横向很连续，中下部连续性变差。其中 A2006 井水下分流河道最发育，$E_{1-2}z_2^2$ 从下到上基本都发育，且与邻井 A2005 井间的连通性很好。A001 与 A2008 井水下分流河道发育少，较多发育的为河口坝—远沙坝及席状砂，河口坝—远沙坝发育在水下分流河道的侧向上。

$E_{1-2}z_2^1$ 砂层底部发育一期前三角洲亚相，该期为间歇性水进期，在 A2005 井处该阶段发育水下分流河道，侧向上与前三角洲泥岩相接触。向 A2006—A001—A2008 井方向上，水下分流河道减少，A2006 井发育部分水下分流河道，其他多为远沙坝—席状砂及前三角洲泥岩沉积。

$E_{1-2}z_2^1$ 砂层中上部为三角洲前缘沉积，大量发育水下分流河道、河口坝—远沙坝及席状砂。其中 $E_{1-2}z_2^1$ 中部水下分流河道横向上连续性好，河道砂体较厚，向 A2008 井附近不发育水下分流河道，多为远沙坝—席状砂沉积。

$E_{1-2}z_2^1$ 砂层顶部又为一水进期，发育前三角洲沉积，剖面上大部分为前三角洲泥岩沉积，发育少量的席状砂，该层为比较好的盖层。

三、沉积相平面特征

A 气田紫泥泉子组为一套湖进背景下的退积性三角洲沉积。区域内的辫状河三角洲沉积具有进积—加积—退积沉积旋回性，代表了在湖泊水系扩大、岸线后移过程中，辫状河三角洲退积的沉积过程。该沉积过程中受到多次由强到弱的水流作用，从而形成若干向上变细的正韵律层，构成辫状河、三角洲的垂向层序。在垂向剖面上总体呈正旋回的特点，其砂体厚度和粒度自下而上减小。反映在相序上自下而上为：辫状河亚相→三角洲平原亚相→三角洲前缘亚相→前三角洲亚相→浅湖亚相。含气层段 $E_{1-2}z_2$ 砂层组纵向上自下而上表现为三角洲进积→三角洲退积（湖泊水系扩大）→三角洲进积→三角洲退积的过程。平面上微相的组合有水下分流河道、河口沙坝及席状砂。

A 气田的沉积环境研究表明，紫泥泉子组 $E_{1-2}z_2$ 砂层组沉积过程中的物源来自 A2、A2002 井以南方向，根据砂体厚度分布、砂岩百分比，结合地震属性等绘制了 $E_{1-2}z_2^2$ 砂层、$E_{1-2}z_2^{1-2}$ 砂层、$E_{1-2}z_2^{1-1}$ 砂层的沉积相平面图，其 3 套砂体在平面上微相特征如下：

（1）$E_{1-2}z_2^2$ 砂层：在沉积之前处于辫状河三角洲平原亚相，由于河水能量减弱，在该期形成辫状河三角洲前缘亚相沉积，平面形态呈扇状，发育了多个大小不等的水下分流河道。物源主要来自西南方向。A2002、A2003、A2004、A2005、A2006 井在该层段主要为水下分流河道沉积，其中 A2002 井附近河道规模较大，A2003 井为一分支河道，规模较小。其他井如 A002、A2、A003、A001、A2008 井处于河口坝沉积。河口坝经波浪改造，主要分布在水下分流河道的前缘及侧缘连片分布。席状砂分布在河口坝—远沙坝的外缘（图 3 - 14）。

（2）$E_{1-2}z_2^{1-2}$ 砂层：为三角洲前缘沉积（图 3 - 15）。从平面图上看，发育了多个大小不等的水下分流河道。物源主要来自西南方向。多条水下分流河道从西南向北—东北发育，在西南部及中部分流河道间发育水下分流间湾，向北—东北向依次发育河口坝、席状砂等。其中 A2、A2002、A2003、A2004、A2005、A2006 井处于水下分流河道沉积区域，砂体厚度大，连续性较好。其他井如 A001、A2008、A002 井处于河口坝沉积区域，砂体较薄，分布于水下

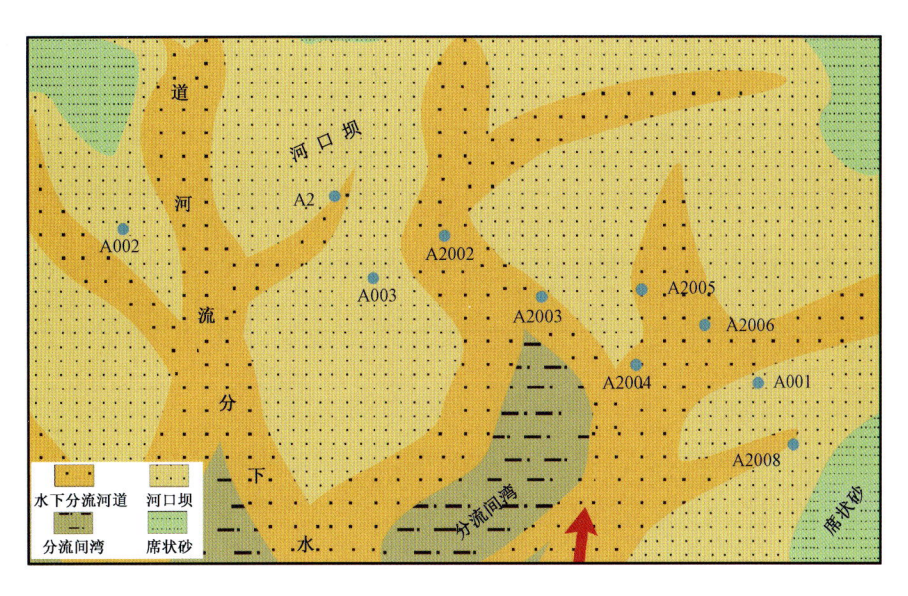

图 3-14　A 气田紫泥泉子组 $E_{1-2}z_2^2$ 砂层沉积相图

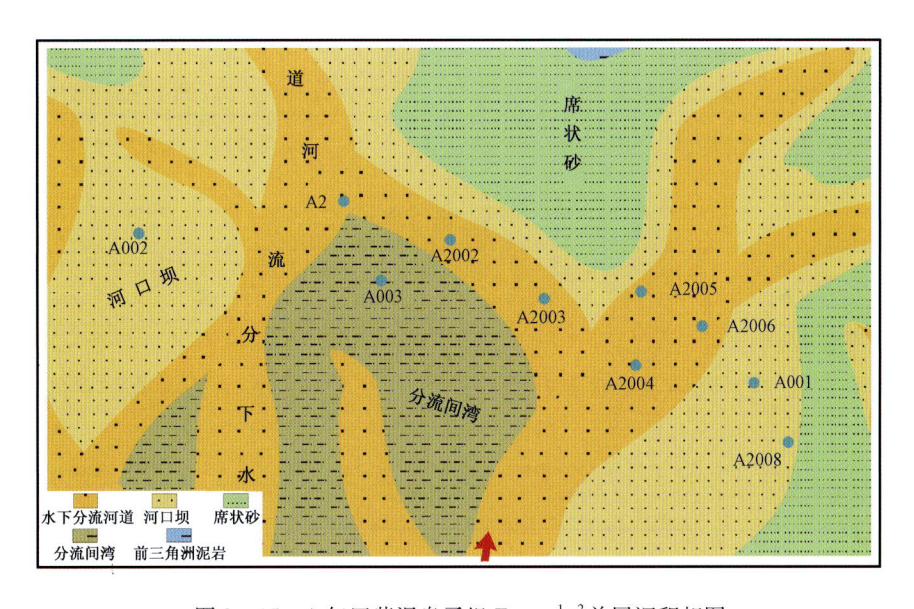

图 3-15　A 气田紫泥泉子组 $E_{1-2}z_2^{1-2}$ 单层沉积相图

分流河道的侧缘。另外 A003 井处于水下分流河道间湾沉积区域。总体上该层段河口坝经波浪改造，主要在水下分流河道的前缘及侧缘连片分布，席状砂分布在河口坝—远沙坝的外缘。

（3）$E_{1-2}z_2^{1-1}$ 砂层：为三角洲前缘沉积（图 3-16）。从平面图上看，发育了多个大小不等的水下分流河道，物源主要来自西南方向。多条水下分流河道从西南向北—东北发育，在西南部分流河道间发育水下分流间湾，向北—东北向依次发育河口坝、席状砂等。其中 A2、A2002、A2003、A2004 井处于水下分流河道流经区域。其他井如 A2005、A2006、A001、A2008、A002 井处于河口坝发育区域。另外 A003 井处于水下分流河道间湾沉积区域。

— 27 —

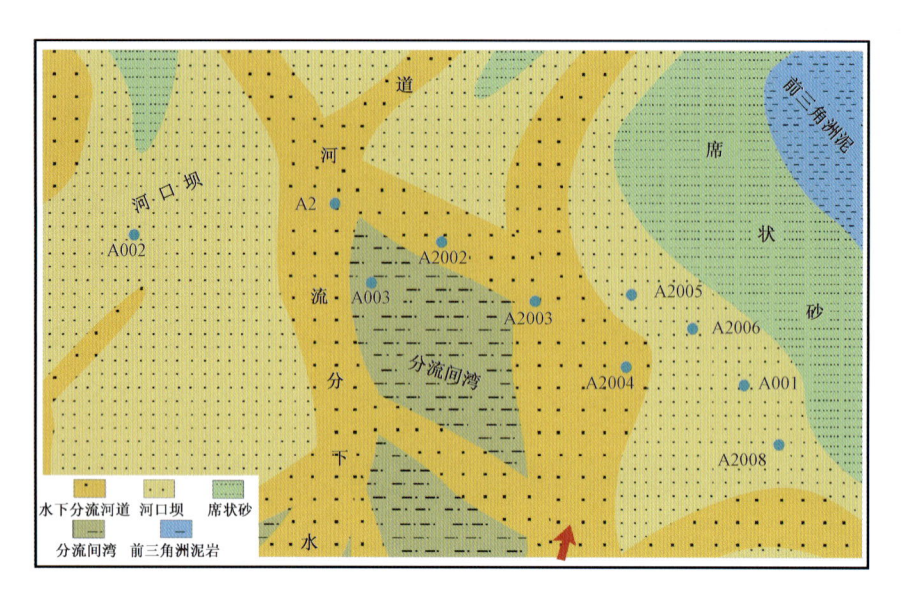

图3-16　A气田紫泥泉子组 $E_{1-2}z_2^{1-1}$ 单层沉积相图

综上所述，$E_{1-2}z_2$ 砂层组沉积相主要为三角洲前缘沉积，从西南至东北向发育多条水下分流河道，河口坝—远沙坝主要发育在水下分流河道的前缘—侧缘，经波浪改造后连片分布，席状砂分布在河口坝—远沙坝的外缘。

第四节　储层特征描述

一、岩矿特征

根据岩心观察、岩石薄片和铸体薄片资料，紫泥泉子组储层岩性主要为细砂岩和粉砂岩，砂岩成分中石英含量为33.00%~59.54%，平均48.00%；长石含量为21.00%~30.67%，平均28.00%；岩屑含量为14.00%~42.00%，平均24.00%。岩石薄片样品分析表明，大部分长石碎屑颗粒具有轻微—中等程度的泥化或绢云母化，部分石英碎屑颗粒有次生加大窄边现象。

岩屑成分以凝灰岩为主，含量为3.57%~18.14%，平均为15.00%；另外还有少量花岗岩、霏细流纹岩、泥质板岩、硅质片岩及云母片岩等。胶结物以方解石胶结为主，方解石常以凝块状、斑块状分布于局部粒间。水云母泥质基本均匀状分布于粒间，均已被氧化铁染。

用稳定矿物（石英）与非稳定矿物（长石+岩屑）之比表示岩石成分成熟度，紫泥泉子组为0.61~1.47，表明砂岩成分成熟度为高—中等。

紫泥泉子组储层岩石颗粒较细，以细砂级和粉砂级为主，接触方式以点、点—线和线接触为主，磨圆度为棱角—次棱角状、次棱角—次圆状，分选性好—差，胶结物成分主要为方解石，含量为4.06%，胶结类型为孔隙式、孔隙—接触式、接触式和压嵌式，镜下样品观察杂基含量较高，主要成分为铁染泥质和水云母泥质（表3-3）。根据X衍射资料分析，黏土矿物成分主要以伊/蒙混层矿物为主，其次为伊利石和高岭石。

表3-3 A储气库 $E_{1-2}z_2$ 砂层组岩矿成分统计表

井号	层位	主要岩石成分(%)					填隙物(%)				石英/(长石+岩屑)
		石英	长石	凝灰岩	云母	其他	杂基			胶结物	
							铁质泥	水云母化泥	其他	方解石	
A2	$E_{1-2}z_2^{1-1}$	33.00	24.43	17.00	1.00	20.00	6.00		2.70	1.33	0.50
A001	$E_{1-2}z_2^{1-1}$	47.50	21.00			24.65	5.80		27.0	4.00	0.91
	$E_{1-2}z_2^{1-2}$	52.70	30.67		1.33	15.33	2.76		5.67	13.33	1.11
	$E_{1-2}z_2^{2}$	53.50	30.33			16.17			10.5	5.2	1.15
A002	$E_{1-2}z_2^{2}$	55.14	26.40	9.44	1.00	8.4	3.00	6.45		2.72	1.23
A2002	$E_{1-2}z_2^{1-1}$	47.21	26.07	16.38	1.71	14.5	2.62	3.13	18.66	2.07	0.89
	$E_{1-2}z_2^{1-2}$	48.02	27.93	14.02	2.82	13	3.88	2.22	7.58	1.62	0.92
	$E_{1-2}z_2^{2}$	47.85	28.77	15.80	1.00	3.53	4.33	6.67	4.59	2.52	0.92
AK18	$E_{1-2}z_2^{1-2}$	58.54	20.14	6.97	2.93	9.30			7	4.16	1.41
	$E_{1-2}z_2^{2}$	59.54	24.91	4.51	2.71	10.35		3.45	4.4	2.86	1.47
合计	$E_{1-2}z_2^{1-1}$	42.57	23.83	16.69	1.36	19.72	4.81	3.13	16.12	2.47	0.77
	$E_{1-2}z_2^{1-2}$	53.09	26.25	10.50	2.36	12.54	3.32	2.22	6.75	6.37	1.15
	$E_{1-2}z_2^{2}$	54.01	27.60	9.92	1.57	9.61	3.67	5.52	6.50	3.33	1.19
	全区 $E_{1-2}z_2$	49.89	25.89	12.37	1.76	13.96	3.93	3.62	9.79	4.06	1.04

二、储集空间类型

1. 孔隙类型

根据铸体薄片资料分析,紫泥泉子组储层孔隙类型主要以粒间孔为主,另外还发育有粒间溶孔和粒内溶孔(图3-17),其中粒间孔含量为0%~95%,平均76%;粒间溶孔含量为5%~100%,平均为17.8%;平均孔隙直径为41μm,喉道宽度为11.9μm,孔喉比为2.7,面孔率为4.4%。各种孔隙类型特征描述如下。

(a)A2002井,3568.41m,粒间孔95%,粒间溶孔5% (b)A18井,3585.01m,粒间孔90%,粒间溶孔10%

图3-17 A储气库紫泥泉子组 $E_{1-2}z_2$ 砂层组铸体薄片照片

1）粒间孔

原生粒间孔主要呈网络状分布，平均孔隙直径为 60~79μm，喉道宽度为 17~27μm，面孔率为 6%~10%，孔隙连通性好，主要发育在中砂岩、细砂岩中，胶结物含量较少，方解石含量为 0%~2%，为该区主要储集空间。

2）粒间溶孔

主要是胶结物溶解或部分碎屑颗粒边缘被溶蚀形成的次生孔隙，碎屑颗粒被溶蚀改造后多呈港湾状、不规则状或漂移颗粒，平均孔隙直径为 11~43μm，喉道宽度为 0~14μm，面孔率为 0.02%~2.1%，粒间溶孔主要发育在细砂岩、粉砂岩中，孔隙连通性差，胶结物方解石含量较高为 2.8%，为该区的次要储集空间。

3）粒内溶孔

主要是碎屑颗粒内部的不稳定成分被溶蚀形成的次生孔隙，形状多样，孔径小，面孔率极低，平均 0.02%，主要分布在泥质粉砂岩中，为该区较差的储集空间。

2. 孔隙组合类型

紫泥泉子组孔隙组合类型可以分为以下几种：

1）粒间溶孔—粒间孔

主要以原生粒间孔为主的组合类型，根据孔隙发育程度又可以分为两类。

（1）一类粒间孔相对含量为 75.0%~95.0%，粒间溶孔为 25.0%~5.0%，平均孔隙直径为 49.6~78.4μm，喉道宽度为 17.1~34.0μm，孔喉配位数 0~5，平均总面孔率为 8.3%，泥质含量为 2.8%，方解石含量为 1.1%，主要分布在中砂岩和细砂岩中，孔隙度为 18.5%~26.3%，平均 23.0%，渗透率为 105.0~847.0mD，平均 319.0mD。储层物性好，为中孔粗喉道、孔隙发育程度好的储集类型。

（2）二类粒间孔相对含量为 65.0%~80.0%，粒间溶孔 35.0%~20.0%，平均孔隙直径为 20.0~50.2μm，喉道宽度为 8.5~13.8μm，孔喉配位数为 0~3，平均总面孔率为 2.6%，泥质含量为 5.3%，方解石含量 1.8%，主要分布在细砂岩中，储层物性较好，为中孔中喉道、孔隙发育程度好—中等的储集类型。

2）粒间孔—粒间溶孔

主要以次生粒间溶孔为主的组合类型，粒间溶孔相对含量为 40.0%~100.0%，平均孔隙直径为 11.0~43.3μm，喉道宽度为 3~6.9μm，孔喉比为 5.3，孔喉配位数 0~2，平均总面孔率为 0.6%，泥质含量较高为 6.1%，胶结物方解石含量较高为 2.8%，主要分布在细砂岩、粉砂岩中，为中小孔细喉道、孔隙发育程度中等—差的储集类型。

3）粒内溶孔—粒间溶孔

主要以次生粒内溶孔为主的组合类型，粒间溶孔相对含量为 70%~80%，粒内溶孔含量为 30.0%~20.0%，平均孔隙直径为 9.1~12.3μm，胶结物方解石含量高为 6.0%，平均总面孔率为0.02%,主要分布在泥质粉砂岩中,储层物性较差,为小孔细喉道、孔隙发育程度很差的储集类型。

三、物性特征

据多口井的岩心物性分析资料统计分析(表3-4),A储气库紫泥泉子组3个砂层组中$E_{1-2}z_2$砂层组砂岩具有中孔中渗的物性特征,特别是含气砂岩层段,其平均孔隙度达20.17%,平均水平渗透率80.003mD;$E_{1-2}z_3$砂层组砂岩具有低孔低渗的物性特征,其平均孔隙度为10.12%,平均水平渗透率2.284mD;$E_{1-2}z_1$砂层组砂岩只有1个分析样品,不具代表性。

表3-4 A储气库紫泥泉子组储层物性特征统计表

井号	层位		孔隙度(%)			水平渗透率(mD)		
			变化范围	平均	样品个数	变化范围	平均	样品个数
A2	$E_{1-2}z_1$	砂层	19.20	19.20	1	1.100	1.100	1
	$E_{1-2}z_2$	砂层	8.40~21.14	15.18	6	1.150~113.320	9.630	6
	$E_{1-2}z_3$	砂层	15.80~20.07	17.92	4	无	无	无
A001	$E_{1-2}z_2$	砂层	8.00~27.10	14.98	30	0.457~8.870	2.187	14
		含气砂层	9.60~24.80	15.88	13	1.640~8.870	4.017	8
	$E_{1-2}z_3$	砂层	2.90~15.40	8.51	56	0.053~24.500	1.106	53
A002	$E_{1-2}z_2$	砂层	7.10~25.10	17.84	39	0.414~821.000	22.009	21
	$E_{1-2}z_3$	砂层	4.00~23.20	10.76	124	0.194~552.000	3.702	109
A2002	$E_{1-2}z_2$	砂层	4.50~26.30	14.86	248	0.030~1300.000	6.663	248
		含气砂层	5.60~26.30	21.18	67	0.030~1300.000	120.297	67
	$E_{1-2}z_3$	砂层	5.30~12.20	8.71	14	0.424~2.160	0.827	14
AK18	$E_{1-2}z_2$	砂层	4.30~26.00	16.97	126	0.124~604.000	19.610	126
		含气砂层	5.10~26.00	19.82	34	0.312~604.000	72.395	34
全区平均	$E_{1-2}z_1$	砂层	19.20	19.20	1	1.100	1.100	1
	$E_{1-2}z_2$	砂层	4.30~26.30	15.72	449	0.030~1300.000	9.512	415
		含气砂层	5.10~26.30	20.17	114	0.030~1300.000	80.003	109
	$E_{1-2}z_3$	砂层	2.90~23.20	10.12	198	0.053~24.500	2.284	176

$E_{1-2}z_2$砂层组的$E_{1-2}z_2^1$、$E_{1-2}z_2^2$两个砂层物性特征也有一定差异,其中,$E_{1-2}z_2^1$砂层岩心分析孔隙度分布在4.3%~27.9%,平均为17.31%;水平渗透率为0.03~1300mD,平均17.61mD(图3-18);气层岩心分析孔隙度分布在9.4%~27.9%,平均为20.44%;水平渗透率为0.2~1300mD,平均为60.55mD(图3-19);$E_{1-2}z_2^2$砂层岩心分析孔隙度分布在4.4%~25.2%,平均为14.01%;水平渗透率在0.14~604mD,平均4.86mD(图3-20)。气层岩心分析孔隙度分布在9.50%~25.20%,平均为18.13%;水平渗透率在0.56~604.00mD,平均为31.72mD(图3-21);$E_{1-2}z_2^1$砂层物性稍优于$E_{1-2}z_2^2$砂层。

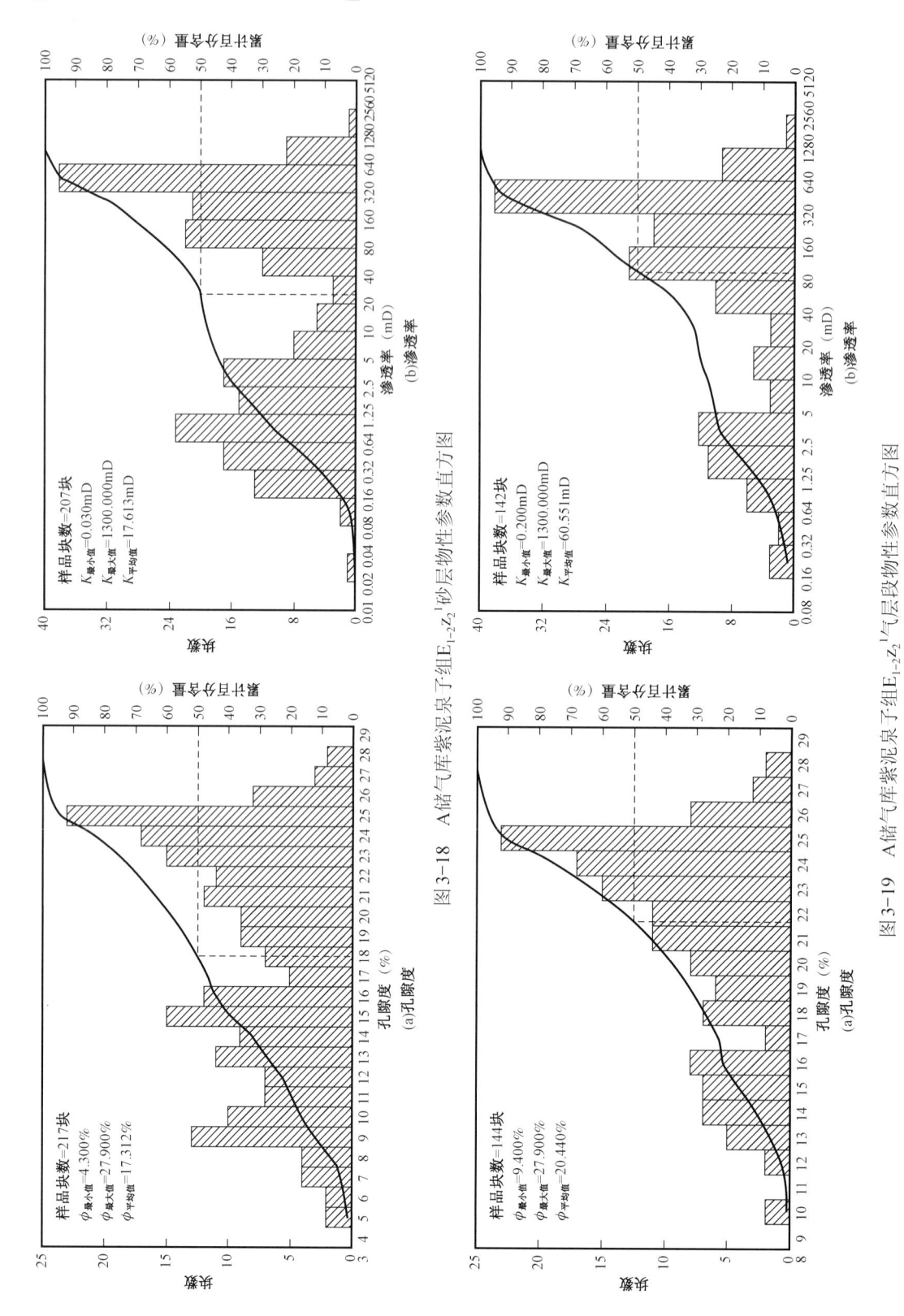

图3-18 A储气库紫泥泉子组$E_{1-2}z_2^1$砂层物性参数直方图

图3-19 A储气库紫泥泉子组$E_{1-2}z_2^1$气层段物性参数直方图

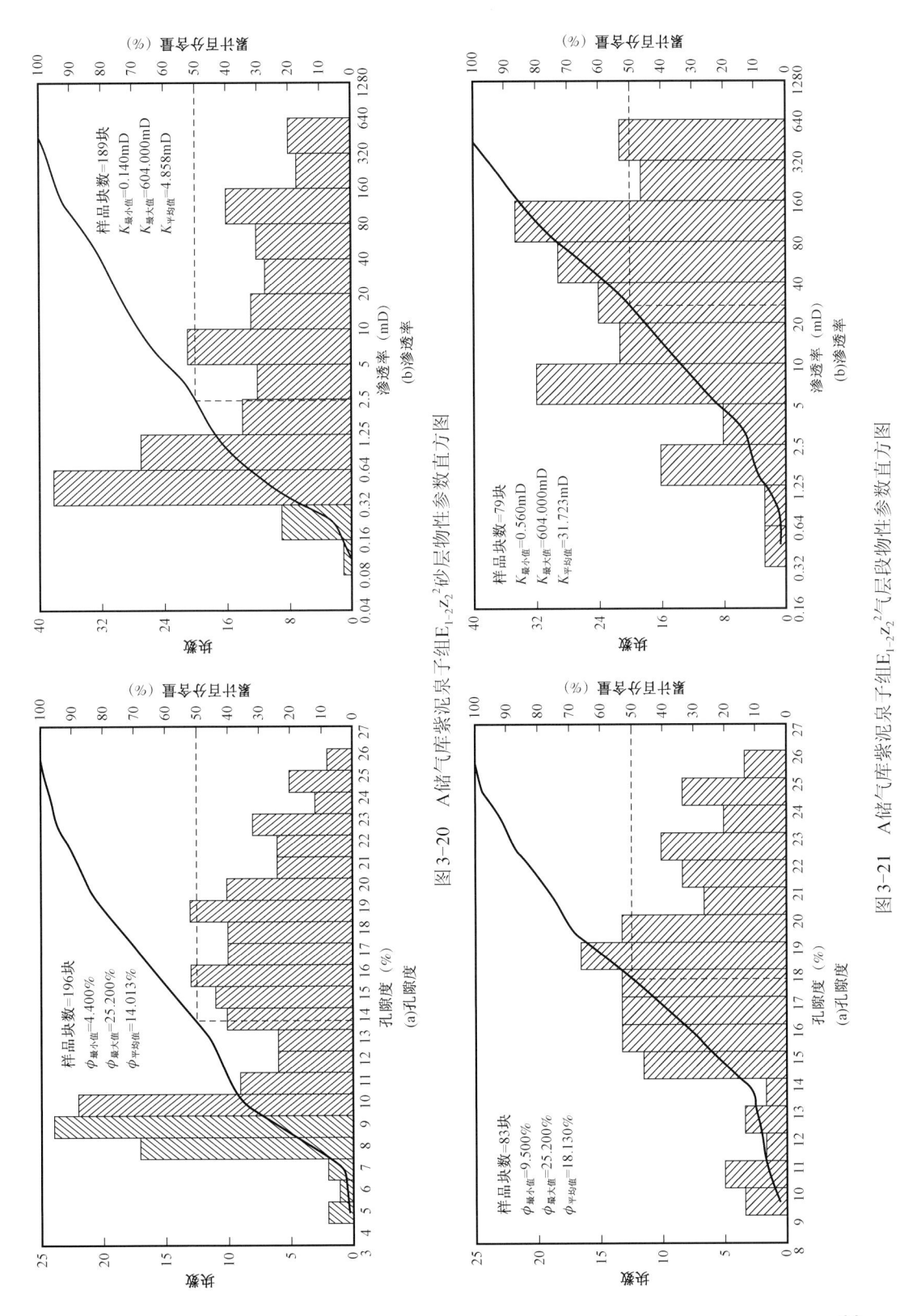

图 3-20 A储气库紫泥泉子组 $E_{1-2}z_2^2$ 砂层物性参数直方图

图 3-21 A储气库紫泥泉子组 $E_{1-2}z_2^2$ 气层段物性参数直方图

四、孔隙结构特征

据压汞资料统计表明，孔喉分选系数中等，孔隙峰态好，储层排驱压力在0.02~1.55MPa，平均0.46MPa；最大连通孔喉半径为42.93~0.44μm，平均5.6μm，饱和度中值压力为0.04~16.2MPa，平均3.5MPa；孔喉均值为7.0~12.6，偏态为-0.8~-0.9，分选系数为1.33~3.7。

根据A储气库紫泥泉子组毛细管压力特征，结合国内外油气田砂岩储层孔隙结构分类结果，可以将毛细管压力曲线分为4类（表3-5、图3-22），其中Ⅰ类、Ⅱ类毛细管压力曲线具有排驱压力和饱和度中值压力小、粗歪度、分选好、孔喉分布频率曲线为高而窄的单峰偏粗态型的特点，该类孔隙结构主要分布在中砂岩和细砂岩中，占$E_{1-2}z_2$砂层组砂岩厚度的30%，属于较好—很好的储层；Ⅲ类、Ⅳ类毛细管压力曲线具有排驱压力和饱和度中值压力较大、极细—细歪度、分选中等—差、孔喉分布频率曲线为单峰偏细态型的特点，主要分布在粉砂岩、泥质粉砂岩中，占$E_{1-2}z_2$砂层组砂岩厚度的70%。A储气库紫泥泉子组储层毛细管压力曲线以Ⅰ类、Ⅱ类为主。

表3-5 A2井区块紫泥泉子组孔隙结构特征表

类型	物性 孔隙度（%）	渗透率（mD）	毛细管压力特征 排驱压力（MPa）	最大连通孔喉半径（μm）	中值压力（MPa）	毛细管半径（μm）	孔喉均值	分选系数	岩性
Ⅰ	17.1~26.3	108.0~847.0	0.02~0.08	8.71~42.93	0.04~0.79	3.46~20.29	7.0~9.1	2.24~3.7	中砂岩、细砂岩
Ⅱ	14.2~21.2	13.5~98.6	0.04~0.13	5.86~18.31	0.15~2.16	1.2~9.01	10.0~10.7	2.37~3.42	细砂岩、粉砂岩
Ⅲ	4.4~16.9	0.235~8.84	0.15~0.6	1.2~4.8	0.98~9.2	0.4~1.38	10.3~11.9	1.53~2.46	泥质粉砂岩
Ⅳ	4.3~9.8	0.13~1.38	0.6~1.55	0.44~1.22	2.44~16.2	0.16~0.5	11.4~12.6	1.33~2.0	泥质粉砂岩

根据中国陆相碎屑岩储集岩级别标准，A储气库紫泥泉子组紫二砂层组储层属于中等孔隙度、中等渗透率、中等喉道的储层。

五、黏土矿物及敏感性

1. 黏土矿物特征

黏土矿物的类型与含量对砂岩储层的品质都有重要影响，X衍射分析是常用的黏土矿物分析方法之一。4口井X衍射资料分析表明，黏土矿物成分主要以伊/蒙混层矿物为主，含量为58.76%~79.83%，平均72.03%，伊/蒙混层比为56.93%，主要呈不规则状，以衬垫式均匀分布，平面上A002井含量较高为79.83%，A2井含量最低为58.76%；其次是伊利石，含量为11.91%~22.57%，平均15.04%；主要呈弯曲片状和桥状，以衬垫式和充填式分布；绿泥石、高岭石含量较少，平均分别为9.26%、3.68%，主要以衬垫式分布（表3-6）。

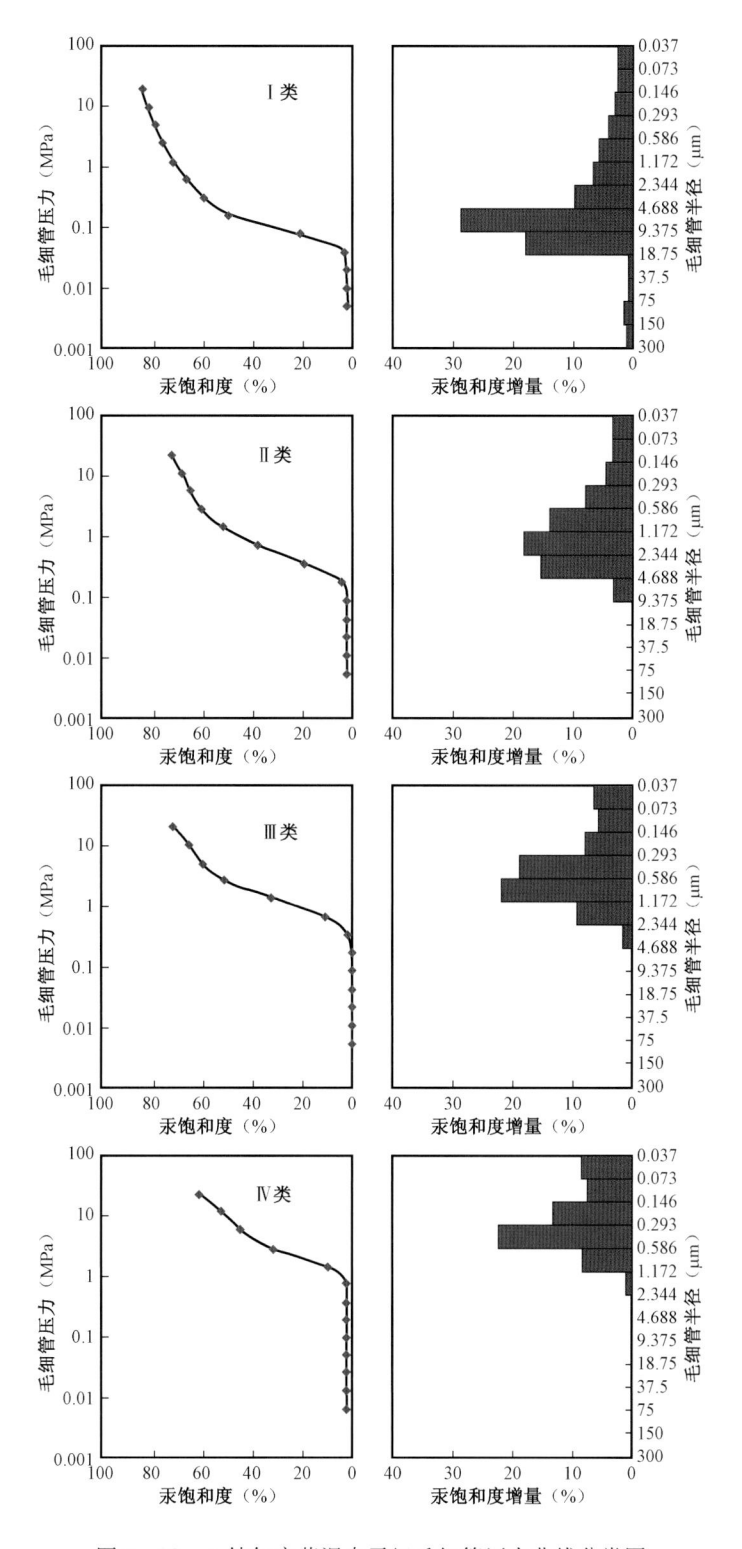

图 3-22 A 储气库紫泥泉子组毛细管压力曲线分类图

表 3-6　A 储气库紫泥泉子组黏土组分统计表

井号	黏土类型					
	伊/蒙混层(%)	伊利石(%)	高岭石(%)	绿泥石(%)	伊/蒙混层比(%)
A2	58.76	22.57	3.76	14.90	—
A001	79.83	13.58	—	6.58	59.58
A002	79.42	12.08	—	8.50	57.12
A2002	70.09	11.91	10.95	7.05	54.09
平均	72.03	15.04	3.68	9.26	56.93

2. 敏感性分析

水敏分析：$E_{1-2}z_2$ 砂层组取得水敏分析资料 3 个，样品岩性为粉砂岩、细砂岩。储层最终渗透率损失 K/K_∞ 为 0.10~0.39。水敏指数 K_w/K_f（岩心在蒸馏水下的渗透率 K_w 与地层水下的渗透率 K_f 比值）为 0.12~0.50，储层具有中等—强的水敏性（表 3-7）。

盐敏分析：$E_{1-2}z_2$ 砂层组取得盐敏分析资料 3 个，样品岩性为粉砂岩、细砂岩。储层最终渗透率损失为 K/K_∞ 为 0.10~0.39，属强—中等盐敏程度。临界盐度为 4960mg/L。

速敏分析：目的层 $E_{1-2}z_2$ 砂层组取得速敏分析资料 4 个，样品岩性为粉砂岩、细砂岩。储层最终渗透率损失为 0.34~0.60，K_{min}/K_{max}（地层水最小渗透率与最大渗透率的比值）在 0.93~0.58，速敏程度为弱—中等。临界流速为 0.25~6.15mL/min。

表 3-7　储层敏感性评价表

评价类别	井号	层位	岩性	孔隙度(%)	克氏渗透率(mD)	最终渗透率(mD)	渗透率损失 K/K_∞	临界速度(mL/min)	评价指标		敏感程度
水敏性	A2	$E_{1-2}z_2^1$	粉砂岩	19.1	33.46	5.22	0.16		K_w/K_f	0.38	中等
	A2002	$E_{1-2}z_2^1$	细砂岩	21.7	470	182	0.39			0.50	中等
	A2002	$E_{1-2}z_2^1$	细砂岩	23.1	546	53.9	0.10			0.12	强
盐敏性	A2	$E_{1-2}z_2^1$	粉砂岩	19.1	33.46	5.22	0.16		K/K_∞	0.16	强
	A2002	$E_{1-2}z_2^1$	细砂岩	21.7	470	182	0.39			0.39	中等
	A2002	$E_{1-2}z_2^1$	细砂岩	23.1	546	53.9	0.10			0.10	强
速敏性	A2	$E_{1-2}z_2^1$	粉砂岩	22.1	75.51	25.51	0.34	6.15	K_{min}/K_{max}	0.93	弱
	A2002	$E_{1-2}z_2^1$	细砂岩	23.1	736	443	0.60	6.00		0.83	弱
	A2002	$E_{1-2}z_2^1$	细砂岩	23.3	626	252	0.40	0.25		0.58	中等
	A2002	$E_{1-2}z_2^1$	细砂岩	23.7	307	140	0.46	0.25		0.65	中等

综上所述，A 储气库紫泥泉子组储层具有强—中等的水敏性、中等—强的盐敏性、弱—中等的速敏性。

第五节 气藏特征

一、气藏类型

气藏分类从指标性质上可分为勘探、开发和经济3个系列,常用的有圈闭(气储形态、构造形态、圈闭形态和其他)、储层(岩石类型、渗储空间、储层物性、均质程度和孔隙结构)、天然气成因(物质来源、生成母质、热演化程度)、气体组合(组合比例、气体湿度、特殊气体)、相态特征(物理状态、组合比例、赋存方式)、驱动方式(驱动力源、水体类型、水体能量)、地层压力(压力系统、压力高低)、物质基础(储量大小、气井产能)和工程条件(埋藏深度、集输条件)9个因素27项指标。不同因素、指标的组合,可从不同角度反映气藏基本地质特征(田信义等,1996)。

气藏地质特征研究表明:A 气藏整体构造形态为近东西向展布的长轴断背斜,岩性以细砂岩、粉砂岩为主,物性具有中孔中渗特征。

根据多井气藏剖面对比分析(图 3-23、图 3-24),A 气田紫泥泉子组气藏 A2008 井位于三角洲沉积边缘,储层构造位置变低,试气未获油气流,3611~3617m 产水 49m³/d,3645~3653m 产水 18.82m³/d,说明气藏存在边水。北面是前三角洲和浅湖相沉积,砂体延伸有限,内部受 $E_{1-2}z_2^1$—$E_{1-2}z_2^2$ 砂层的隔夹层限制。

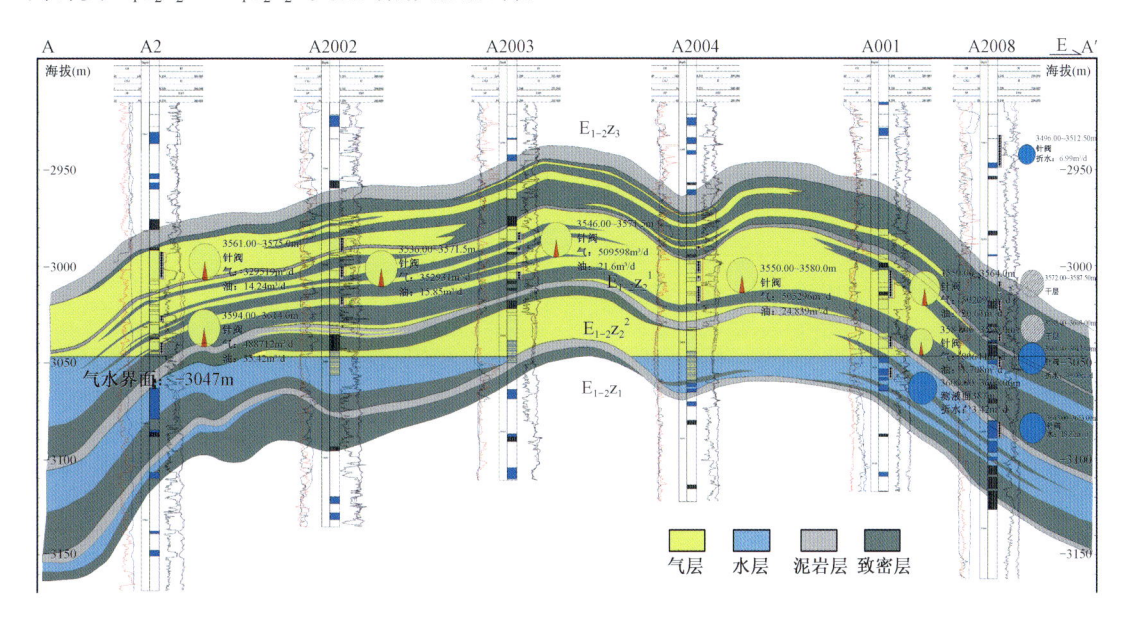

图 3-23　A 气田过 A2—A2008 井紫泥泉子组气藏剖面图

根据 A 气田紫泥泉子组 5 口井 PVT 取样、全组成分析及相态图(图 3-25),A 气田紫泥泉子组属于典型的凝析气系统,临界压力和临界温度较低,气藏状态位于临界点右方、露点线及反凝析区相包络线上方。

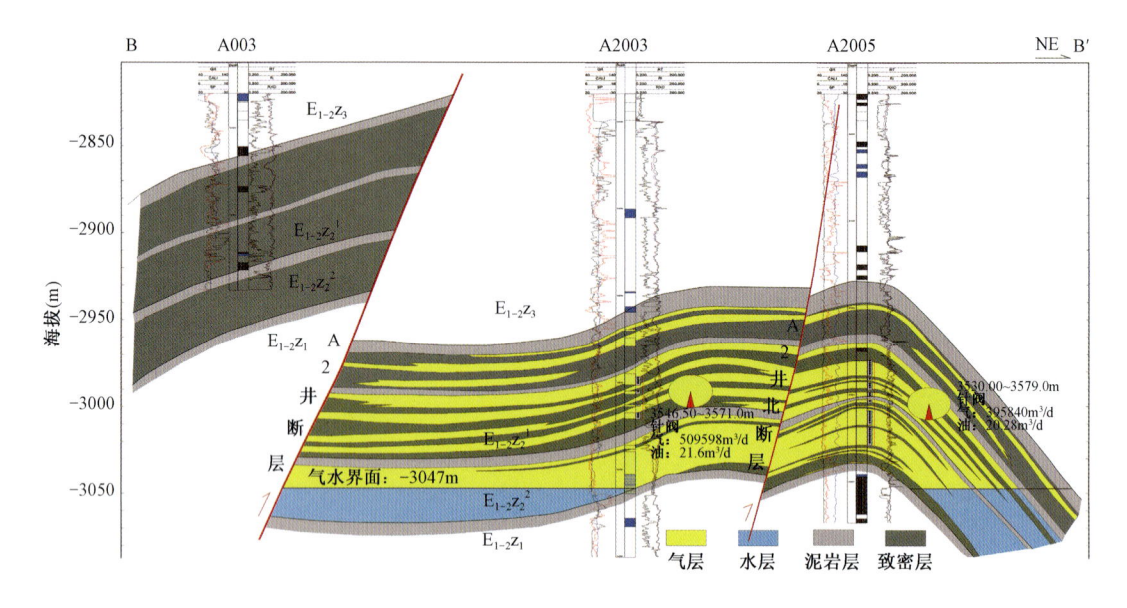

图 3-24 A 气田过 A003—A2005 井紫泥泉子组气藏剖面图

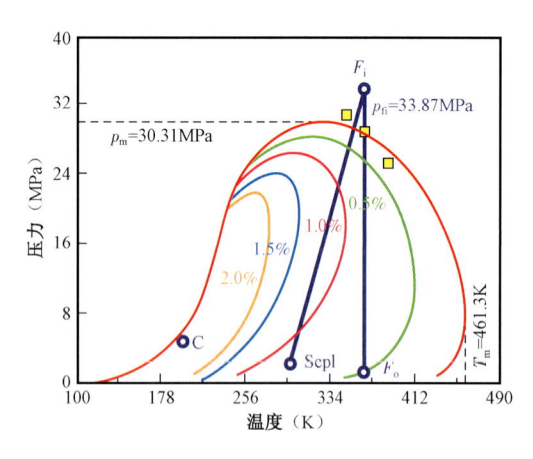

图 3-25 A2004 井相态图

本区露点压力均低于地层压力,露点压力 29.03~31.40MPa,平均 30.31MPa,地露压差平均 3.56MPa,最大反凝析压力 10.82~12.25MPa,平均 11.59MPa,最大反凝析液量 1.45%~2.30%,平均 1.68%,表明地层凝析油气体系在开采过程中,凝析液量低,主要以单相气体流动为主,C_{5+} 含量 38.20~66.00g/m³,平均 47.00g/m³,根据石油工业行业标准 SY/T 6168—1995,凝析油含量小于 50g/m³ 的凝析气藏,属于贫凝析气藏。

综合分析表明,紫泥泉子组气藏总体上为受构造控制的、带边底水贫凝析气藏。

二、气水界面

1. 气水界面确定方法

气藏的气水界面确定方法很多,较常用的如试油结果确定法、地层测试(DST/RFT/MDT 等)压力梯度分析法、测井解释法、地化分析法、温度—深度关系曲线法。

1)试油结果确定法

试油作为一种认识油气层的基本手段,具有评价油气层的关键作用。试油以取得地层产量、压力、温度、流体样品与油气层性质、物理参数等资料为目的。根据单层试油结果,可直接确定油气水层及油气水界面。

2）地层测试压力梯度分析法

该方法主要根据DST、RFT、MDT等测得的原始地层压力,建立地层压力与相应深度对应的压力梯度图,该图直线段斜率的差异,能够反映不同深度的地层流体密度与流体性质,并进一步确定油气水界面。

3）测井解释法

测井解释是油气水层识别最常用的方法。测井信息是井壁周围地层岩性、物性及流体性质的综合反映。油、气、水层流体物理性质的差异将导致储层电性特征不同,电阻率测井、孔隙度测井方法在油气层与水层通常具有不同的响应,因此,测井方法,特别是电阻率测井和中子测井在气水层识别方面具有较好的效果。

4）地化分析法

地化分析法主要是根据储层残留烃的化学性质识别油、气、水层,它不受储层岩石成分及储层流体物理性质等因素的影响,只与储层流体的化学性质有关,可以弥补测井解释方法的不足。因此,可以通过分析样品的地化性质(抽提物含量、荧光强度、荧光分布及储层烃的碳数分布)判别油、气、水层。

5）温度—深度关系曲线法

液体、气体传导与温度有关。液体水是不可压缩的,故地层水在流入井筒的瞬间,温度变化不大;气体在地层的高温高压下,体积较小,而从地层流入井筒后体积急剧膨胀吸热,从而导致这一区域的温度降低。根据实测的静态、动态温度—深度曲线变化情况,就可以判别气层、水层及确定气水界面。

2. A气田紫泥泉子组气藏气水界面确定

根据资料采集情况,在A气藏主要根据试油结果分析、测井综合解释与压力梯度分析等方法确定气水界面。

1）试油结果确定气水界面

A001井在紫二砂层组的3个层段进行了单层试油,结果如下:

第一层:层位:$E_{1-2}z_2^1$;射孔井段:3600.00~3606.00m;试油结果:日产水3.42m³,无油气显示。水样全分析Cl⁻:4137.37mg/L,总矿化度12412.5mg/L,Na₂SO₄水型;结论:水层。

第二层:层位:$E_{1-2}z_2^1$;射孔井段:3584.00~3590.00m;试油结果:通过两次系统试气,获油压6MPa,套压7MPa,流压8.7073MPa,日产气$8.0644×10^4$m³,日产油1.708m³;结论:气层。

第三层:层位:$E_{1-2}z_2^1$;射孔井段:3550.00~3564.000m;试油结果:通过两次系统试气,获油压12.85MPa,套压25.7MPa,流压31.416MPa,日产气$7.0462×10^4$m³,日产油1.708m³;结论:气层。

根据试油结果,结合测井曲线特征,A001井含气水层顶底界面海拔为-3047.5m(图3-26)。

2）测井解释确定气水界面

在A紫泥泉子组,气层电阻率一般高于4Ω·m,水层电阻率低于4Ω·m;受"挖掘效应"影响,气层中子测井值相对降低,而水层则不受此影响。根据这两项判别方法,在多口井实践

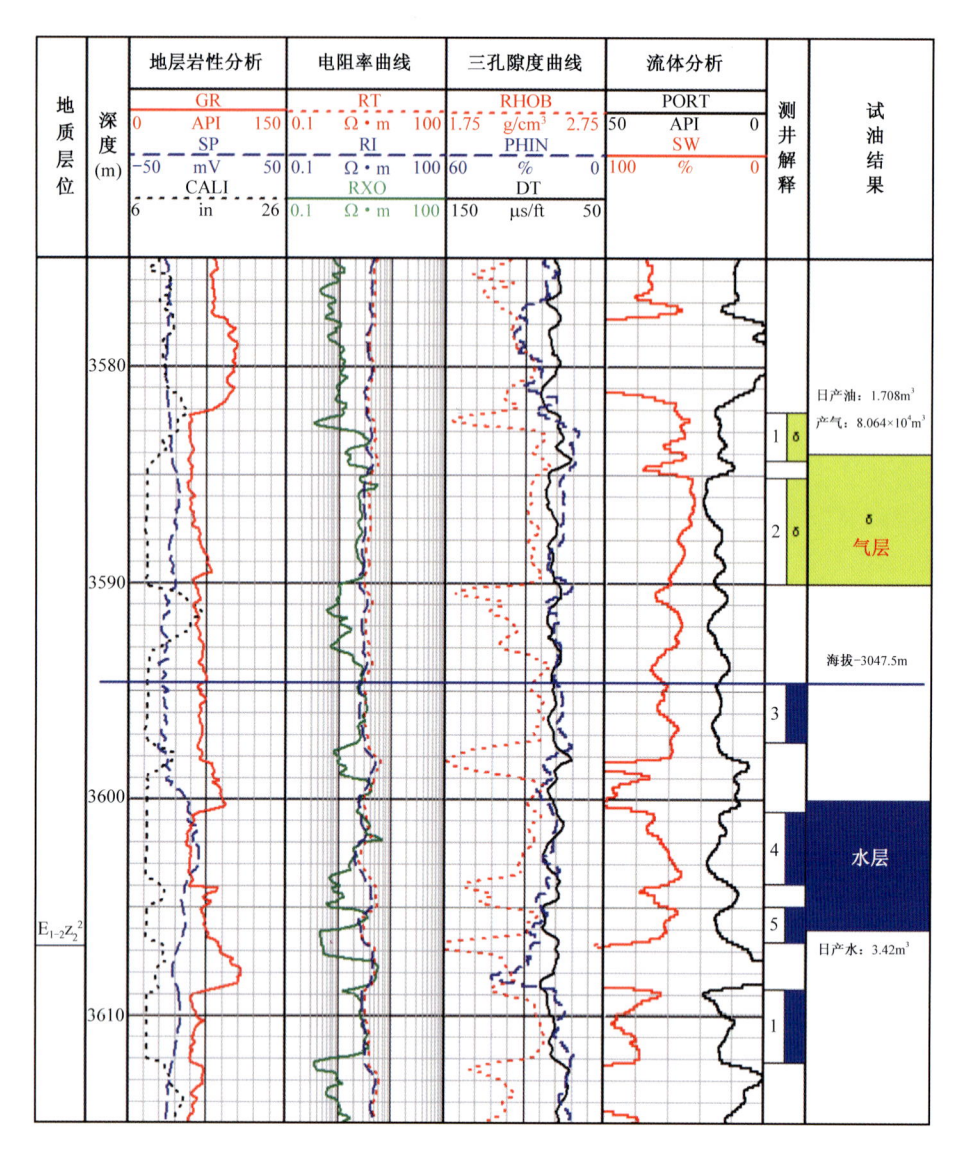

图 3-26 A001 井气、水层测井解释与试油成果图

验证,可以较准确地判别气、水层及确定气水界面。

以 A2003 井、A2004 井测井资料气、水层解释以及气水界面确定成果图(图 3-27),其中,A2003 井的气水同层顶底界面海拔 -3038.1m;A2004 井的气水同层顶底界面海拔 -3043.5m。

3)压力梯度分析法

根据试井测得的原始地层压力,建立了 A 气田地层压力与相应深度对应的压力梯度图(图 3-28)。图中交会点呈两条直线,斜率分别为 0.0102 与 0.0022,即对应井段的地层流体密度分别为 1.02g/cm³、0.22g/cm³。显然,在海拔 -3050m 处地层压力有变化,其上下地层流体密度不同,所以,流体性质也不同,即气水界面深度在海拔 -3050m 附近。

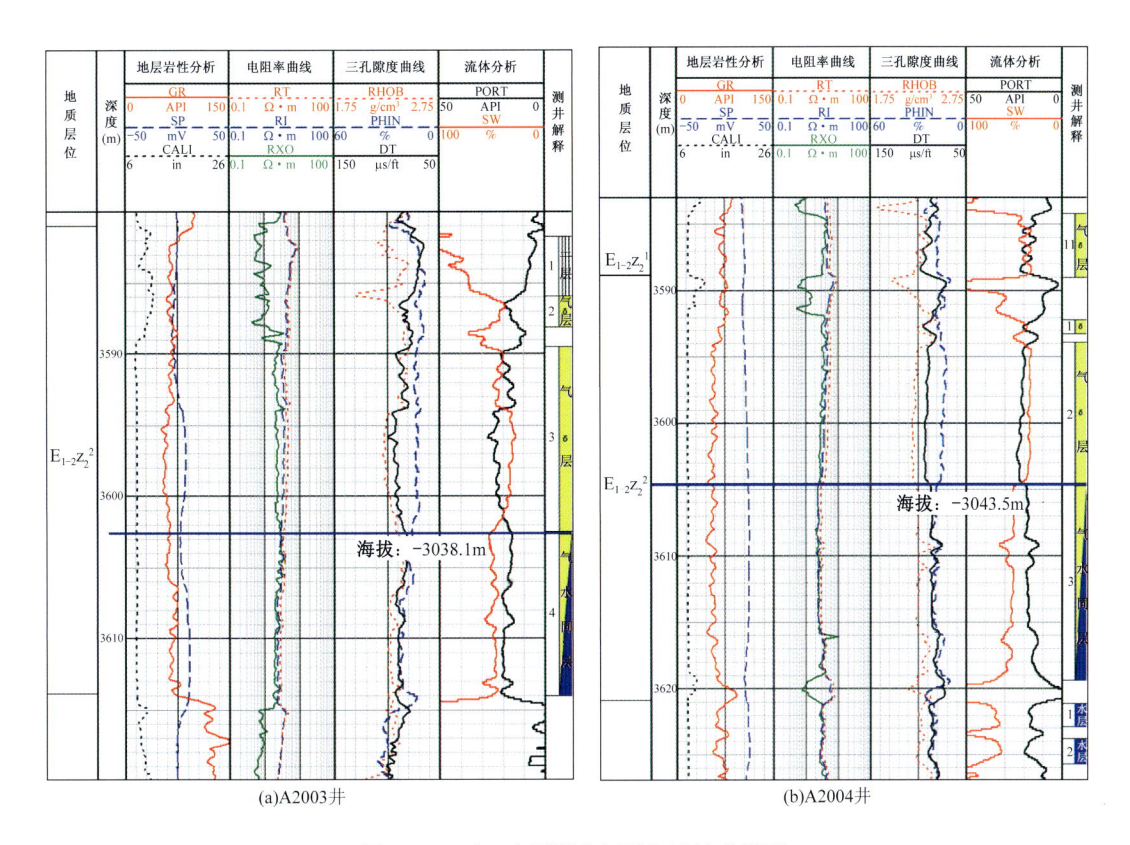

图 3-27　气、水层测井解释与试油成果图

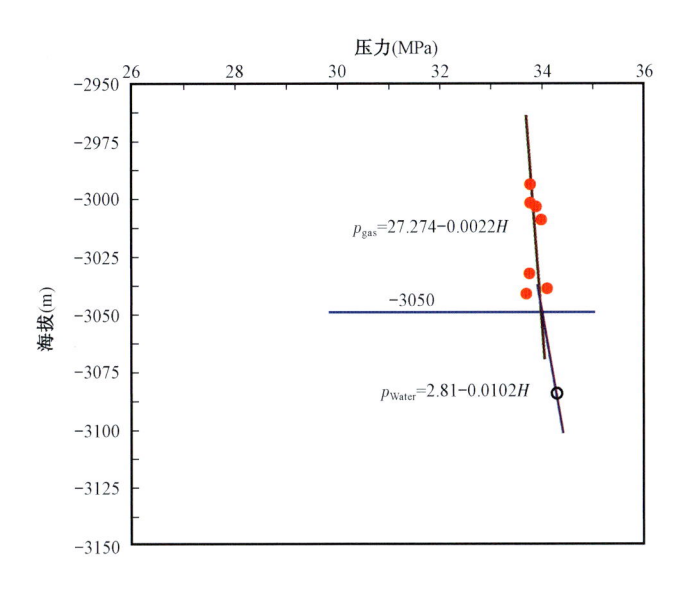

图 3-28　A 气田紫泥泉子组压力梯度图

综合试油结果、测井解释及压力梯度分析结果,最终确定 A 气藏气水界面在海拔 -3047m 处。

三、流体性质

地质研究表明,紫泥泉子组气藏总体上为受构造控制的、带边底水贫凝析气藏。地层流体包含有天然气、凝析油及地层水。

1. 天然气性质

根据 A 气田紫泥泉子组 6 口井 9 层的天然气常规分析资料(表3-8),天然气具有二低一高和不含硫的特点。天然气相对密度较低,为 0.5921~0.6105,平均 0.5999;非烃含量较低,二氧化碳含量为 0.398%~0.728%,平均 0.482%;甲烷含量高,为 90.09%~93.24%,平均 92.14%。

表3-8 天然气分析数据表

井号	井段(m)	相对密度	甲烷	乙烷	丙烷	异丁烷	正丁烷	异戊烷	正戊烷	二氧化碳(%)	氮气(%)
A2	3561~3575	0.6055	91.670	5.027	0.617	0.161	0.164	0.114	0.088	0.427	1.732
A001	3550~3564	0.6105	90.087	4.122	0.644	0.171	0.185			0.728	4.063
A2002	3536~3572	0.5921	93.242	3.850	0.462	0.080	0.070			0.417	1.879
A2003	3546~3571	0.5967	92.652	4.004	0.564	0.152	0.142			0.398	2.088
A2004	3550~3580	0.5953	92.864	3.856	0.538	0.120	0.116			0.449	2.059
A2006	3575~3582	0.5990	92.335	4.315	0.585	0.150	0.157			0.471	1.984
全区平均		0.5999	92.142	4.196	0.568	0.139	0.139	0.114	0.088	0.482	2.301

2. 地面原油性质

气藏地面凝析油颜色为透明的淡黄色。凝析油密度 0.7731~0.7839g/cm³,平均 0.7800g/cm³,含蜡量 1.23%~3.34%,平均 2.34%;凝固点 -12~-20℃,平均 -14℃,初馏点 79~110℃,平均 97℃;地面 30℃温度下黏度 1.016~1.140mPa·s,平均 1.087mPa·s(表3-9)。

表3-9 地面原油性质表

层位	密度(g/cm³)	黏度(30℃)(mPa·s)	凝固点(℃)	含蜡(%)
$E_{1-2}z$	0.7800	1.087	-14	2.34

3. 地层水性质

根据 A001、A002、A2008 井地层水分析资料,紫泥泉子组 $E_{1-2}z_2$ 砂层组气藏地层水氯根含量 4137.4~7757.8mg/L,总矿化度 12412~15592mg/L,水型为 Na_2SO_4 型(表3-10)。

表 3–10　A 气田地层水分析表

井号	层位	井段(m)	阳离子 K⁺和Na⁺	Ca²⁺	Mg²⁺	阴离子 Cl⁻	HCO₃⁻	SO₄²⁻	pH	矿化度(mg/L)	水型	R_w (Ω·m)
A001	$E_{1-2}z_2^2$	3584~3590	5483.9	370.34	66.11	7757.8	613.25	1607.6	6.5	15592	Na₂SO₄	0.156
A001	$E_{1-2}z_2^2$	3584~3590	4217.1	252.5	21.15	4137.4	367.95	3600.4	7	12412	Na₂SO₄	0.209
A002	$E_{1-2}z_2^1$	3589~3608	4868.2	359.52	6.56	5837	460.09	2783.9	6	14085	Na₂SO₄	0.178
A2008	$E_{1-2}z_2^1$	3572~3587.5	4718.2	242.08	13.37	5241.4	269.71	3173.2	6.5	13523	Na₂SO₄	0.188
A2008	$E_{1-2}z_2^2$	3645~3653	4382.7	264.13	53.47	5137.1	137.3	2928.7	6	12835	Na₂SO₄	0.193
A2008	$E_{1-2}z_2^2$	3645~3653	4618.4	264.13	66.84	5504.1	205.64	2923	6.5	13479	Na₂SO₄	0.183

第四章 储气库密封性评价

地下储气库在生产过程中需周期性地反复强注强采,故对储气库的封闭条件要求非常高。地下储气库密封性的好坏不仅直接确定了储气库能否储存天然气,还关系到储气库周围人民的生命财产安全。因此,在地下储气库建设中,不仅要求对储气库进行气田开发中常规的构造形态、圈闭幅度等基本研究,而且必须根据储气库对圈闭密封程度要求高的特点,重点对储气库圈闭密封的有效性进行评价(马小明等,2011)。储气库密封性评价是储气库地质特征评价的关键技术内容,主要包括对盖层的密封性和断层的密封性的评价。

第一节 盖层密封性评价

盖层是指位于储集层之上能够封闭储集层中的油气不向上逸散的岩石保护层。不同的研究者从不同的角度将盖层分为不同的类型。根据岩性,盖层分泥质岩类盖层、膏盐类盖层、碳酸盐岩类盖层;根据分布范围,盖层分区域性盖层、局部性盖层;根据分布范围,盖层分直接盖层与上覆盖层(张厚福等,1999)。任何盖层对气态和液态烃类只有相对的密封性,盖层密封性强度取决于宏观因素与微观因素,盖层的密封性评价包括宏观密封性评价与微观密封性评价(马小明等,2011)。

一、盖层密闭机理

根据盖层阻止油气运移的方式,盖层的封闭机理可分为3种类型:物性封闭、异常压力封闭和烃浓度封闭。对于地下储气库来讲,其封闭类型一般是物性封闭。

物性封闭是指靠盖层岩石的毛细管压力对油气运移的阻止作用。因此也可以称为毛细管压力封闭。毛细管压力与孔喉半径、烃类性质、介质温度条件有关:

$$p_c = \frac{2\sigma\cos\theta}{r} \quad (4-1)$$

式中 p_c——毛细管压力,Pa;
r——岩石孔喉半径,cm;
θ——固液相接触角,(°);
σ——两相界面张力,N/m。

油气要通过盖层微细孔隙向上运移,必须先驱替其中的水,克服毛细管压力的阻力,才能突破盖层的阻隔。如果驱使油气运移的浮力未能克服该毛细管阻力,则油气就被遮挡在盖层之下。对于盖层岩石来说,其岩石颗粒极细,再加上压实作用,导致岩石孔喉半径、孔隙度、渗透率都非常小,而其所具有的毛细管阻力极大,且随埋深增加盖层岩石的毛细管阻力变得更大,密封性变得更好,从而达到了盖层岩石对油气的密闭作用(张厚福,1999;赵树东等,2000)。

二、盖层宏观密封性评价

盖层宏观密封性评价内容主要包括两个方面,即盖层的厚度与盖层的覆盖程度。

盖层的厚度是盖层密封性的重要指标,不同性质盖层的密封性有一定差异,盖层的厚度没有统一标准。但对同一种岩性的盖层,通常是盖层厚度越大,其密封性越好。

盖层的覆盖程度是指盖层对下伏储层的覆盖范围。只有当储层被严密地置于盖层之下,盖层才具备封闭条件。

A储气库上覆有一套区域性盖层和一套直接盖层(庞晶等,2012),因此,盖层密封性宏观评价主要针对这两套盖层。

1. 区域性盖层密封性

区域性盖层是指遍布于含油气盆地或凹陷的大部分地区,厚度大、面积广且分布稳定的盖层。

区域性盖层的稳定分布是储气库整体封闭条件好的有力保障。根据实钻资料分析(表4-1),A储气库紫泥泉子组上覆为安集海河组,而安集海河组地层岩性主要为灰色、灰绿色泥岩,属于湖相—半深湖相沉积,厚度在751~947m。显然,安集海河组泥岩在A储气库具有岩性好、沉积厚度大、分布稳定、覆盖范围大等特点,是一套密封性非常好、有效的区域性盖层。

表4-1 A储气库区域盖层厚度表

井名	A2	A001	A002	A2002	A2003	A2004	A2005	A2006	A2008
厚度(m)	947.0	817.0	751.0	906.0	875.0	846.0	812.0	810.0	849.0

2. 直接盖层密封性

直接盖层是指紧邻储集层在上的封闭岩层。直接盖层是单一型的盖层,它可以是局部盖层,也可以是区域性盖层。

根据测井曲线多井对比分析(图4-1),A储气库紫泥泉子组紫三砂层组$E_{1-2}z_3$与紫二砂层组$E_{1-2}z_2$之间有一个较稳定的直接盖层,其质地比较纯,岩性主要是以泥岩为主,分布较为

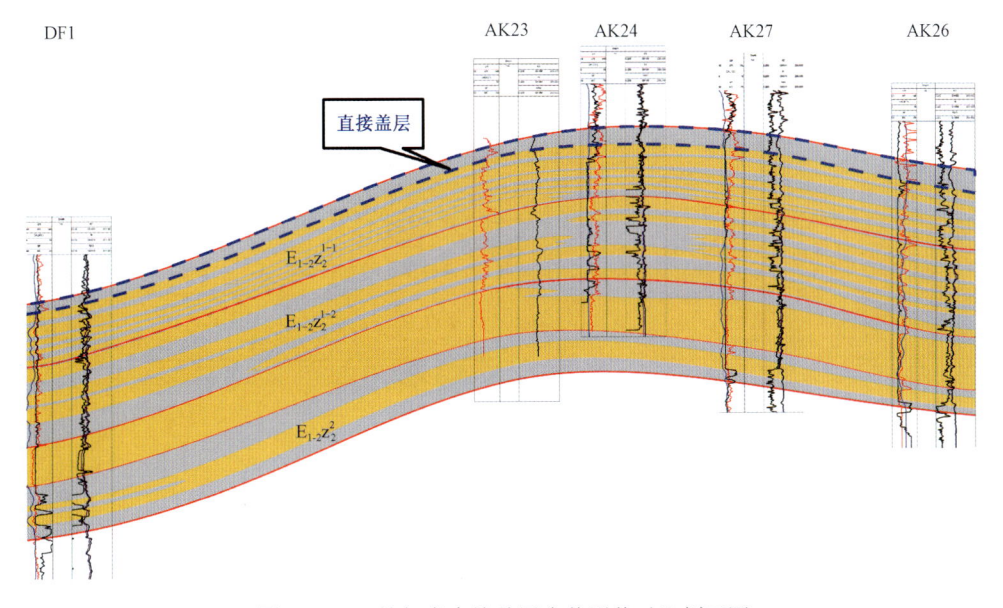

图4-1 A储气库直接盖层多井测井对比剖面图

稳定,从井的钻遇情况来看厚度在 6.84~9.46m,平均 8.03m(表 4-2)。该直接盖层虽然厚度不是太厚,且向西有减薄趋势,A002 井厚度小于 5m(图 4-2),但泥岩盖层随着埋深的增加,其压实程度增高,孔隙度、渗透率随之减小,排驱压力增大,其封闭性能也不断增高。该直接盖层的埋深大于 3000m,并且已经历了长期的地史时期未遭到破坏,说明其盖层条件及盖层的封闭性是很好的,封闭类型为物性封闭(即毛细管压力封闭)。因此,从岩性和厚度的条件上来看,直接盖层条件较好,满足了储气库的要求。

表 4-2 A 储气库单井直接盖层厚度表

井号	厚度(m)	岩性
A2	7.80	泥岩、泥质粉砂岩
A2002	7.30	泥岩
A2003	8.03	泥岩
A2004	8.68	泥岩
A2005	9.46	泥岩、泥质粉砂岩
A2006	7.70	泥岩
A001	8.45	泥岩、泥质粉砂岩
A2008	6.84	泥岩
平均	8.03	

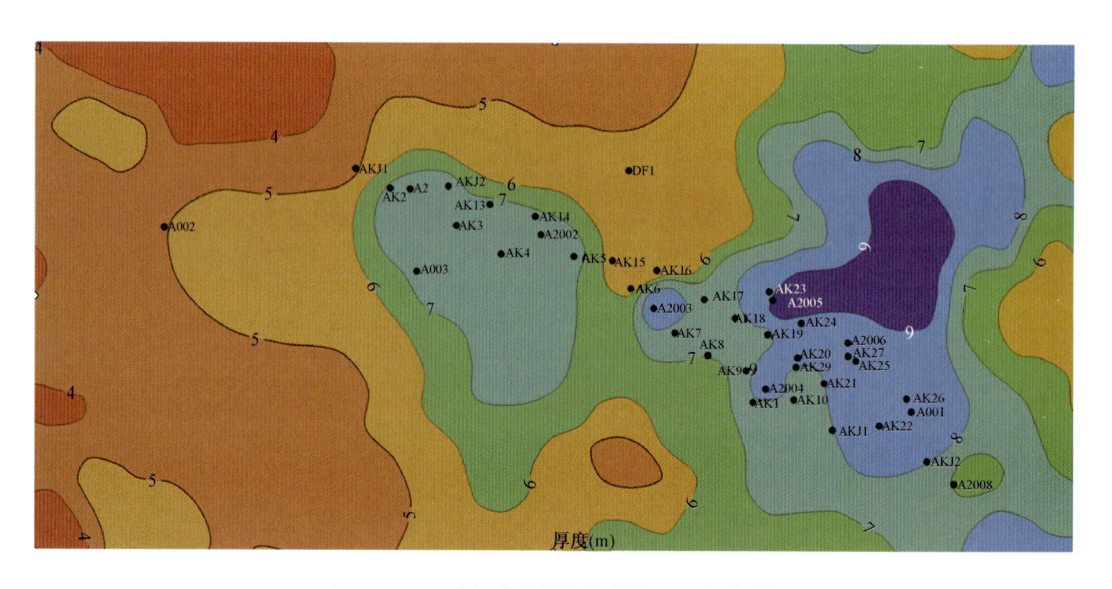

图 4-2 A 储气库直接盖层厚度平面分布图

三、盖层微观密封性评价

盖层的微观特性通常指盖层的微观孔隙特性,包括排驱压力、孔隙度、渗透率、孔隙中值半径、突破压力、扩散系数等。盖层微观密封性评价实际上就是对盖层的物性密封能力评价。评价盖层密封能力的参数较多,大致可分为 3 类:一类是决定毛细管封闭能力的最主要参数排驱压力与突破压力及其派生参数,即由排驱压力计算产生的参数如最大连通孔径、最大封闭气柱高度、扩散系数等;另一类是与排驱压力相关的参数,如孔隙度、渗透率、比表面等;三类是影响排驱压力的因素,如黏土矿物的类型与含量、孔隙中值半径等。

显然,评价盖层密封性的参数很多,但归根到底是盖层的渗透能力。基于 A 储气库获得的分析化验资料,分别在孔渗特征、突破压力及微观结构等方面开展盖层微观密封性评价。

1. 孔渗特征

泥岩盖层样品实验分析表明,盖层平均孔隙度 4.1%,平均渗透率 0.028mD,盖层的渗透能力差,密封性好。

2. 突破压力

衡量盖层封闭能力大小的直接标志就是在一定地质条件下封闭烃柱的高低,该参数可由突破压力的大小获得,同时与气藏的压力系数、埋藏深度也有关系。

突破压力是指气体冲出上覆泥岩盖层所需要的最小地层压力。一般主要根据钻井取心获得样品的实验室分析求取,也可根据测井计算的泥岩段总孔隙度、有效孔隙度、含砂量等参数建立计算模型获得。取心样品实验分析结果表明:A 储气库盖层的突破压力为 2.0~3.0MPa(表 4-3),平均 2.5MPa。

表 4-3　A003 井盖层岩石突破压力实验结果表

样品编号	井号	井深(m)	层位	岩性	饱和煤油突破压力(MPa)
1	A003	3280.47	$E_{1-2}z$	褐色泥岩	3.0
13	A003	3480.85	$E_{1-2}z$	红褐色泥岩	2.0

盖层能否封隔油气,除了受控盖层突破压力的大小外,同时与气藏的压力系数、埋藏深度也密切相关。A 气藏紫二砂层($E_{1-2}z_2$)组压力系数 0.96,属于正常压力系统,因此对应的压力系数选择 1.00;紫二砂层组($E_{1-2}z_2$)埋藏深度介于 3500~3650m。通过计算分析,不同埋深不同气柱高度所需的最小突破压力经验值不同(表 4-4),3500m 埋深封闭 200m 气柱高度需要的突破压力不到 2.0MPa,而该气藏上覆直接盖层的突破压力在 2.0~3.0MPa,故可封闭的气柱高度大于 200m,而 A 气藏紫二砂层组($E_{1-2}z_2$)圈闭的幅度仅为 180m,小于可封闭的气柱高度,因此该地区的直接盖层对储层是非常有效的,即当圈闭完全注满气体时,直接盖层也可封闭紫二砂层组($E_{1-2}z_2$)储层。

表 4-4　压力系数为 1.0 时,不同埋深、不同气柱高度所需的最小突破压力表

埋藏深度 (m)	气柱高度 10m (MPa)	气柱高度 100m (MPa)	气柱高度 200m (MPa)	气柱高度 500m (MPa)	气柱高度 1000m (MPa)
1000	0.48	0.96	1.92	4.8	9.6
1500	0.44	0.88	1.76	4.4	8.8
2000	0.43	0.85	1.69	4.88	8.45
2500	0.42	0.83	1.66	4.16	8.32

续表

埋藏深度（m）	气柱高度10m（MPa）	气柱高度100m（MPa）	气柱高度200m（MPa）	气柱高度500m（MPa）	气柱高度1000m（MPa）
3000	0.41	0.82	1.64	4.1	8.2
3500	0.4	0.8	1.62	4.05	8.1
4000	0.39	0.79	1.58	3.96	7.9

3. 吸附特征

吸附特征可通过实验分析岩石的比表面和孔径分布特征来研究（表4-5）。

表4-5 A003井泥岩盖层岩石比表面—孔径分布实验结果表

样品编号	井号	井深（m）	岩性	层位	BET比表面（m²/g）	BJH总孔体积（mL/g）	平均孔直径（μm）
1	A003	3280.47	褐色泥岩	$E_{1-2}z$	19.98	0.0294	6.319
2	A003	3480.85	红褐色泥岩	$E_{1-2}z$	21.14	0.035	6.859

比表面主要反映单位质量内岩石颗粒的表面积之和，它受矿物成分的含量和颗粒大小、有机质含量、成岩作用阶段等因素影响而变化，不能直接反映封盖性能的好坏。

孔径分布是通过分析孔隙分布特点来判断研究盖层性能。根据各种不同类型的孔隙结构分布形态，可以分为4种类型，即集中型、双峰型、分散型、不规则型。其中泥质岩主要呈集中型，孔径分布小于10μm的微孔隙含量一般为80%~90%。该区的实验分析表明，样品的平均孔径均小于7μm，孔隙分布形态呈集中型，其中大部分的孔径都小于10μm（图4-3），因此相对应的突破压力较高，盖层封闭性较好。

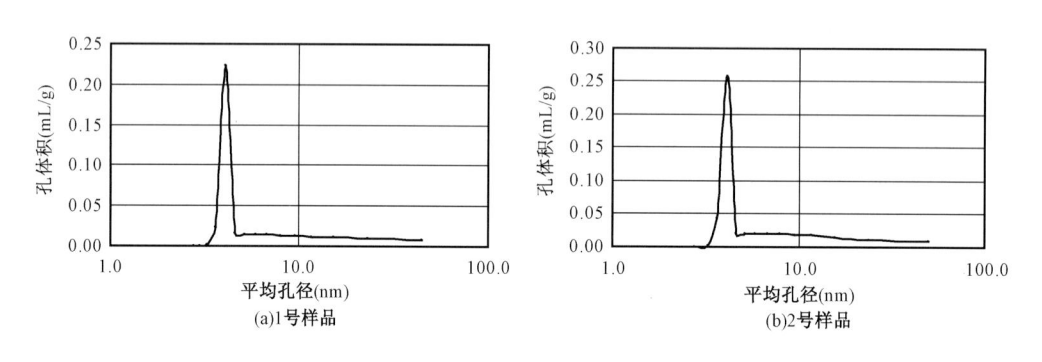

图4-3 A003井直接盖层样品孔径分布曲线

4. 孔喉特征

通过压汞实验可以获得毛细管压力曲线，分析孔隙、喉道等微观结构参数。A气藏盖层实验分析测得的样品排驱压力较高，分布于3.82~14.47MPa，毛细管的中值压力为65.30~73.69MPa，孔喉中值半径为0.011~0.010μm，最大喉道半径不超过0.200μm（表4-6、图4-4），说明泥岩盖层孔喉很细小，可阻止气体的运移。

表4-6　A003井泥岩盖层压汞实验分析结果表

样品编号	井深（m）	孔隙度（%）	喉道均值	分选系数	偏态	峰态	排驱压力（MPa）	中值压力（MPa）	最大喉道半径（μm）	中值半径（μm）
1	3280.47	8.80	14.73	2.18	-1.938	9.76	3.82	65.30	0.193	0.011
2	3480.85	8.20	14.67	2.66	-2.936	11.57	14.47	73.69	0.051	0.010

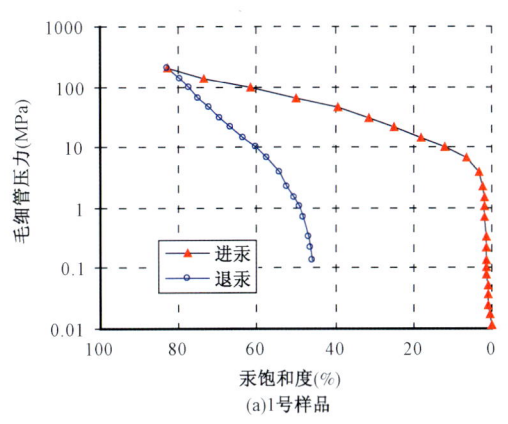

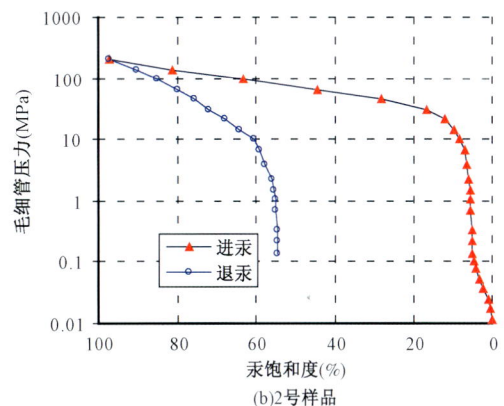

图4-4　A003井盖层样品毛细管压力曲线图

上述微观实验综合分析表明，A储气库的泥岩盖层具有良好的封盖天然气的条件。

第二节　断层密封性评价

在油气运移聚集中，断层既可成为油气的运移通道，又可成为油气聚集的遮挡物，因此对油气的聚集与分布有重要的控制作用。在油气开发过程中，断层的存在既可以阻碍油气水运动，又可以为注入水提供泄压通道，影响开发效果。断层究竟在油气运移、聚集和注水开发中起何作用，关键取决于断层的封闭性。断层的封闭性是指断层上、下盘或断裂带上、下盘岩石由于岩性、物性差异所导致的排驱压力差异，该排驱压力差异的大小决定断层封闭与通道作用的性质。在地质空间上，主要表现为断层的垂向封闭性与侧向封闭性（赵树东等，2000；闫爱华等，2013）。

一、断层垂向密封性

紫泥泉子组上覆的安集海河组地层岩性为湖相—半深湖相泥岩，在本区厚约847m，为一套稳定的区域盖层。根据地震解释成果，A断裂（Ⅰ号断裂）断开侏罗系—新近系地层（图4-5），虽然A断裂（Ⅰ号断裂）断穿了安集海河组区域盖层，断层断距介于60~200m，但由于该断裂为挤压型的逆断层，加之区域盖层厚度大，因此推断该断层在垂向上具备封堵作用。同时从生产动态资料上来看，区内所有井在安集海河组上部的地层中均未见油气显示，进一步证明了A断裂（Ⅰ号断裂）在垂向上是密封的。

A北断裂（Ⅱ号断裂）、A001井北断裂（Ⅲ号断裂）断距较小均未断穿区的区域盖层，因此断层在垂向上具有密封作用。

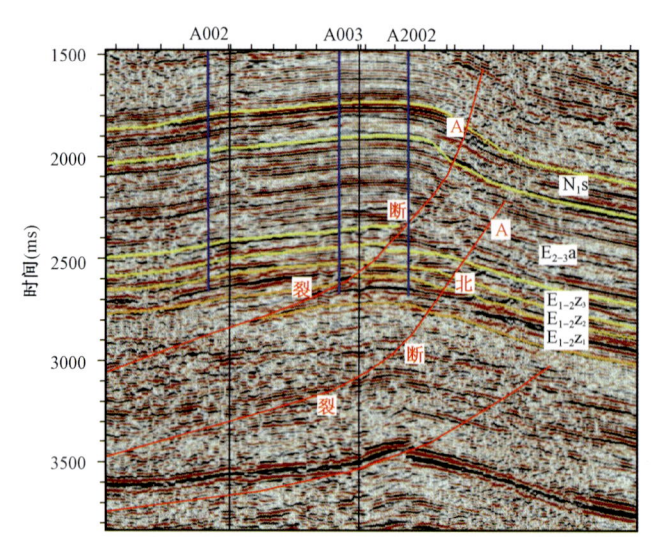

图4-5 过A002—A003—A2002井连井地震解释剖面图

二、断层侧向密封性

A北断裂（Ⅱ号断裂）和A001井北断裂（Ⅲ号断裂）断距较小，介于20~40m，未断开储层，因此主要分析A断裂（Ⅰ号断裂）的侧向密封性。

据地震地质解释成果，A断裂（Ⅰ号断裂）下盘紫二砂层组（$E_{1-2}z_2$）地层直接与上盘紫一砂层组（$E_{1-2}z_1$）地层对接（图4-6），测井解释成果分析表明，紫二砂层组（$E_{1-2}z_2$）储层以细、

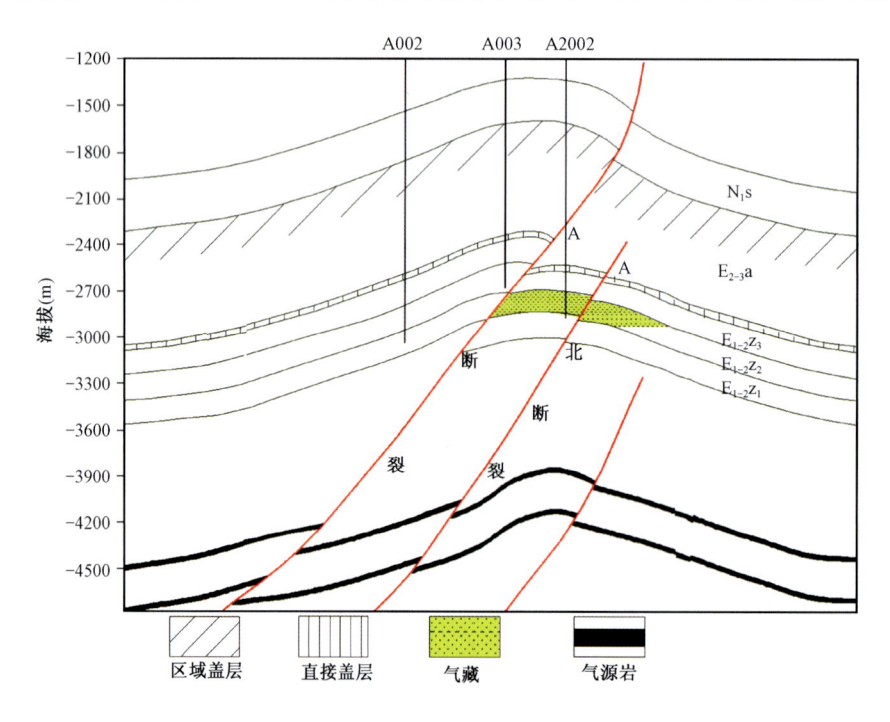

图4-6 过A002—A003—A2002井地震地质解释剖面图

粉砂岩为主,物性好,而紫一砂层组($E_{1-2}z_1$)地层岩性明显变细,粉砂岩为主,泥质含量增加,物性变差。同时 A 断裂(Ⅰ号断裂)上盘紫泥泉子组泥岩厚度较下盘明显偏厚(表4—7),而且越靠近断面,泥岩厚度越厚,据断层面最近的 A003 井厚达 108.5m,随着上盘泥质含量的增加,断层两侧易于形成砂泥并置局面。故断层两侧岩性对接关系表明,断层在侧向上具有一定的封堵性。

表4—7 A 储气库紫泥泉子组泥岩厚度统计表

井号	断层上盘		断层下盘							
	A003	A002	A2	A001	A2002	A2003	A2004	A2005	A2006	A2008
泥岩厚度(m)	108.50	75.75	88.25	58.75	40.75	69.75	43.25	66.10	36.25	77.40

结合生产动态资料,断层两侧的目的层紫二砂层组($E_{1-2}z_2$)均有砂体发育,断层下盘 A2002 井在紫二砂层组($E_{1-2}z_2$)产气,在断层上盘的构造高点处的评价井 A003 井海拔明显高于 A2002 井,但在紫二砂层组($E_{1-2}z_2$)却未见油气显示,试气结果为干层,进一步证明了 A 断裂具有比较好的侧向封堵性。

定量上,通常采用断层面物质涂抹分析法评价断层的密封性,包括泥岩涂抹潜力 CSP (Clay Smear Potential)、泥岩涂抹因子 SSF (Shale Smear Factor)、泥岩断层泥比 SGR (Shale Gouge Ratio)等3种算法。不同算法适应不同性质断层密封性的定量评价。

根据 A 断裂(Ⅰ号断裂)的特征,优选泥岩涂抹因子(SSF,Shale Smear Factor)算法来进行断层的密封性评价(徐海霞等,2008),算法如下:

$$SSF = \frac{\Delta Z}{\sum H_{i泥页岩}} \tag{4-2}$$

式中 H——泥页岩—目的层段单层泥页岩厚度,m;
i——目的层段泥页岩层数;
ΔZ——断层垂直断距,m。

SSF 值越小,连续涂抹的可能性越大,因而在断层上形成一个封堵层。

当 SSF 小于7时,断层一般是封堵的,当其大于7时,泥页岩涂抹可能变得不完整。

区内 A 断裂(Ⅰ号断裂)垂直断距为60~200m,目的层紫泥泉子组内部发育数套泥岩隔夹层,总厚度为60m。根据上述算法,得出 A 断裂(Ⅰ号断裂)在紫泥泉子组内部的泥岩涂抹因子 SSF 介于1~3.3,远小于封堵的定量标准,从定量上同样证明了断裂在侧向上具有密封性,因此 A 断裂(Ⅰ号断裂)的密封性较好。

综合上述分析,该区内的3条断裂在垂向上都具备密封性,南部 A 断裂(Ⅰ号断裂)在侧向上也具备封闭性,因此断层的封闭条件较好。

第五章 气藏开采特征

第一节 开发现状分析

1994年8月18日,A背斜上的A2井开钻,钻至白垩系东沟组于4634m提前完钻,于1996年8月7日对气测录井显示较好的古近系紫泥泉子组的3594.0~3597.0m和3608.0~3614.0m进行了试油并发生井喷,获油压10.8MPa,日产气量48.87×10^{4}m^3,日产凝析油量35.42t。A2井的发现是准噶尔盆地南缘勘探取得的重大突破,也是准噶尔盆地天然气勘探的重大进展。

1998年4月A气田投入试采,1999年底正式开发,截至2012年9月,经历了以下三个阶段(图5-1)。

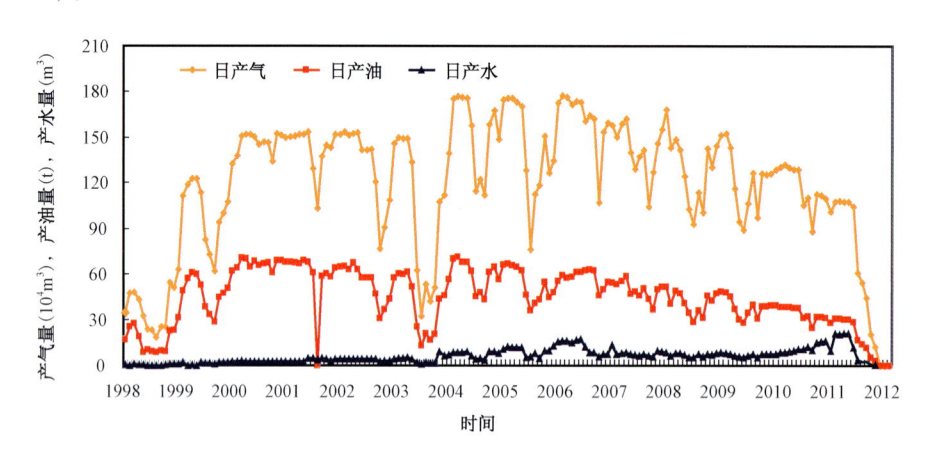

图5-1 A气田开采历程图

一、试采阶段(1998年4月—1999年11月)

该阶段共有6口气井投入生产,油、气产量快速上升,基本处于无水采气期。在整个试采阶段,产油量8.80~31.57t/d,平均17.08t/d;产气量(18.35~63.33)×10^{4}m^3/d,平均37.83×10^{4}m^3/d;产水量0.03~1.32m^3/d,平均0.55m^3/d,水气比较小,在0.0087~0.0205m^3/10^{4}m^3,平均0.0129m^3/10^{4}m^3,根据水型化验分析资料,产出水主要为凝析水。阶段累计产油0.66×10^{4}t,累计产气1.51×10^{8}m^3,累计产水0.01×10^{4}m^3。

二、稳产阶段(1999年12月—2003年6月)

该阶段共有7口气井投入开发,油气产量相对稳定。产油量28.84~70.68t/d,平均60.43t/d;产气量(62.30~153.79)×10^{4}m^3/d,平均134.28×10^{4}m^3/d;产水量0.21~5.15m^3/d,平均2.97m^3/d,水气比变化不大,在0.0017~0.0379m^3/10^{4}m^3,平均为0.0219m^3/10^{4}m^3,根据

水型化验分析资料,产出水主要为凝析水。阶段累计产油 7.87×10^4 t,累计产气 $17.58 \times 10^8 m^3$,累计产水 $0.42 \times 10^4 m^3$。

三、稳产调峰开发阶段(2003 年 7 月—2012 年 9 月)

2003 年 7 月,A 气田开始进入气藏稳产调峰开发阶段,由于冬季和夏季对天然气需求量不同,产量以波峰和波谷形式周期性变化。产气量峰值主要出现在每年的 11 月、12 月以及第二年 1 月—3 月,基本在 $(130.00 \sim 170.00) \times 10^4 m^3/d$;产气量低值主要出现在每年的 5—8 月,为 $(80.00 \sim 120.00) \times 10^4 m^3/d$。

与稳产阶段相比,该阶段水气比较高且呈现增加之势,总体表现为先升后降,并趋于平稳。由于 A2 井西区边水侵入,A2002 随后见水,产水量上升,水气比出现拐点,结合水型化验分析资料证实产出水中部分为 Na_2SO_4 型,是典型的地层水。因此,本阶段产出水为凝析水和地层水。稳产调峰阶段累计产油 12.24×10^4 t,累计产气 $33.75 \times 10^8 m^3$,累计产水 $1.93 \times 10^4 m^3$。

截至 2012 年 9 月停产,累计产气 $61.95 \times 10^8 m^3$,采出程度 42.37%,剩余天然气可采储量 $55.03 \times 10^8 m^3$;累计产油 23.53×10^4 t,剩余凝析油可采储量 $13.77 \times 10^8 m^3$,地层压力由 33.96MPa 降至 14.6MPa,总压降 19.36MPa,压降幅度为 57%(图 5 - 2)。

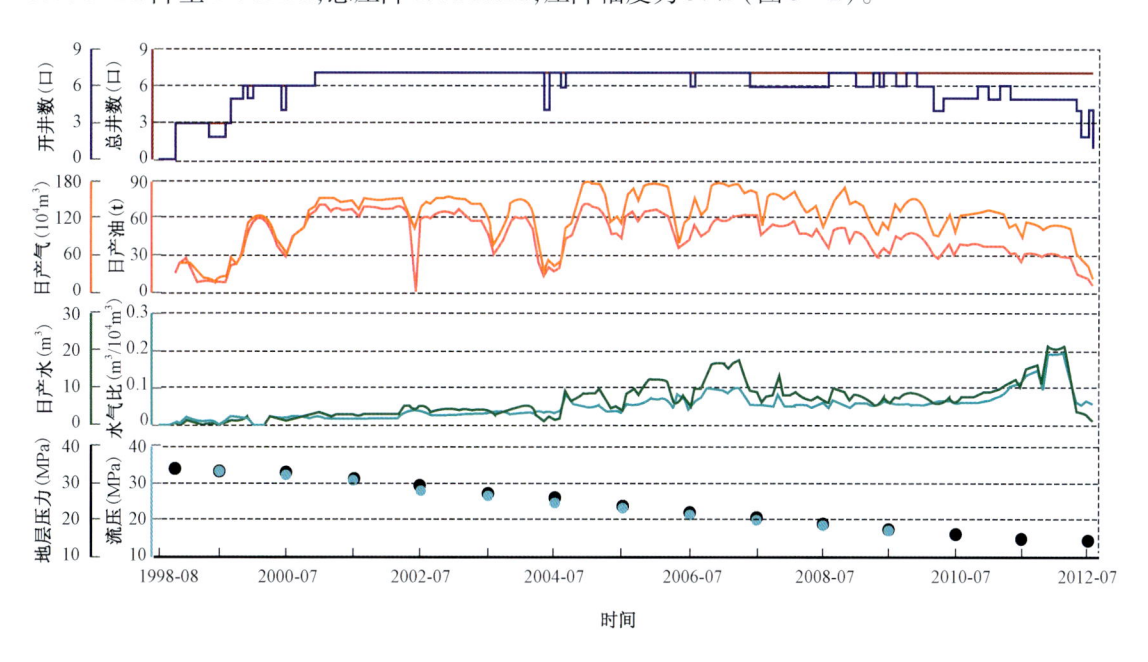

图 5 - 2 A 气田综合开采曲线

第二节 气井产水分析

通过研究气井水气比变化规律,并结合水样化验资料,分析气井产出水类型、见水时间。A 气田总体产水量少,水气比低,西区气井部见水,东区气井均产凝析水。气藏开发阶段共有 A2 井和 A2002 井 2 口井见地层水。

一、A2 井

A2 井于 1999 年 9 月开井投产,初期产气量 15.00×10⁴m³/d,产油量 7.00t/d,日产微量水,该井 2009 年 11 月 10 日计量不出已关井,累计产气 2.32×10⁸m³,累计产油 0.99×10⁴t,累计产水 0.41×10⁴m³。

从单井开采曲线看(图 5-3),产气量总体呈现递减趋势,到 2003 年由于油套压差增大,从 1.00MPa 增至 4.00MPa 左右,井筒积液严重,产气量快速降低到 5.00×10⁴m³/d,直至 2004 年 6 月气井停产,8 月对该井维修打捞落物,井筒畅通后产气量明显上升、携液能力增强,产水量增加,2005 年 8 月日产水量明显上升,由 3.00m³/d 增加到 5.00m³/d,井口压力下降幅度增大,气井见水明显。同时水气比大幅度上升,出现明显拐点,初期为 0.02m³/10⁴m³,2005 年为 0.30m³/10⁴m³,2006 年为 0.60m³/10⁴m³,2007 年为 0.90m³/10⁴m³。2007 年 10 月封堵 3594.0~3597.0m、3608.0~3614.0m 井段,在 3561.0~3575.0m 井段生产,产气量 4.00×10⁴m³/d 左右,日产水量急剧下降,由最高 7.00m³/d 降至 0.10m³/d,水气比随之降至 0.06m³/10⁴m³ 左右。

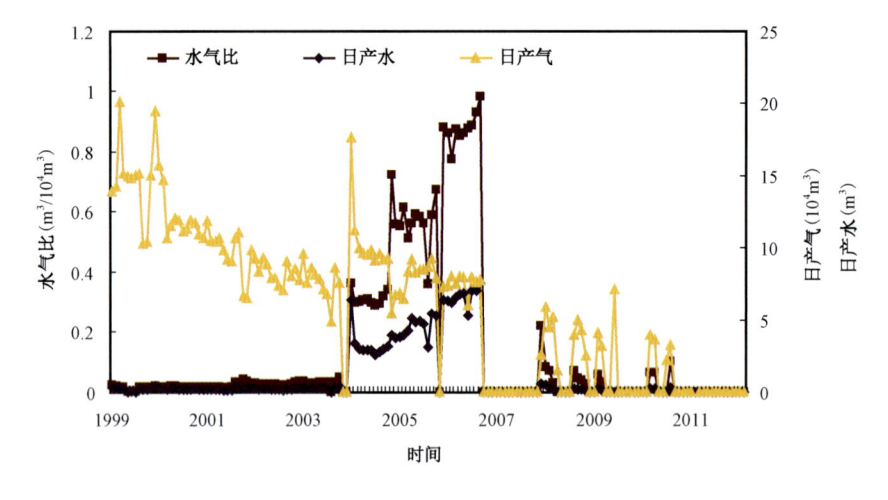

图 5-3 A2 井开采曲线

2005 年 8 月取的水样 Cl⁻含量 7183mg/L,矿化度 14782mg/L,水型属于 Na_2SO_4,具有典型的地层水特征。

二、A2002 井

A2002 井于 1998 年 11 月投产,初期产气量 10.00×10⁴m³/d,产油量 5.00t/d,产水量 0.30m³/d,产气量初期快速增加后基本趋于稳定,2000 年开始基本稳定在(20.00~25.00)×10⁴m³/d,截至 2010 年 4 月,累计产气 7.98×10⁸m³,累计产油 3.20×10⁴t,累计产水 0.31×10⁴m³。

从单井开采曲线看(图 5-4),产气量逐渐增加,趋于平稳,产水量较少,初期微量,2000 年 5 月—2002 年 5 月,日产水 0.50m³,水气比 0.02m³/10⁴m³,之后水气比上升到 0.03m³/10⁴m³,2005 年 8 月,日产水约 1.00m³,水气比为 0.04m³/10⁴m³,随后产气量降到 20.00×10⁴m³/d 之下,日产水量在 1.00~2.00m³,水气比快速上升到 0.05~0.06m³/10⁴m³。

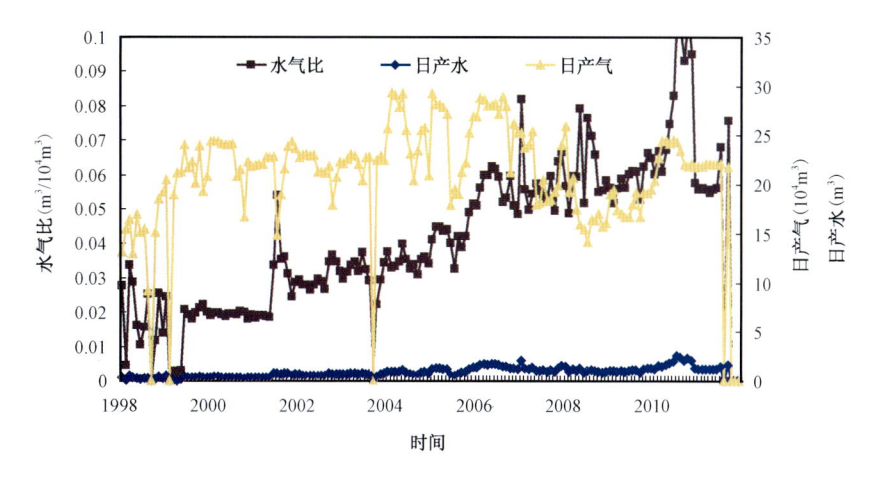

图 5-4 A2002 井开采曲线

2005 年 8 月取的水样 Cl⁻含量 5300mg/L,矿化度 10500mg/L,水型属于 Na_2SO_4,具有典型的地层水特征。

第三节 采气能力变化分析

2008 年 7 月,对 A 气田的 A001、A2004、A2005 和 A2006 四口采气井进行了系统试井测试。与初期试气相比,随着地层压力降低,产能有所降低(表 5-1),初期气井的无阻流量为 $(179 \sim 425) \times 10^4 \text{m}^3/\text{d}$,平均 $227 \times 10^4 \text{m}^3/\text{d}$,A2005 井试气测试的无阻流量变大的原因为,A2005 井射孔的厚度比较大,厚度达到 37m。到 2008 年 7 月,测试的无阻流量减少到 $(121 \sim 144) \times 10^4 \text{m}^3/\text{d}$,平均为 $128 \times 10^4 \text{m}^3/\text{d}$,平均产能降幅为 43.6%。

表 5-1 A 气田气井系统试井结果表

井号	初期试气			2008 年 7 月测试		
	A 值	B 值	$Q_{AOF}(10^4\text{m}^3/\text{d})$	A 值	B 值	$Q_{AOF}(10^4\text{m}^3/\text{d})$
A001	1.2726	0.0209	207	0.2320	0.0214	125
A2004	2.1237	0.0104	246	0.4015	0.0147	144
A2005	1.1208	0.0030	425	0.0356	0.0246	121
A2006	1.5685	0.0268	179	0.0197	0.0221	124
A2002	1.8962	0.0159	231			
A2003	1.0055	0.0176	228			
平 均	1.4979	0.0158	227	0.1722	0.0207	128

但从二项式产能方程系数 A 来看,均不同程度减小。初期气井产能方程的系数 A 在 $1.0055 \sim 2.1237 \text{MPa}^2/10^4\text{m}^3/\text{d}$,平均为 $1.4979 \text{MPa}^2/10^4\text{m}^3/\text{d}$,经过 12 年开发后,系数 A 降至 $0.0197 \sim 0.4015 \text{MPa}^2/10^4\text{m}^3/\text{d}$,平均为 $0.1722 \text{MPa}^2/10^4\text{m}^3/\text{d}$,总降幅平均 88.5%。根据产能测试建立的平均产能方程推算到原始地层压力条件下,无阻流量为 $232 \times 10^4\text{m}^3/\text{d}$,比初期试

气的平均无阻流量略高。

从储层平面和纵向上看,气井产能差异小。平面上,4 口气井 2008 年 7 月的无阻流量为 $(121 \sim 144) \times 10^4 \text{m}^3/\text{d}$,A2004 井最大,为 $144 \times 10^4 \text{m}^3/\text{d}$,A2005 井最小,为 $121 \times 10^4 \text{m}^3/\text{d}$,两者相差 $23 \times 10^4 \text{m}^3/\text{d}$。纵向上,只有 A2006 井射开 $E_{1-2}z_2^2$,无阻流量为 $124 \times 10^4 \text{m}^3/\text{d}$,A001、A2004 和 A2005 三口井射开 $E_{1-2}z_2^1$,平均无阻流量为 $130 \times 10^4 \text{m}^3/\text{d}$,两者相差 $6 \times 10^4 \text{m}^3/\text{d}$。因此,从已测试气井的无阻流量来看,产能相对较高,无阻流量差异小,储层物性及非均质性对产能影响较小。

第四节 气藏驱动类型分析

因不同目的和不同需求,天然气藏的分类主要有三大系列:为勘探服务的分类系列、为气田开发服务的分类系列以及为经济评价服务的分类系列。为气田开发服务的分类是为了体现气藏储渗体与流体的内在联系,反映开发过程中动态变化的规律,以指导开发方案的编制与选择,并为气藏工程和采气工程服务。

根据 2011 年颁布的中华人民共和国国家标准(GB/T 26979—2011《天然气藏分类》),以及其他学者的研究成果(唐泽尧等,1997;王允诚等,2004),气藏开发布局及效果的影响因素主要包括圈闭、储层岩石类型、储渗空间、天然气相态、地层压力、驱动类型、开发阶段、储量及产量规模、储渗条件及产能大小等 9 个方面。在这 9 个方面的影响因素中,驱动类型是开发系列分类最为关心的,不同驱动类型将决定着布井方式、开发原则和开采效果,而且还会在开采工艺、增产措施方面有不同要求。

按驱动因素对气藏进行分类,刘小平将气藏分为四大类型(刘小平等,2002):活跃水驱气藏、次活跃水驱气藏、不活跃水驱气藏、无水弹性气驱气藏;田兴义则将气藏分为五大类型(田信义等,1996):刚性水驱气藏、强弹性水驱气藏、中弹性水驱气藏、弱弹性水驱气藏、气驱气藏(表 5-2)。

表 5-2 按驱动因素气藏分类及指标

类型	水驱驱动指数 WEDI	无水期 年数(a)	无水期 采出程度(%)	稳产期 年数(a)	稳产期 采出程度(%)	采收率(%)	压降曲线夹角(°)
气驱气藏	0	—	—	—	—	>85	45
弱弹性水驱	<0.1	7±	35±	>7	>40	80	45
中弹性水驱	0.1~0.3	3±	30	4±	>35	70	45~50
强弹性水驱	>0.3	2±	15	4±	<35	60	>50
刚性水驱	>0.5	—	—	—	—		90

一、气藏驱动类型评价方法

目前,判断气藏驱动类型的常用方法均是以物质平衡方程为基础进行推导得到的(刘蜀知等,1999;秦同洛等,1989)。

1936 年,R. J. SehiltAis 根据物质守恒原理首建了物质平衡方程,由此得出了气藏的物质平衡方程通式(卢晓敏,1999):根据物质平衡原理,对于具有天然水侵,而且岩石和流体均为可压缩的非定容气藏,随着开采过程中地层压力的下降,采出气量与地层压力下降的物质平衡通式如下:

$$G_{gt}B_{gti} - (W_e - W_pB_w) = (G_{gt} - G_{Pt})B_{gt} + G_{gt}B_{gti}(\frac{C_wS_{wi} + C_f}{1 - S_{wi}})(p_i - p) \quad (5-1)$$

式中　B_{gt}——某时的天然气体积系数;
　　　B_{gti}——原始天然气体积系数;
　　　B_w——水体积系数;
　　　C_p——地层岩石压缩系数,1/MPa;
　　　C_w——地层水压缩系数,1/MPa;
　　　G_{gt}——凝析气地质储量,$10^4 m^3$;
　　　G_{Pt}——累计产凝析气量,$10^4 m^3$;
　　　W_p——累计产水量,$10^4 m^3$;
　　　W_e——天然水侵量,$10^4 m^3$;
　　　p_i——原始地层压力,MPa;
　　　p——地层压力,MPa;
　　　S_{wi}——束缚水饱和度。

因为岩石和束缚水的弹性膨胀相对来说比较小,可以忽略不计,式(5-1)可简化并整理得到:

$$G_{pt}B_{gt} + W_pB_w = W_e + G_{gt}(B_{gt} - B_{gti}) \quad (5-2)$$

1. 水驱物质平衡图解法

将式(5-2)变形得到:

$$\frac{G_{pt}B_{gt} + W_pB_w}{B_{gt} - B_{gti}} = \frac{W_e}{B_{gt} - B_{gti}} + G_{gt} \quad (5-3)$$

令

$$Y = \frac{G_{pt}B_{gt} + W_pB_w}{B_{gt} - B_{gti}}, X = G_{pt}B_{gt} \quad (5-4)$$

可知,在直角坐标系中,若以 Y 为纵坐标,以 X 为横坐标作图,当气藏不存在水侵,则应得到一水平直线(图5-5中直线),如果气藏存在水侵,将得到一条不断上升的斜线(图5-5中斜线),该直线在纵轴上的截距即为所求的天然气原始地质储量,根据直线的上升幅度即可求出水侵量(卢晓敏等,1999)。

2. 水驱指数法

将式(5-2)变形也可得到:

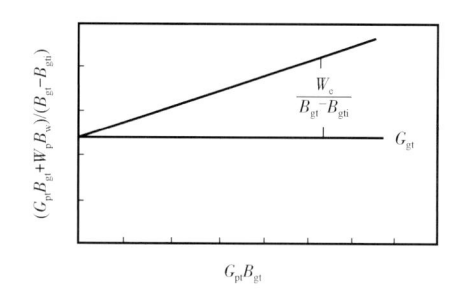

图5-5　物质平衡方程(MBE)直线法示意图

$$\frac{W_e - W_p B_w}{G_{pt} B_{gt}} + \frac{G_{gt}(B_{gt} - B_{gti})}{G_{pt} B_{gt}} = 1 \qquad (5-5)$$

令

$$I_g = \frac{G_{gt}(B_{gt} - B_{gti})}{G_{pt} B_{gt}}, I_w = \frac{W_e - W_p B_w}{G_{pt} B_{gt}} \qquad (5-6)$$

则

$$I_g + I_w = 1 \qquad (5-7)$$

式中 I_g——气驱指数；

I_w——水驱指数。

对于弹性水驱气藏，水驱指数 $I_w < 0.5$，驱动特征仍以气驱为主。水体具有封闭性，为有限水体，与圈闭以外的地层水没有联系。对于刚性水驱气藏，水驱指数 $I_w > 0.5$，驱动特征以水压驱动为主，为无限水体，气藏边、底水与圈闭以外地层水或与地面露头天然水域有联系。

二、A 气田驱动类型

A 气田的原始地层压力 33.96MPa，地层温度 92.5℃，天然气相对密度 0.5999，凝析油相对密度 0.7800，地层水总矿化度 12834~16188mg/L，Na_2SO_4 型，凝析油含量 47g/m³。根据水气比变化规律，并结合水样化验分析资料，对边水侵入井的地层水、凝析水产量进行劈分，最后将干气、凝析油和凝析水折算成当量凝析气（表 5-3）。截至 2010 年 4 月，A 气田累产当量凝析气 $53.41 \times 10^8 m^3$，凝析水 $1.61 \times 10^4 m^3$，地层水 $0.75 \times 10^4 m^3$。

表 5-3 A 气田生产历史数据

时间	累计产气 ($10^8 m^3$)	累计产油 ($10^4 t$)	累计产凝析水 ($10^4 m^3$)	累计产当量凝析气 ($10^8 m^3$)	累计产地层水 ($10^4 m^3$)
2010.04	52.84	20.77	1.61	53.41	0.75
2009.12	51.52	20.37	1.57	52.08	0.71
2008.12	46.83	18.82	1.38	47.34	0.63
2007.12	41.59	17.04	1.18	42.04	0.55
2006.12	35.78	14.96	0.96	36.16	0.35
2005.12	30.56	13.06	0.77	30.89	0.16
2004.12	24.91	10.85	0.60	25.18	0.05
2003.12	21.21	9.38	0.49	21.44	0.00
2002.12	16.43	7.41	0.33	16.60	0.00
2001.12	11.15	5.13	0.19	11.26	0.00
2000.12	5.73	2.66	0.08	5.79	0.00
1999.12	1.85	0.83	0.03	1.87	0.00
1998.12	0.27	0.13	0.00	0.27	0.00

从 A 气田水驱物质平衡图不难看出(图 5-6),数据点相关性较差,曲线总体趋于平缓,气藏的净水侵量很小,无法得到一条不断向上上升的直线段,因此边水能量弱,气藏驱动以弹性气驱为主。

截至 2010 年 4 月,气藏压降幅度为 51.41%,天然气地质储量采出程度为 44.48%,气田已进入中后期开采阶段。但从气藏开发的压降曲线分析(图 5-7),在整个生产过程中曲线没有上翘,表现出定容封闭气藏特征。在此基础上,根据定容物质平衡方程得到的动态储量,计算了气驱指数和水驱指数(图 5-8),气驱指数快速增加,而水驱指数大幅度降低,目前气驱指数为 0.99,水驱指数为 0.01,远远小于 0.50,表明气藏驱动已接近纯弹性气驱。

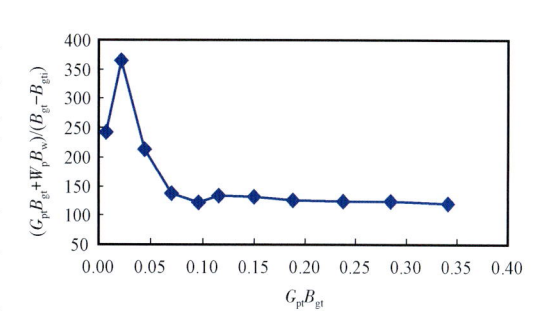

图 5-6 A 气田水驱物质平衡直线法图

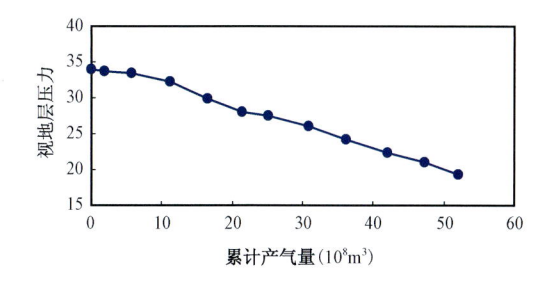

图 5-7 A 气田开采压降曲线图

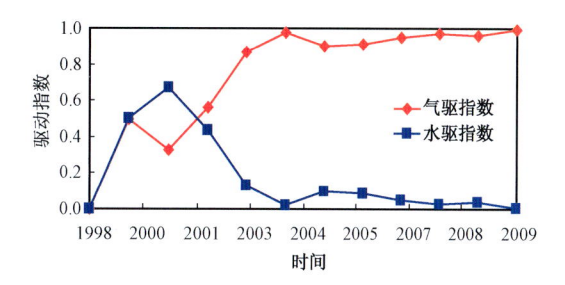

图 5-8 A 气田物质平衡驱动指数变化曲线

综上所述,A 气田边水规模小,能量弱,气藏开发的驱动类型为天然气弹性驱动。

第六章 建库注采气能力评价

第一节 注采井产能分析

气井的产能即为气井的产气能力,是指在特定压力条件下气井的日产气量。对气井的产能进行分析主要靠稳定试井等方法实现(李士伦等,2000)。要分析气井的产能,首先要确定气井的产能方程。气井的产能方程,就是气井产量与气井压力之间在稳定生产条件下的关系方程。

一、产能试井方法

为了得到气井的产能方程,必须对气井进行测试。气井产能分析方法主要包括气井稳定试井法、等时试井法、修正等时试井法和简化的单点试井法。通过建立压力平方的生产压差与产气量函数关系,得到井底流压为一个大气压时气井的绝对无阻流量,进而开展气井产能分析。

二、直井产能方程

气井产能方程有压力平方、压力和拟压力 3 种表示方式。普遍认为,压力平方法适合于低压气藏;压力法适合于高压气藏;拟压力法考虑了黏度和偏差系数随压力变化的实际情况,因此理论上采用拟压力法计算的产能更准确。现在有很多产能方程采用了拟压力法来分析产能(李保柱等,2004;王建光等,2007;常志强等,2009)。但是,拟压力法计算产能相对复杂,通常需要计算机来运算,因此气田实际开发中,工程技术人员常采用压力平方法来计算气井产能方程。目前常用的气井产能方程有两种基本形式:二项式、指数式(李传亮,2011)。

1. 直井产能方程的类型

1)二项式产能方程

二项式产能方程因其方程形式得名,因为气井生产的平方压力差与气井产量之间存在一个二项式形式的关系方程。二项式产能方程中的压力采用了平方形式,因此,二项式产能分析方法有时也称作平方压力法。二项式产能方程是一个理论方程,它的每一项都有严格的物理意义。如式(6-1),产量的一次方代表 Darcy 流动相,产量的二次方代表了非 Darcy 流动相。有人沿用流体力学的习惯,把产量的一次方称为层流项,把产量的二次方称为惯性—湍流项,因此,二项式产能分析法也称为"层流、惯性—湍流分析法"(Laminar – inertial – turbulent Flow Analysis),即所谓的 LIT 分析法(Chaudhry A U,2003)。

二项式产能方程是由 Forchheimer 和 Houpeurt 提出来的,是一种根据渗流微分方程的解,经过较为严格的理论推导而得出的产能方程。其数学表达式为:

$$p_r^2 - p_{wf}^2 = \frac{42.42 \times 10^3 \overline{\mu_g Z T} p_{sc}}{KhT_{sc}} q_g \left(\lg \frac{8.091 \times 10^{-3} Kt}{\phi \overline{\mu_g} C_t r_w^2} + 0.8686S \right)$$

$$+ \frac{36.85 \times 10^3 \overline{\mu_g Z T} p_{sc}}{KhT_{sc}} q_g^2 D \quad (6-1)$$

式中 p_r——地层原始静压,MPa;

p_{wf}——井底流动压力,MPa;

q_g——气井井口产量,$10^4 m^3/d$;

K——地层有效渗透率,mD;

h——地层有效厚度,m;

t——时间,h;

$\overline{\mu_g}$——气体平均状态下的参考黏度,mPa·s;

$\overline{Z}$——气体的偏差因子;

$\overline{T}$——气体的温度,K;

p_{sc},T_{sc}——气体标准状态下的压力和温度,$p_{sc}=0.1013$ MPa,$T_{sc}=273.15$ K;

ϕ——气层孔隙度;

C_t——地层综合压缩系数,MPa^{-1};

S——真表皮系数;

D——非达西流系数,$(m^3/d)^{-1}$;

r_w——井的折算半径,m。

令

$$A = \frac{42.42 \times 10^3 \overline{\mu_g Z T} p_{sc}}{KhT_{sc}} q_g \left(\lg \frac{8.091 \times 10^{-3} Kt}{\phi \overline{\mu_g} C_t r_w^2} + 0.8686S \right) \quad (6-2)$$

$$B = \frac{36.85 \times 10^3 \overline{\mu_g Z T} p_{sc}}{KhT_{sc}} D \quad (6-3)$$

则式(6-1)简化为:

$$p_r^2 - p_{wf}^2 = A q_g + B q_g^2 \quad (6-4)$$

式中 A——储层中层流流动部分系数;

B——储层中湍流流动部分系数。

通过分析,可知影响气井产能的主要因素归纳起来有3个,一是井附近的地层系数(Kh),二是地层压力(p_r)和生产压差(Δp),三是以表皮系数S表示的完井质量。

2)指数式产能方程

指数式产能方程是一个指数形式的方程,如式(6-5)。该产能方程最早在20世纪30年代由 E. L. Rawlins 和 M. A. Schellhardt 提出(Rawlins E L,et al,1935),是根据大量实际资料统计得到的。由于该产能方程由统计经验得到,因此也常被称为经验方程,经验方程中参数的物理意义一般都不是很明确。该方程用来分析气井产能时,不需要对流动机制进行深入的分析,因此常称它为气井产能分析的简化方法。

$$q_g = C(p_r^2 - p_{wf}^2)^n \qquad (6-5)$$

2. 直井产能分析

1) 气井产能方程系数确定

在分析初期试井数据的基础上,2008 年 7 月,A 气藏重新对 A001 井、A2004、A2005 和 A2006 四口井进行气井稳定试井(表 6-1),建立了二项式产能方程,采用单井产能方程系数平均法,确定出了 A 气田直井的二项式平均产能方程(式 6-6)。气井的绝对无阻流量在 $(121 \sim 144) \times 10^4 \mathrm{m}^3/\mathrm{d}$,平均为 $128 \times 10^4 \mathrm{m}^3/\mathrm{d}$(表 6-1)。

$$p_r^2 - p_{wf}^2 = 0.1722q_g + 0.0207q_g^2 \qquad (6-6)$$

表 6-1 A 气田二项式产能方程计算结果表

井号	初期试井			2008 年 7 月重新试井		
	A 值	B 值	$Q_{AOF}(10^4 \mathrm{m}^3/\mathrm{d})$	A 值	B 值	$Q_{AOF}(10^4 \mathrm{m}^3/\mathrm{d})$
A001	1.2726	0.0209	207	0.2320	0.0214	125
A2004	2.1237	0.0104	246	0.4015	0.0147	144
A2005	1.1208	0.0030	425	0.0356	0.0246	121
A2006	1.5685	0.0268	179	0.0197	0.0221	124
A2002	1.8962	0.0159	231			
A2003	1.0055	0.0176	228			
平均	1.4979	0.0158	227	0.1722	0.0207	128

2) 气井产能分析

与初期试气相比,经过近 10 年开发后,随着地层压力降低,气井产气能力降低,但将地层压力恢复到原始地层压力后气井的产能略有增加,有利于改建储气库。具体表现为产能方程系数 A 大幅度减小,B 值相对变化较小,表明储层孔喉逐渐得到净化,地层渗流能力增强,同时近井地带表皮污染也逐步得到改善。

根据初期试气得到的二项式产能方程,计算得到初期原始地层压力条件下气井的绝对无阻流量为 $227 \times 10^4 \mathrm{m}^3/\mathrm{d}$,高于气井 2008 年 7 月的产能,这主要是由于地层压力下降使得气井产能降低。但按照式(6-6)折算到原始地层压力条件下,气井产能为 $232 \times 10^4 \mathrm{m}^3/\mathrm{d}$,高于初期试气时的产能,增加了 $5 \times 10^4 \mathrm{m}^3/\mathrm{d}$,增幅为 2.2%。

从产能方程入手分析,初期系数 A 在 $1.0055 \sim 2.1237 \mathrm{MPa}^2/10^4 \mathrm{m}^3$,平均为 $1.4979 \mathrm{MPa}^2/10^4 \mathrm{m}^3$,而目前在 $0.0197 \sim 0.4015 \mathrm{MPa}^2/10^4 \mathrm{m}^3$,平均为 $0.1722 \mathrm{MPa}^2/10^4 \mathrm{m}^3$,总共降低了 $1.3257 \mathrm{MPa}^2/10^4 \mathrm{m}^3$,降幅高达 88.50%。

初期产能方程的系数 B 在 $0.0030 \sim 0.0268 \mathrm{MPa}^2/(10^4 \mathrm{m}^3)^2$,平均为 $0.0158 \mathrm{MPa}^2/(10^4 \mathrm{m}^3)^2$,2008 年 7 月在 $0.0147 \sim 0.0246 \mathrm{MPa}^2/(10^4 \mathrm{m}^3)^2$,平均为 $0.0207 \mathrm{MPa}^2/(10^4 \mathrm{m}^3)^2$,增加了 $0.0049 \mathrm{MPa}^2/(10^4 \mathrm{m}^3)^2$,增幅为 31.01%。

当地层压力等于原始地层压力 33.96MPa 时，计算得到直井的平均无阻流量为 $232 \times 10^4 \mathrm{m}^3/\mathrm{d}$，略高于初期试气的平均无阻流量。

三、水平井产能分析

国内外对油藏中水平井的产能分析方法研究已经非常成熟，但是对于气藏中水平井的产能分析方法研究则滞后很多。由于天然气与原油在渗流上的一些相似性，可以通过一些变换方法和替换方法将油藏中水平井的解析式进行转换，使之适合气藏水平井产能计算的需要。

对于常规的自然建产的气藏水平井产能分析，国内外有众多学者通过各种数学和物理模型和方法进行了深入研究，这些模型和计算方法均有各种假设条件，因此各种方法也有不同的精确度和适用条件。典型的气藏水平井产能分析公式有 Borisov 公式、盖格公式、Joshi 公式、修正 Joshi 公式、Elgaghad 公式、窦宏恩公式、陈元千公式、李晓平公式、范子菲公式等（李琴，2013）。

1. 水平井产能方程

1）水平井与直井的理论产能比

（1）水平井理论产能公式。

不考虑地层伤害及非达西流动效应时，水平气井的产量公式为：

$$q_\mathrm{h} = \frac{787.4 K_\mathrm{h} h (p_\mathrm{e}^2 - p_\mathrm{wf}^2)}{\bar{\mu} \bar{Z} T \ln\left(\dfrac{r_\mathrm{eh}}{r'_\mathrm{w}}\right)} \qquad (6-7)$$

式中 q_h——水平气井产量，$10^4 \mathrm{m}^3/\mathrm{d}$；

K_h——水平渗透率，mD；

h——气层有效厚度，m；

p_e——原始地层压力，MPa；

p_wf——井底流压，MPa；

$\bar{\mu}$——平均压力下的气体黏度，mPa·s；

$\bar{Z}$——平均压力下的天然气偏差系数；

T——地层温度，K；

r_eh——水平气井的泄气半径，m；

r'_w——水平气井的有效井半径，m。

若考虑水平气井地层伤害及非达西流动效应时，则产气量公式为：

$$q_\mathrm{h} = \frac{787.4 K_\mathrm{h} h (p_\mathrm{e}^2 - p_\mathrm{wf}^2)}{\bar{\mu} \bar{Z} T \left[\ln\left(\dfrac{r_\mathrm{eh}}{r'_\mathrm{w}}\right) + S_\mathrm{h} + D_\mathrm{h} q_\mathrm{h} \right]} \qquad (6-8)$$

式中 S_h——水平井表皮系数；

D_h——水平井非达西流系数，$(\mathrm{m}^3/\mathrm{d})^{-1}$。

水平气井二项式产能方程为：

$$p_\mathrm{e}^2 - p_\mathrm{wf}^2 = a q_\mathrm{h} + b q_\mathrm{h}^2 \qquad (6-9)$$

式中　a、b——系数。

水平气井产量为:

$$q_h = \frac{[a^2 + 4b(p_e^2 - p_{wf}^2)]^{0.5} - a}{2b} \quad (6-10)$$

$$a = \frac{\bar{\mu}\bar{Z}T\left[\ln\left(\frac{r_{eh}}{r'_w}\right) + S_h\right]}{787.4 K_h h} \quad (6-11)$$

$$b = \frac{\bar{\mu}\bar{Z}TD_h}{787.4 K_h h} \quad (6-12)$$

$$D_h = 2.191 \times 10^{-18} \frac{\beta \gamma_g h \sqrt{K_h K_v}}{\mu L^2 r_w} \quad (6-13)$$

式中　L——水平气井的井眼长度,m;
　　　r_w——垂直气井的井眼半径,m。

$$\beta = \frac{7.664 \times 10^{10}}{K_h^{1.5}} \quad (6-14)$$

$$\bar{\mu} = \mu\left(p = \frac{p_e + p_{wf}}{2}\right) \quad (6-15)$$

$$\bar{Z} = Z\left(p = \frac{p_e + p_{wf}}{2}\right) \quad (6-16)$$

水平气井泄气半径:

$$r_{eh} = \frac{L}{2} + r_e \quad (6-17)$$

水平井的有效井半径:

$$r'_w = \frac{r_{eh} L}{2a_2(1 + a_3)a_4^{a_5}} \quad (6-18)$$

单井控制面积:

$$A = F/\text{井数} \quad (6-19)$$

式中　A——单井控制面积,m^2;
　　　F——气区面积,m^2。

垂直气井泄气半径:

$$r_e = \sqrt{A/\pi} \quad (6-20)$$

$$a_1 = [0.25 + (2r_{eh}/L)^4]^{0.5} \quad (6-21)$$

$$a_2 = (L/2)(0.5 + a_1)^{0.5} \tag{6-22}$$

$$a_3 = \{1 - [L/(2a_2)]^2\}^{0.5} \tag{6-23}$$

$$a_4 = \beta'h/(2\pi r_w) \tag{6-24}$$

$$a_5 = \beta'h/L \tag{6-25}$$

式中 a_2——泄气椭圆半长轴长度,m;

a_1, a_3, a_4, a_5——中间变量。

各向异性比:

$$\beta' = \sqrt{K_h/K_v} \tag{6-26}$$

式中 K_v——垂向渗透率,mD;

β'——各向异性比。

(2)直井理论产能公式。

直井产气量为:

$$q_v = \frac{[a^2 + 4b(p_e^2 - p_{wf}^2)]^{0.5} - a}{2b} \tag{6-27}$$

式中 q_v——直井产量,$10^4 \text{m}^3/\text{d}$。

$$a = \frac{\bar{\mu}\bar{Z}T\left[\ln\left(\frac{r_e}{r_w}\right) + S_c\right]}{787.4K_h h} \tag{6-28}$$

$$b = \frac{\bar{\mu}\bar{Z}TD}{787.4K_h h} \tag{6-29}$$

$$D = 2.191 \times 10^{-18} \frac{\beta\gamma_g K_h}{\mu h r_w} \tag{6-30}$$

式中 D——直井非达西流系数,$(\text{m}^3/\text{d})^{-1}$;

γ_g——天然气相对密度。

(3)水平井与直井理论产能比。

根据水平井和直井的理论产能公式,不考虑地层伤害及非达西流动效应,得到水平井与直井的产能比,即理论增产倍数。

$$\frac{q_h}{q_v} = \frac{\ln r_e/r_w}{\ln r_{eh}/r'_w} \tag{6-31}$$

2)水平井产能方程

联立式(6-4)和式(6-31),得到水平井的二项式产能方程,其数学表达式为:

$$p_r^2 - p_{wf}^2 = \left(A\frac{q_h}{q_v}\right)q_g + \left(B\sqrt{\frac{q_h}{q_v}}\right)q_g^2 \tag{6-32}$$

2. 水平井产能分析

1) 水平井与直井理论产能比

利用 A 气田实际资料,根据水平井与直井的产能比公式,计算了水平井的理论增产倍数(图 6-1)。随着水平段长度增加,水平井与直井的产能比逐渐增加,但增幅趋缓。当水平段长度较小时,随着水平段长度增加,水平井与直井的产能比增加速度较快,但是当水平段长度大于 300m 后,随着水平段长度增加,产能比增加速度明显变慢。

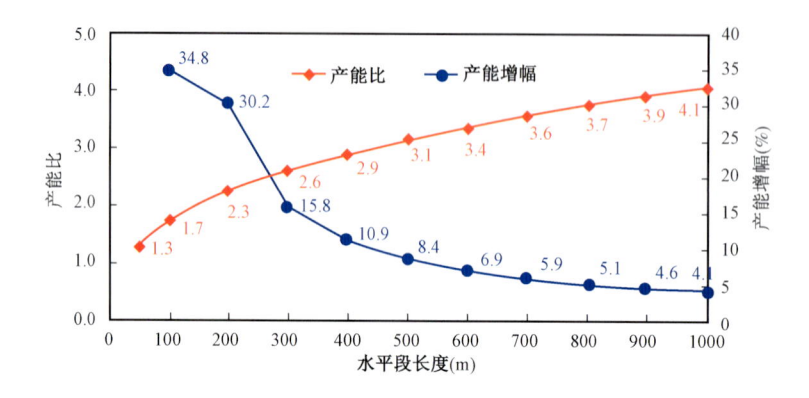

图 6-1 水平井不同水平段长度产能增产倍数关系

从图 6-1 可知,当水平段长度为 300m 时,水平井与直井的无阻流量比值为 2.6 倍,增幅为 15.80%;当水平段长度为 400m 时,水平井与直井的无阻流量比值为 2.9 倍,增幅为 10.90%;当水平段长度为 500m 时,水平井与直井的无阻流量比值为 3.1 倍,增幅为 8.40%。

2) 水平井产能

A 气田紫泥泉子组气藏地质特征研究结果表明安集海河组底部到 $E_{1-2}z_2^1$ 砂层射孔顶部平均距离 200m,同时在 $E_{1-2}z_2^1$ 砂层和 $E_{1-2}z_2^2$ 砂层分布较为稳定的隔层和夹层,为了降低钻井实施难度和减小建库风险,推荐水平井的水平段长度为 400m,纵向上层动用系数为 70%。因此,水平井无阻流量为直井的 2.0 倍。根据直井二项式产能方程,建立了水平井的产能方程:

$$p_r^2 - p_{wf}^2 = 0.0861 q_g + 0.0052 q_g^2 \qquad (6-33)$$

当地层压力等于原始地层压力 33.96MPa 时,计算得到水平井的平均无阻流量为 $464 \times 10^4 \mathrm{m}^3/\mathrm{d}$。

第二节 采气能力评价

一、直井采气能力分析

1. 采气井流入流出动态方程

单井的日采气能力取决于:(1)注采管柱尺寸及结构;(2)地层压力及井口压力;(3)最小携液产气量;(4)井口冲蚀产量。最小携液产气量是指在采气过程中,为使流入到井底的水或凝析油及时地被采气气流携带到地面,避免井底积液,需要确定出连续排液的极限产量;冲蚀

是指气体携带的 CO_2、H_2S 等酸性物质及固体颗粒对管体的磨损,破坏性较为严重,气体流动速度太高会对管柱造成冲蚀,但冲蚀一般不会发生在直管处,而发生在井口。因此合理的采气流量应限制在最小携液产气量和冲蚀流量之间。

单井的采气能力由地层流入方程、垂直管流方程、冲蚀流量方程和最小携液产气量计算公式共同确定。

1) 地层流入方程

A 储气库气井投注前进行了试气,获得了气井采气地层稳定渗流方程;同时已投注气井具有丰富的注气运行动态资料,综合试气产能公式和注气稳定渗流方程,确定了 A 储气库气井的二项式地层稳定渗流方程(见本章第一节):

$$p_r^2 - p_{wf}^2 = 0.1722 q_g + 0.0207 q_g^2 \quad (6-34)$$

2) 垂直管流方程

$$p_{wf}^2 = p_{wh}^2 e^{2s} + 1.3243 \lambda q_g^2 T_{av}^2 Z_{av}^2 (e^{2s} - 1)/d^5 \quad (6-35)$$

式中 $s = 0.03415 \gamma_g D/(T_{av} Z_{av})$;

p_{wh}——油管井口压力,MPa;

T_{av}——井筒内动气柱平均温度,K;

Z_{av}——井筒内动气柱平均偏差系数;

d——油管内直径,cm;

D——气层中部深度,m;

λ——油管阻力系数。

在式(6-35)中,由于 Z_{av} 是 T_{av} 和 p_{av} 的函数,而 p_{av} 又取决于 p_{wh} 及 p_{wf},因此计算时需要反复迭代。

3) 管内冲蚀流量方程

冲蚀流量计算采用 Beggs 在 1984 年提出的 Beggs 公式(Beggs H D,1984),计算公式为:

$$q_e = 40538.17 d^2 \left(\frac{p_{wh}}{ZT\gamma_g}\right)^{0.5} \quad (6-36)$$

4) 最小携液产气量方程

最小携液产气量采用 Turner 公式:

$$q_{sc} = 2.5 \times 10^4 \frac{p_{wf} V_g A}{ZT} \quad (6-37)$$

$$V_g = 1.25 \times \left[\frac{\sigma(\rho_L - \rho_g)}{\rho_g^2}\right]^{0.25} \quad (6-38)$$

$$\rho_g = 3.4844 \times 10^3 \gamma_g p_{wf}/(ZT) \quad (6-39)$$

式中 A——油管内截面积,$A = \pi d^2/4$,m^2;

V_g——气流携液临界速度,m/s;

ρ_L——液体密度,kg/m³,对水取 $\rho_W = 1074$ kg/m³,对凝析油取 $\rho_o = 721$ kg/m³;

σ——界面张力,m·N/m,对水取 $\sigma = 60$ m·N/m,对凝析油取 $\sigma = 20$ m·N/m。

2. 最大产气量预测

A气田原始地层压力33.96MPa,气层中部深度3585m,井筒中动气柱平均温度56.25℃,西二线来气相对密度0.5865。利用以上基础参数,计算不同地层压力、井口压力及管径下最大产气量(表6-2至表6-4)。结果表明,油管尺寸一定,井口压力越大,最大产气量越小;井口压力一定,油管尺寸越大,最大产气量越大。

表6-2　3.5in油管采气井不同地层压力下最大产气量表(10^4m³/d)

井口压力(MPa)	地层压力(MPa)										
	17	18	19	20	22	24	26	28	30	32	34
8	52.7	58.0	62.8	67.4	76.9	85.9	94.9	103.7	112.3	121.1	129.4
9	48.4	53.8	59.3	64.1	73.8	83.3	92.4	101.6	110.3	119.2	127.6
10	43.1	49.0	54.7	60.4	70.4	80.4	89.7	99.1	107.9	116.9	125.6
11	36.2	43.1	49.3	55.3	66.3	76.7	86.5	96.1	105.3	114.4	123.3

表6-3　4.5in油管采气井不同地层压力下最大产气量表(10^4m³/d)

井口压力(MPa)	地层压力(MPa)										
	17	18	19	20	22	24	26	28	30	32	34
8	74.5	81.9	88.3	95.3	108.3	121.6	134.0	146.4	159.3	171.1	183.4
9	68.2	76.1	83.4	90.4	104.3	117.9	130.5	143.5	156.2	168.4	181.1
10	61.1	69.0	77.4	84.8	99.9	113.2	126.7	140.3	152.7	165.4	178.2
11	50.7	61.1	69.5	78.3	93.6	108.1	122.4	135.9	148.9	162.2	174.8

表6-4　5.5in油管采气井不同地层压力下最大产气量表(10^4m³/d)

井口压力(MPa)	地层压力(MPa)										
	17	18	19	20	22	24	26	28	30	32	34
8	84.1	92.0	100.6	107.3	122.6	137.6	151.2	165.3	180.2	193.2	206.7
9	77.6	85.7	94.2	102.4	118.3	132.8	147.3	162.2	176.5	190.1	204.2
10	68.3	78.6	86.9	96.0	112.1	127.8	143.3	158.5	172.5	186.7	201.4
11	57.7	68.2	79.1	87.9	105.6	122.5	138.6	153.4	168.1	183.1	197.9

3. 冲蚀流量预测

利用A气田和西二线来气的基本参数,应用冲蚀流量公式计算后得到不同管径油管在不同井口压力下的冲蚀流量,预测结果表明(表6-5和图6-2):当管径一定时,冲蚀流量随井口压力增加而增加;当井口压力一定时,冲蚀流量随管径增加而增加;井口压力越大,不同油管尺寸的冲蚀流量差越大。

表6-5 不同管径油管在不同井口压力条件下的冲蚀流量分析表($10^4 m^3/d$)

井口压力 (MPa)	油管管径(in)		
	3.5	4.5	5.5
8	50.4	88.0	141.0
9	53.4	93.3	149.6
10	56.3	98.4	157.7
11	59.1	103.2	165.4
12	61.7	107.7	172.7
13	64.2	112.1	179.8
14	66.6	116.4	186.6
15	69.0	120.5	193.1
16	71.2	124.4	199.5
17	73.4	128.2	205.6
18	75.6	132.0	211.6
19	77.6	135.6	217.4
20	79.6	139.1	223.0
21	81.6	142.5	228.5
22	83.5	145.9	233.9
23	85.4	149.2	239.1
24	87.3	152.4	244.3

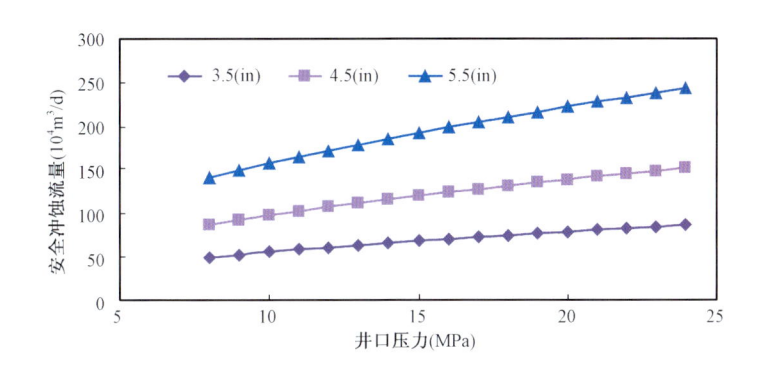

图6-2 不同油管尺寸下采气直井冲蚀流量曲线

4. 最小携液气量预测

利用A气田和西二线来气的基本参数,应用最小携液产气量公式计算后得到不同管径油管在不同井底流压下的最小携液产气量,同时预测不同管径油管在不同井口压力条件下的最小携液产气量。预测结果表明(表6-6、表6-7和图6-3):井底流压增加,井口压力增加,最小携液产气量也增加;井底流压一定时,油管内径增加,最小携液产气量增加;井底流压越大,不同油管尺寸的最小携液产气量差越大。

表6-6 不同管径油管在不同井底流压条件下最小携液产气量表($10^4 m^3/d$)

井底流压（MPa）	油管管径(in)		
	3.5	4.5	5.5
4	5.3	9.2	14.8
6	6.5	11.4	18.2
8	7.5	13.2	21.1
10	8.4	14.7	23.6
12	9.3	16.2	25.9
14	10.0	17.4	28.0
16	10.7	18.6	29.8
18	11.3	19.6	31.5
20	11.8	20.6	33.0
22	12.3	21.5	34.4
24	12.7	22.2	35.7
26	13.2	23.0	36.8
28	13.5	23.6	37.9
30	13.9	24.2	38.8

表6-7 不同管径油管在不同井口压力条件下最小携液产气量表($p_r=18MPa$)($10^4 m^3/d$)

井口压力（MPa）	油管管径(in)		
	3.5	4.5	5.5
8	10.5	16.8	25.2
9	10.6	17.3	26.3
10	10.7	17.8	27.5
11	10.8	18.2	28.5

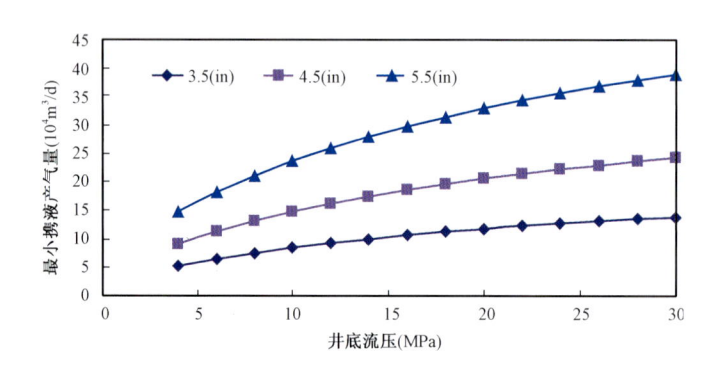

图6-3 不同油管尺寸下直井最小携液产气量曲线

5. 直井产气能力评价

利用节点压力系统分析方法，以气井井底为生产协调点，根据流入与流出曲线可得到采气能力交点，并以气井最低携液量、管柱冲蚀流量以及井口最低油压为约束条件，评价气井不同地层压力条件下的合理采气能力。

1）采气井流入流出动态分析

前面分析表明：油管尺寸一定时，井口压力越大，最大产气量越小；井口压力一定，油管尺寸越大，最大产气量越大。合理产气量应大于最小携液产气量，小于冲蚀流量与最大产气量两者的最小值。

表6-8为井口压力为10.0MPa时直井的合理产气量表，图6-4为井口压力10.0MPa时不同管径油管的采气直井流入流出曲线。

表6-8　井口压力为10.0MPa时不同管径油管直井的合理产气量表

油管尺寸 （in）	地层压力 （MPa）	井底流压 （MPa）	最小携液气量 （$10^4 m^3/d$）	冲蚀流量 （$10^4 m^3/d$）	最大产气量 （$10^4 m^3/d$）	合理产气量 （$10^4 m^3/d$）
3.5	34	28.38	13.6	56.7	125.6	56
	32	26.82	13.3		116.9	
	30	25.25	13		107.9	
	28	23.73	12.7		99.1	
	26	22.17	12.3		89.7	
	24	20.69	12		80.4	
	22	19.15	11.6		70.4	
	20	17.72	11.2		60.4	
	19	16.96	10.9		54.7	54
	18	16.23	10.7		49	49
4.5	34	21.59	21.3	99.1	178.2	99
	32	20.61	20.9		165.4	
	30	19.67	20.4		152.7	
	28	18.77	20		140.3	
	26	17.83	19.6		126.7	
	24	16.96	19.1		113.2	
	22	16.13	18.7		99.9	
	20	15.29	18.2		84.8	84
	19	14.91	18		77.4	77
	18	14.51	17.8		69	69
5.5	34	16.68	30.4	158.8	201.4	158
	32	16.19	30		186.7	
	30	15.75	29.6		172.5	
	28	15.33	29.2		158.5	
	26	14.91	28.8		143.3	143
	24	14.51	28.5		127.8	127
	22	14.14	28.1		112.1	112
	20	13.8	27.8		96	96
	19	13.63	27.6		86.9	86
	18	13.48	27.5		78.6	78

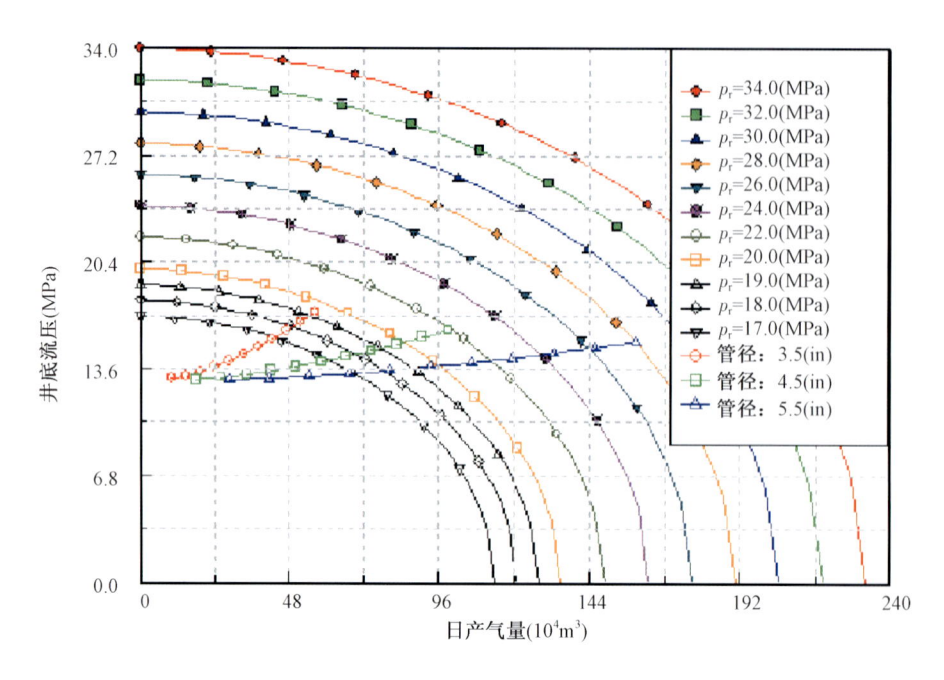

图 6-4　不同管径油管的采气直井流入流出曲线(井口压力 10.0MPa)

2)采气初期和采气末期单井采气能力分析

通过以上评价得到井口压力为 10.0MPa 时不同管径油管的合理产气量与地层压力关系图(图 6-5)。

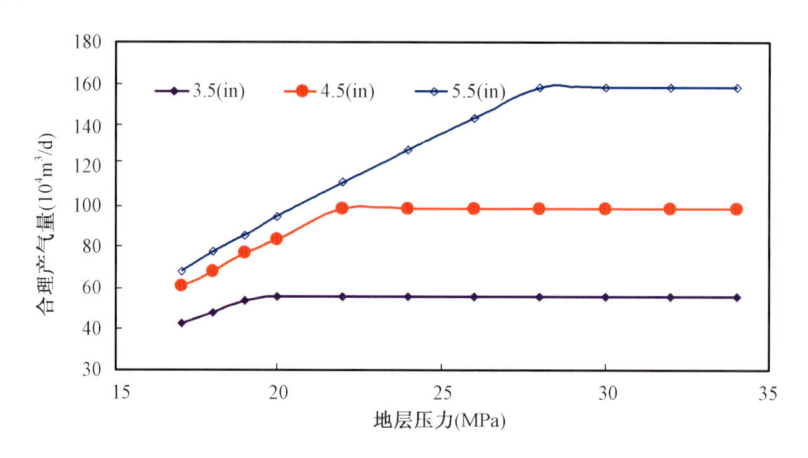

图 6-5　不同管径油管直井合理产气量与地层压力的关系图(井口压力 10.0MPa)

从图 6-5 可以看出:(1)当井口压力为 10.0MPa 时,油管尺寸越大,合理产气量越大;(2)随着油管尺寸的增加,合理产气量增加幅度越来越小。总的来说,地层压力较高时,合理产气量增幅相对较高,但随着油管尺寸增加,仍然呈现减小的趋势;当地层压力较低时,合理产气量增幅迅速降低;(3)随着地层压力增大,合理产气量在一定程度上也增加。

二、水平井采气能力分析

1. 采气井流入流出动态方程

在计算水平井的采气流入流出动态时,产能方程采用式(6－34)(见本章第二节),垂直管流、冲蚀流量及最小携液产气量方程与直井相同。

2. 产气能力综合分析

油管尺寸一定时,井口压力越大,最大产气量越小;井口压力一定,油管尺寸越大,最大产气量越大。合理产气量应大于最小携液产气量,小于冲蚀流量与最大产气量两者的最小值,预测结果如图6－6所示。

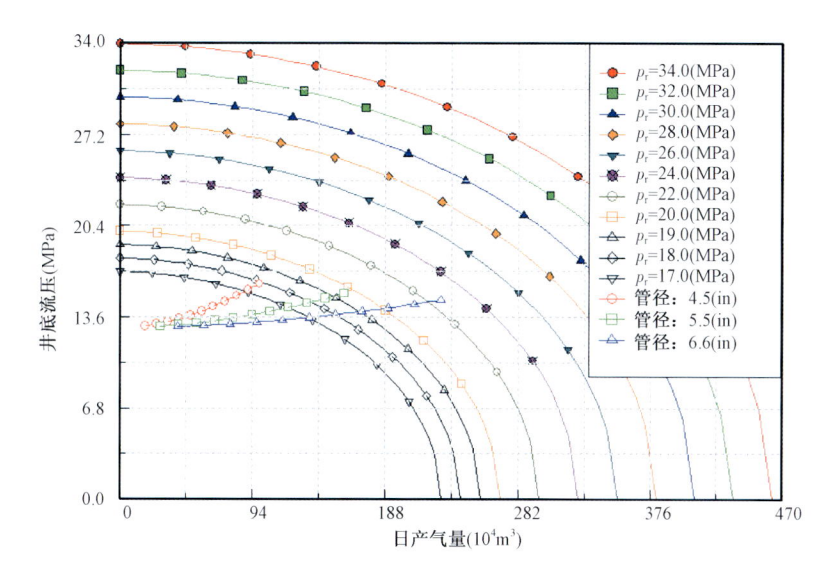

图6－6 不同管径油管的采气水平井流入流出曲线(井口压力10.0MPa)

由图6－6可以看出:(1)合理产气量大于最小携液产气量;(2)当井口压力为10.0MPa时,地层压力在34.0~19.0MPa,4.5in油管发生冲蚀;地层压力在34.0~20.0MPa,5.5in油管发生冲蚀;地层压力在34.0~24.0MPa,6.6in油管发生冲蚀。(3)如果最大地层压力取34.0MPa,3种管径的油管均发生冲蚀,其中选用5.5in油管比4.5in油管的产气量要大59×10^4m³/d,选用6.6in油管比5.5in油管的产气量要大69×10^4m³/d。(4)如果最小地层压力取18.0MPa,只有4.5in油管发生冲蚀,其中选用5.5in油管比4.5in油管的产气量要大36×10^4m³/d,选用6.6in油管比5.5in油管的产气量要大17×10^4m³/d。

通过以上评价,得到了井口压力为10.0MPa时不同管径油管的合理产气量与地层压力关系图(图6－7)。

从图6－7可以看出:(1)当井口压力为10.0MPa时,油管尺寸越大,合理产气量越大;(2)随着油管尺寸的增加,合理产气量增加幅度越来越小。总的来说,地层压力较高时,合理产气量增幅相对较高,但随着油管尺寸增加,仍然呈现减小的趋势;当地层压力较低时,合理产气量增幅迅速降低;(3)随着地层压力增大,合理产气量在一定程度上也增加。

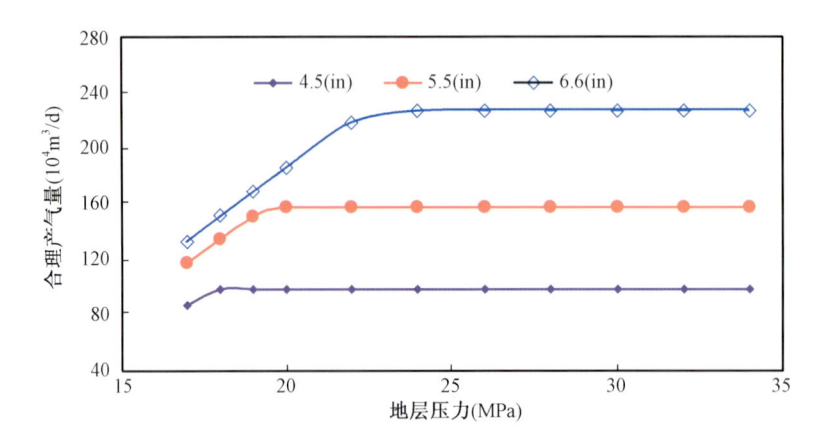

图 6-7 不同管径油管的水平井合理产气量与地层压力关系（井口压力 10.0MPa）

第三节 注气能力评价

一、直井注气能力分析

1. 注气井流入流出动态方程

注气能力的评价与采气能力评价类似，其大小取决于：注采管柱尺寸及结构；地层压力和井口注气压力；井口冲蚀产量。注气时，流量也应限制在冲蚀流量以下，防止发生冲蚀破坏。

单井的注气能力由地层流入方程、垂直管流方程和冲蚀流量计算公式共同确定。假设地层注气能力和采气能力相等，根据采气井流入流出动态方程，可得到注气时单井的地层流入方程。

在计算直井的注气流入流出动态时，产能方程、垂直管流方程、冲蚀流量方程与直井采气相同。

2. 最大注气量预测

A 气田原始地层压力 33.96MPa，气层中部深度 3585m，井筒中动气柱平均温度 56.25℃，西二线来气相对密度 0.5865。通过计算，得到以下几点认识：（1）井口压力越大，注气流量越大；（2）油管尺寸越大，注气能力越大（表 6-9 至表 6-11）。

表 6-9　3.5in 油管注气井不同地层压力下最大注气量表（$10^4 m^3/d$）

井口压力(MPa)	地层压力(MPa)											
	17	18	19	20	22	24	25	26	28	30	32	34
28	124.5	122.2	119.7	116.8	110.8	103.6	99.7	95.3	85.5	73.7	58.8	36.84
30	135.0	132.8	130.5	127.9	122.3	115.8	112.3	108.5	100.1	90.2	78.2	63.22
32	145.0	143.0	140.9	138.5	133.2	127.4	124.1	120.8	113.1	104.3	94.2	82.28
34	154.7	152.8	150.8	148.6	143.7	138.3	135.3	132.1	125.2	117.4	108.5	98.22

表 6–10　4.5in 油管注气井不同地层压力下最大注气量表（$10^4 m^3/d$）

井口压力 (MPa)	地层压力（MPa）											
	17	18	19	20	22	24	25	26	28	30	32	34
28	175.5	172.2	168.6	164.7	156.2	146.2	140.7	134.6	121.0	104.3	83.0	52.1
30	190.3	187.2	183.9	180.4	172.6	163.7	158.8	153.4	141.5	127.6	110.8	89.7
32	204.5	201.7	198.7	195.4	188.3	180.1	175.6	170.8	160.3	148.0	133.8	116.9
34	218.3	215.7	212.8	209.9	203.2	195.7	191.6	187.2	177.6	166.7	154.2	139.8

表 6–11　5.5in 油管注气井不同地层压力下最大注气量表（$10^4 m^3/d$）

井口压力 (MPa)	地层压力（MPa）											
	17	18	19	20	22	24	25	26	28	30	32	34
28	198.4	194.6	190.6	186.3	176.6	165.4	159.1	152.3	136.8	118.0	93.8	58.8
30	215.3	211.9	208.2	204.2	195.4	185.3	179.8	173.7	160.3	144.5	125.4	101.5
32	231.7	228.5	225.1	221.4	213.3	204.1	199.1	193.7	181.7	167.9	151.8	132.6
34	247.6	244.7	241.5	238.1	230.6	222.1	217.5	212.5	201.7	189.3	175.9	158.8

3. 冲蚀流量预测

利用 A 气田和西二线来气的基本参数，应用冲蚀流量公式计算后得到不同管径油管在不同井口压力下的冲蚀流量。

从预测结果表 6–12 和图 6–8 可知：(1) 当油管管径一定时，井口压力越大，注气冲蚀流量越大；(2) 当井口压力一定时，油管尺寸越大，注气冲蚀量越大，越不易发生冲蚀。

表 6–12　不同管径油管在不同井口压力条件下的冲蚀流量分析表（$10^4 m^3/d$）

井口压力 (MPa)	油管管径（in）		
	3½	4½	5½
18	75.6	132.0	211.6
20	79.6	139.1	223.0
22	83.5	145.9	233.9
24	87.3	152.4	244.3
26	90.8	158.6	254.3
28	94.2	164.6	263.9
30	97.6	170.4	273.1
32	100.7	175.9	282.1
34	103.9	181.4	290.8

4. 注气能力综合分析

综合上述分析可知：(1) 地层压力越大，注气量越小；(2) 油管直径越大，注气量越大；(3) 井口压力越大，注气量越大（图 6–9、图 6–10）。

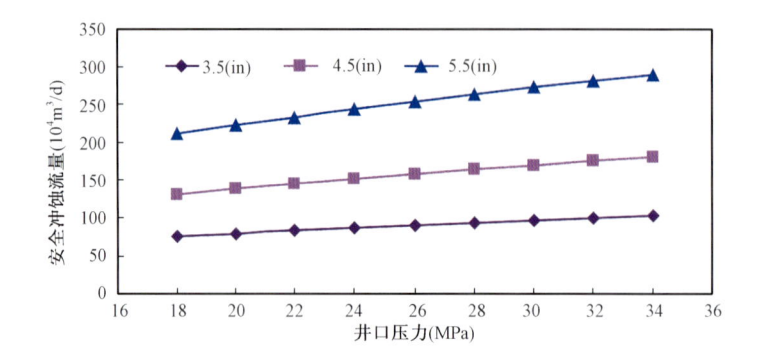

图 6-8　不同油管尺寸下注气直井的冲蚀流量曲线

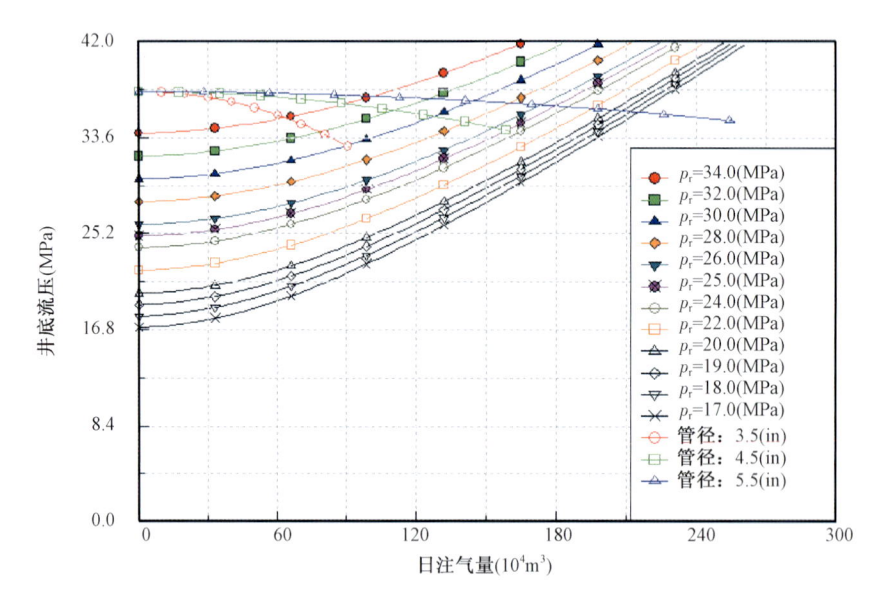

图 6-9　不同油管管径的注气直井流入流出曲线（井口压力 30.0MPa）

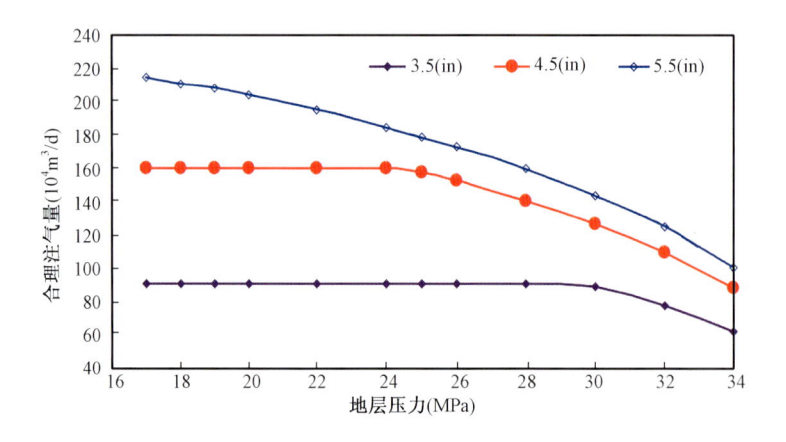

图 6-10　注气直井合理注气量与地层压力的关系（井口压力 30.0MPa）

由图 6-9 可知:(1)当井口压力为 30.0MPa,地层压力为 34.0~17.0MPa 时,只有 5.5in 油管不发生冲蚀。若地层压力小于等于 28.0MPa,3½in 油管将发生冲蚀;地层压力小于等于 24.0MPa,4.5in 油管将发生冲蚀。(2)如果最大地层压力取 34.0MPa,选用 4.5in 油管的注气量比 3½in 油管大 $26×10^4m^3/d$,选用 5.5in 油管的注气量比 4.5in 油管大 $12×10^4m^3/d$。(3)如果最小地层压力取 18.0MPa,选用 4.5in 油管的注气量比 3½in 油管大 $69×10^4m^3/d$,选用 5.5in 油管的注气量比 4.5in 油管大 $51×10^4m^3/d$。

通过以上评价,得到了井口压力为 30.0MPa 不同管径时的合理注气量与地层压力的关系曲线(图 6-10)。

由图 6-10 可知:(1)地层压力越小,合理注气量越大;(2)油管管径越大,合理注气量越大;(3)当井口压力为 30.0MPa 时,随着地层压力增加,不同管径油管单井的合理注气量之差越来越小。

二、水平井注气能力分析

1. 注气井流入流出动态方程

注气能力的计算方法与采气能力类似,在计算水平井的注气流入流出动态时,产能方程、垂直管流方程、冲蚀流量方程与水平井采气相同。

2. 最大注气量预测

A 气田原始地层压力 33.96MPa,气层中部深度 3585m,井筒中动气柱平均温度 56.25℃,西二线来气相对密度 0.5865。通过计算,得到以下几点认识:(1)井口压力越大,注气流量越大;(2)油管尺寸越大,注气能力越大(表 6-13 至表 6-15)。

表 6-13 4.5in 油管注气井不同地层压力下最大注气量表($10^4m^3/d$)

井口压力(MPa)	地层压力(MPa)											
	17	18	19	20	22	24	25	26	28	30	32	34
28	254.3	249.4	244.3	238.8	226.1	211.5	203.5	194.7	174.8	150.6	120.2	75.4
30	275.7	271.2	266.4	261.3	249.7	236.7	229.4	221.7	204.3	184.0	159.9	129.1
32	296.2	292.0	287.5	282.8	272.1	260.3	253.5	246.5	230.9	213.2	192.5	168.0
34	316.0	312.1	307.8	303.4	293.5	282.5	276.3	269.8	255.5	240.0	221.7	200.8

表 6-14 5.5in 油管注气井不同地层压力下最大注气量表($10^4m^3/d$)

井口压力(MPa)	地层压力(MPa)											
	17	18	19	20	22	24	25	26	28	30	32	34
28	341.8	335.4	328.4	321.0	304.3	284.9	274.0	262.3	235.5	203.2	161.8	101.6
30	370.5	364.6	358.3	351.4	336.2	318.8	309.1	298.8	275.6	248.3	215.7	174.6
32	398.3	392.7	386.8	380.6	366.6	350.7	342.0	332.6	311.9	288.2	260.6	227.5
34	425.1	420.0	414.4	408.5	395.6	381.0	372.9	364.4	345.7	324.4	300.2	272.0

表6–15　6.6in油管注气井不同地层压力下最大注气量表($10^4 m^3/d$)

井口压力(MPa)	地层压力(MPa)											
	17	18	19	20	22	24	25	26	28	30	32	34
28	383.6	376.4	368.6	360.3	341.6	319.9	307.7	294.5	264.5	228.1	181.7	113.6
30	416.2	409.5	402.4	394.8	377.8	358.3	347.4	335.8	309.8	279.3	242.6	196.3
32	447.7	441.6	434.9	427.9	412.3	394.5	384.7	374.2	351.0	324.4	293.3	256.2
34	478.4	472.6	466.4	459.9	445.4	429.0	420.1	410.5	389.5	365.6	338.4	306.7

3. 冲蚀流量预测

利用A气田和西二线来气的基本参数，应用冲蚀流量公式计算后得到不同管径油管在不同井口压力下的冲蚀流量。

从预测结果表6–16和图6–11可知：(1)当油管管径一定时，井口压力越大，注气冲蚀流量越大；(2)当井口压力一定时，油管尺寸越大，注气冲蚀量越大，越不易发生冲蚀。

表6–16　不同管径油管在不同井口压力条件下的冲蚀流量分析表($10^4 m^3/d$)

井口压力(MPa)	油管管径(in)		
	4.5	5.5	6.5
18	132.0	211.6	303.0
20	139.1	223.0	319.4
22	145.9	233.9	335.0
24	152.4	244.3	349.9
26	158.6	254.3	364.2
28	164.6	263.9	378.0
30	170.4	273.1	391.2
32	175.9	282.1	404.1
34	181.4	290.8	416.5

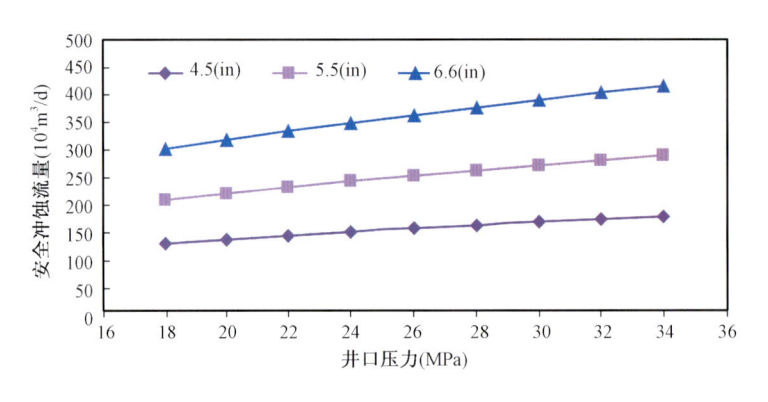

图6–11　不同油管尺寸下注气水平井冲蚀流量曲线

4. 注气能力综合分析

综合上述分析可知:(1)地层压力越大,注气量越小;(2)油管直径越大,注气量越大;(3)井口压力越大,注气量越大(图 6 – 12、图 6 – 13)。

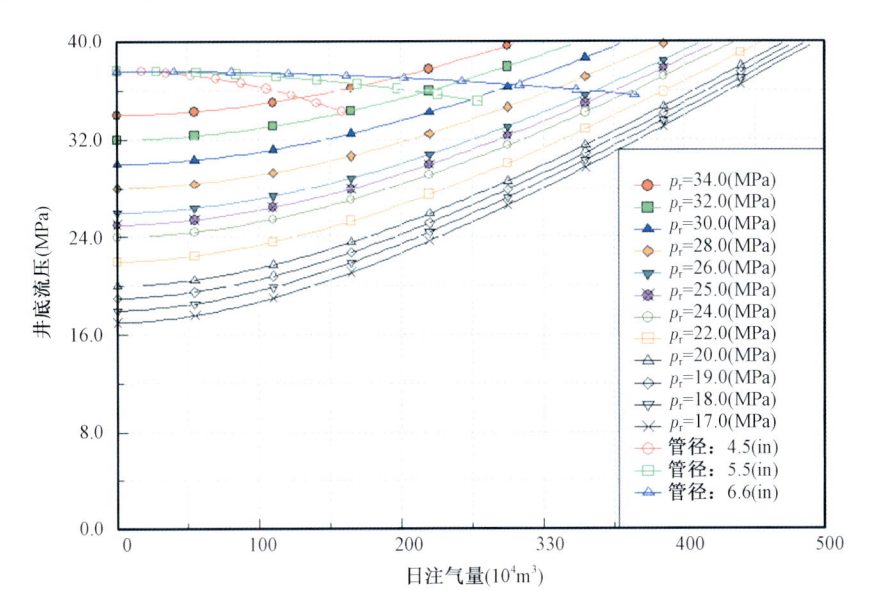

图 6 – 12 不同油管管径的注气水平井流入流出曲线(井口压力 30.0MPa)

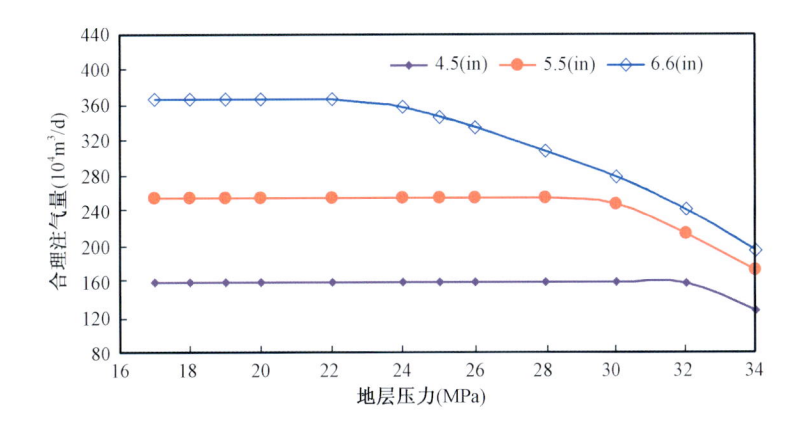

图 6 – 13 水平井合理注气量与地层压力的关系图(井口压力 30.0MPa)

由图 6 – 12 可知:(1)当井口压力为 30.0MPa 时,3 种管径油管均会冲蚀。当地层压力小于等于 30.0MPa,4.5in 油管将发生冲蚀;当地层压力小于等于 28.0MPa,5.5in 油管将发生冲蚀;当地层压力小于等于 22.0MPa,6.6in 油管将发生冲蚀。(2)如果最大地层压力取 34.0MPa,选用 5.5in 油管的注气量比 4.5in 油管大 $45 \times 10^4 \text{m}^3/\text{d}$,选用 6.6in 油管的注气量比 5.5in 油管大 $22 \times 10^4 \text{m}^3/\text{d}$。(3)如果最小地层压力取 18.0MPa,选用 5.5in 油管的注气量比 4.5in 油管大 $96 \times 10^4 \text{m}^3/\text{d}$,选用 6.6in 油管的注气量比 5.5in 油管大 $111 \times 10^4 \text{m}^3/\text{d}$。

通过以上评价,得到了井口压力为 30.0MPa 不同管径时的合理注气量与地层压力的关系曲线(图 6-13)。

由图 6-13 可知:(1)井筒若不发生冲蚀,那么地层压力越小,合理注气量越大;(2)油管管径越大,合理注气量越大;(3)当井口压力为 30.0MPa 时,随着地层压力增加,不同管径油管单井的合理注气量之差越来越小。

第七章 库容参数设计

第一节 储气库设计原则

一、储气库设计基本原则

天然气地下储气库的建造是一项大型、复杂、具有多目标性的工程项目,包括固定资产投资、钻井、修井、注采气工艺的完善、地面建设等,需要上亿元的投资。同时,天然气易燃易爆,储存的过程中一旦发生泄漏,极易影响周边的公共安全。因此,其设计方案的确定事关重大,必须在建设前期进行充分的技术和工程论证(董凤娟等,2007)。

一般而言,储气库的设计需要考虑使用功能、技术性、经济性、安全性、环境影响等因素的影响(董凤娟等,2007;苏欣等,2006),国内外储气库方案设计部署遵循的基本原则包括(杨毅等,2005;赵树栋等,2000;Katz D L,etal,1981;Mayfield J F,1981;王俊魁等,1999):

(1)储气库的最大储气压力设计上,注气后地层压力可以高于原始地层压力,以获取较大的库容及气井产能,但一般不应高于静水柱压力的1.3倍,以保证油气藏原有的密封性不受到破坏。

(2)垫层气比例的确定既与油气藏本身地质条件相关,还取决于气库的运行条件,特别是采气末的井口压力。

(3)库容利用率(即工作气规模)取决于储气库的最大储气压力和垫层气比例的大小。气库的最大储气压力越高,垫层气比例越小,则库容利用率越大。

(4)单井注采气能力评价由于与注采井数的多少直接相关,因此是储气库方案设计中必须考虑的重要问题之一。由于储气库要在需求旺季最大限度地开采出天然气,因而单井日采气量比气田开采时高是比较正常的,根据国外资料设计的日平均产气能力可以为气田生产时的6~7倍。按节点法确定的单井最大采气量、注气量具有充分的理论基础,但考虑到实际注气过程中,可能因储层非均质性、地层能量不均衡、流体性质不同以及地面集输条件、人为管理等因素的不同,带来实际上的单井注采量偏低,因此,将单井配产、配注量设定在理论注采量的80%~90%。考虑到地层压力高时注气井井口压力偏高,会造成地面压缩机的出口压力要求高。压缩机投资大。因此,在不增加总井数的前提下,通过增加注气井数,减少单井注入量(60%的理论可注量)的方法来降低注气井井口压力。

(5)注采井及观察井井位布置原则可归纳为以下几点:① 注采井相对集中地布置在储层比较发育的地带,并不要求均匀分布,井距大小应适当,基本以不发生大的井间干扰为原则;② 注采井最好设计为同井,无须另外布置注入井;③ 为监测储气库的泄漏,气油、气水界面以及压力等的变化尚需一定量的观察井,观察井的井数根据油气藏封闭性好坏而定,封闭性越好,观察井数越少,对于枯竭气藏建库初期可不必布盖层观察井。井位部署主要避开3个不良因素:一是井点远离气水界面200m以上,防止注气过程中气体向水体突进和采气过程中边水侵入井底;二是井点远离断层100m以上,防止注采量往复变化过大,造成断层破裂损坏,影响储气库的封闭性;三是井点远离低渗透区和致密区100m以上,防止注采井的注采量达不到设计指标。

(6)储气库的运行方式以用户用气调峰需求量设计。根据用户用气量的大小设计储气库容量(包括补偿用户季节性用气不平衡气量和突发事故应急储备气量,通常为补偿用户气量的10%)。可用数值模拟的方法设计多种储气库运行方案,比较它们的各项因素,得到储气库的优化运行方案。

(7)为获取较好的建库经济效益,原油气藏现有老井和其他地下、地面工艺设施等要尽可能加以利用。在油气藏建库以后,在技术、经济条件允许的情况下,应尽量减少对油气田产量的影响,并可利用气库运行中注气等有利条件改善油气田开发效果,提高油气田采收率。

二、A储气库设计原则

A储气库设计在满足使用功能、技术可行性等因素的同时,还考虑了如下原则:

(1)A储气库按照新疆地区季节调峰和西气东输二线应急供气的双重目标进行方案设计。

(2)满足新疆地区季节调峰主要作用是调节季节性用气峰谷差,保证北疆地区用气,推进经济建设步伐,促进新疆跨越式发展。

(3)应急供气主要作用是当外气中断后或者西二线天然气长输管线发生事故时,确保安全平稳供气。

(4)储气库调峰外输气进入准噶尔盆地输气环网。

第二节 库容量设计

天然气地下储气库的库容量是指储气库达到最高允许压力时储存的天然气量,是衡量天然气地下储气库调峰能力的重要指标,是储气库工作气量设计的基础。

一、气藏地质储量计算基本方法

国内外计算气藏地质储量的方法比较多,主要包括:容积法、物质平衡法(压降法)、压降曲线拟稳态法(弹性二相法)、产量递减法、水驱特征曲线法、数值模拟法、经验法(类比法)、概率统计法等(吴元燕等,2005;杨通佑等,2005;国景星等,2001;任茵,2012)。

这些方法被应用于不同的油、气田勘探、开发阶段以及不同的地质条件。其中,容积法、类比法、概率统计法主要利用气藏静态资料和参数来计算地质储量,因此统称为气藏地质储量计算的静态法。其他利用气田动态资料和动态参数(如地层压力、井底流压、产气量等)来计算地质储量的方法则属于动态法。

容积法是计算油、气藏地质储量最基本的方法,应用最广泛。容积法适用于不同勘探开发阶段、不同的圈闭类型、不同的储集类型和驱动方式。计算结果的可靠程度取决于资料的数量和质量。对于大、中型构造砂岩储集层油、气藏,计算精度较高,而对于复杂类型油、气藏,则准确性较低。

所谓动态储量,是指设想气藏地层压力降为零时,能够渗流或流动的那部分天然气地质储量,或称可动储量。计算动态储量需要使用大量动态资料,这些动态资料是气藏中天然气渗流或流动特征的体现。气藏开发时间越短,计算动态储量的方法越少,计算的精度也越低;相反,气藏开发时间越长,积累的动态资料越多,适合计算的方法也越多,计算结果也越准确。显然,落实动态储量是一个漫长的历史过程。动态储量不仅排除了容积法计算储量的各项参数取值的不确定性,而且排除了不可渗流的无效天然气储量,是可靠的地质储量,可比性强,实用性强。

物质平衡法(压降法)是利用生产资料计算动态地质储量的一种方法,适用于油、气藏开采一段时间,地层压力明显降低(大于1MPa),已采出可采储量的10%以上时,才能取得有效的结果。

压降曲线拟稳态法(弹性二相法)利用压降曲线拟稳态阶段的测试数据,可以确定定容封闭性气藏的原始地质储量以及测试时的剩余地质储量,因而得到了国内外油气藏工程师的高度重视,并称之为油藏探边测试。

产量递减法适用于油、气藏开发后期,油、气藏已达到一定的采出程度,并经过开发调整之后,油、气藏已进入递减阶段。根据递减阶段的产量与时间服从一定的变化规律,利用这一递减规律,预测达到经济界限时的最大累计产油、气量,将此数据加上递减之前的总产油、气量,即可得到油、气藏的可采储量数值。由于影响油、气藏产量递减的因素很多。因此正确判断油、气藏是否已真正进入递减阶段和取得真实的递减率参数,是用好产量递减法的关键。

水驱特征曲线法是在油藏投入开发含水率达到50%以后,利用油藏的累计产水量和累计产油量在半对数坐标上存在明显的直线关系外推到含水率为98%时求油藏可采储量的方法。用该法求得的储量只反映油藏当前控制的可采储量,使用时应充分考虑开发调整、采油工艺对它的影响。

矿场不稳定试井法是利用出油、气的探井,进行矿场不稳定试井测试工作,在保持产量稳定的条件下,连续测量井底流动压力随时间的变化关系,以确定油、气井控制的断块或裂缝、岩性油、气藏的地质储量。该法对于渗透性、连通性差的油、气藏效果不好,计算结果一般偏低。

数值模拟法根据气藏特征及开发概念设计等,建立油气藏模型,并经历史拟合证实模型有效后,进行模拟计算,求得储量。

以上地质储量计算方法中实际应用较多的包括容积法、物质平衡法(压降法)、压降曲线拟稳态法(弹性二相法)、产量递减法等。动态储量的计算则多采用物质平衡法(压降法)、压降曲线拟稳态法(弹性二相法)(李季等,2013)。

1. 容积法

容积法计算气藏地质储量的公式为:

$$G = 0.01 Ah\phi S_{gi} \frac{T_{sc}}{p_{sc}T} \frac{p_i}{Z_i} \qquad (7-1)$$

式中　G——天然气原始地质储量,$10^8 m^3$;

A——含油面积,km^2;

h——平均有效厚度,m;

ϕ——平均有效孔隙度;

S_{gi}——平均原始含气饱和度；

T——平均地层温度，K；

T_{sc}——气体标准状态下的温度，K；

p_{sc}——气体标准状态下的压力，MPa；

p_i——平均气藏的原始地层压力，MPa；

Z_i——原始气体偏差系数。

凝析气藏在原始地层压力和地层温度条件下储层中的流体呈单相气态存在，当采出地面时，除了天然气，还会析出凝析油。用容积法计算凝析气藏储量时，应先计算气藏总地质储量，然后再按天然气和凝析油所占摩尔数分别计算天然气和凝析油储量。

2. 物质平衡法（压降法）

物质平衡法是目前国内外气田判断单井和整个气藏的储量的一个主要方法，也称为压降法（郝玉鸿，2002）。

在某些假定情况下，可以将实际气藏简化为一个封闭（具有天然水侵）的地下容器，随着气藏的开采，油、气、水的体积变化服从物质守恒规律，并根据物质平衡规律建立物质平衡方程。目前压降法被广泛应用于气田的动态储量计算。

压降法所需参数简单，仅需气井原始及目前地层压力、累计采气量，故在气井控制储量计算中运用广泛。

（1）对于气井，其物质平衡方程为（陈霖等，2013）：

原始储量 = 累计采气量 + 剩余储量，即：

$$G = \frac{G_p B_g - (W_e - W_p B_w)}{B_g - B_{gi}} \quad (7-2)$$

压降方程为：

$$\frac{p}{Z} = \frac{p_i}{z_i}\left(\frac{1 - \dfrac{G_p}{G}}{1 - \dfrac{W_e - W_p B_w}{G}\dfrac{p_i T_{sc}}{p_{sc} Z_i T}}\right) \quad (7-3)$$

（2）对于封闭的气藏，忽略水驱作用，其物质平衡为：

$$G_p B_g = G(B_g - B_{gi}) \quad (7-4)$$

压降方程为：

$$\frac{p}{Z} = \frac{p_i}{Z_i}\left(1 - \frac{G_p}{G}\right) \quad (7-5)$$

式中 p——气井生产到某一时刻时的压力，MPa；

Z——气体某一时刻时的偏差系数；

G_p——累计产气量，m³；

B_g——气体某一时刻的体积系数；

B_{gi}——气体原始体积系数；

W_e——油藏累积水侵量，m^3；

W_p——产水量，m^3。

压降法计算储量比较简单和实用，但如果资料取得不准，将会造成较大的误差，所以在取准资料方面应满足以下要求（李士伦等，2000；申颖浩，2010）：

① 压力测取应采用高精度电子压力计，以保证所测压力的准确性。

② 如果进行全气藏关井录取地层压力，采出量达到3%~5%时就有可能算准储量。

③ 当含气面积较大或因生产需要，不可能全气藏关井时，采取单井关井或分片轮流关井，在采出程度达到10%~15%时，计算的压降储量才具有规定的精度。

压降法在应用时，需要现场关井测地层恢复压力。对于中低渗透气藏来说，压力恢复时间较长，会影响到日常的生产，且对大量的井进行关井测压，也会产生较高的成本。因此有学者提出了一种改进压降法，引入物质平衡拟时间的概念，避免了关井测压，且有较高的准确性。

在用压降法对封闭性有水气藏来进行储量计算时，对产水量较大的气井，不能忽视水的影响。对于开发后期的有水气藏来讲，若是水驱气藏，则由于水侵程度的逐渐加大，地层水侵入产层填充裂缝系统，并在井底有积液后，压力梯度会比静气柱大得多，这样静压测试数据就反映不了真正的地层压力，测得的数据比真实地层压力偏大，所得的"视地层压力"偏高，用压降法进行计算储量的结果也会比实际的动态储量偏大，从而影响储量计算精度（丁钊等，2010）。

另外，无论对于有水气藏还是低渗透气藏，若已处于开发后期，应对不同阶段的数据分段回归，根据不同时期的压降—储量直线分阶段落实动态储量，以开发接近枯竭时的最后一条压降—储量直线来确定气藏所控制的总动态储量（丁钊等，2010；郝玉鸿，1998）。

3. 压降曲线拟稳态法（弹性二相法）

压降曲线拟稳态法（弹性二相法）是根据压力降落试井的压力变化而得到的一种方程法（李士伦等，2000）。弹性二相法是计算动态储量的主要方法之一，目前已被广泛应用。主要适用于小型的有界封闭弹性气驱气藏或地层水不活跃气藏以及单井系统，且流动达到拟稳定状态阶段。

所谓弹性一相，即弹性的第一阶段，也就是压降曲线的非稳态阶段，指的是气井以稳定产量生产时，压降漏斗的外缘半径（即探测半径），尚未达到气藏边界之前的压力动态；弹性二相，即弹性的第二阶段，也就是压降曲线的拟稳态阶段，指的是气井生产的压降漏斗半径已达到气井的边界，并在边界之内任何位置的压力随时间的变化，达到了等速下降的压力动态。

对于由一口井控制的小型定容封闭气藏，当气井以恒定产量生产至拟稳态（弹性的第二阶段）时，井底流压与生产时间的关系为（申颖浩，2010）：

$$p_{wf}^2 = \alpha_g - \beta_g t \tag{7-6}$$

式中 α_g, β_g——压降曲线截距、斜率；

t——生产时间，d。

可以根据式(7-7)来计算气井动态储量：

$$G_{\mathrm{d}} = \frac{2 \times 10^{-4} q_{\mathrm{g}} p_{\mathrm{R}}}{\beta_{\mathrm{g}} C_{\mathrm{tg}}} + G_{\mathrm{p}} \qquad (7-7)$$

$$C_{\mathrm{tg}} = C_{\mathrm{g}} + \frac{C_{\mathrm{w}} S_{\mathrm{wi}} + C_{\mathrm{f}}}{1 - S_{\mathrm{wi}}} \qquad (7-8)$$

式中 q_{g}——日产气量，$10^4 \mathrm{m}^3$；

C_{w}——地层水压缩系数，1/MPa；

C_{g}——天然气压缩系数，1/MPa；

C_{f}——岩石有效压缩系数，1/MPa；

C_{tg}——总压缩系数，1/MPa；

S_{wi}——束缚水饱和度。

如果气井工作制度不合理，产量过大使天然气流速过快，造成气藏供气能力不足，会导致压降曲线呈"假拟稳态"（郝玉鸿等，2002；郝玉鸿，1998）。

因此其应用条件主要是：(1)气井生产到达拟稳态；(2)气井以恒定产量生产；(3)气井以合理或较合理的工作制度生产，使产量与气藏供气能力相匹配，得到真正拟稳态的压力动态曲线。可以看出，其应用条件相对也较为苛刻。

针对弹性二相法计算天然气动态储量在理论上存在一定偏差的情况，冯友良（冯友良，2003）对其进行了合理的修正，即修正的弹性二相法，具体修正方法在此不进行详述。

4. 产量递减法

大量气藏的实际开发资料表明，按照一定层系和井网投入开发的气藏，由于含水率的增长或是地层压力的下降将会引起产量的递减。为了延长气藏的稳产期限，一般都会进行开发调整，应用有效的开采工艺技术。但当气藏达到一定的采出程度之后，最终还是要进入产量的递减阶段。研究和分析气藏的递减类型，预测气藏未来的产量变化，确定气藏的可采储量，是气藏工程的重要任务之一。

任何气藏按照整个开发过程，都大致可以划分为三大阶段，即建设阶段、稳定阶段和递减阶段（陈元千等，1990）。

上述3个开发阶段的变化特点及时间的长短，主要取决于油气田的大小、埋藏深度、储集层类型、地层流体性质、开发方式、驱动类型、开采工艺技术水平和开发调整的效果。大量气藏的开发数据统计表明，当采出可采储量的60%左右时，即进入气藏开发的递减期。递减期的长短，主要取决于气藏开发最终经济技术指标的要求。该阶段可以利用不同的递减规律来预测气藏的产量和可采储量。

对于气藏产量的递减，目前通常认为有3种递减规律，即指数递减、调和递减和双曲递减。气井或气藏进入产量递减阶段后，其产量与生产时间的关系可以描述为：

$$Q = Q_{\mathrm{i}} [1 + n D_{\mathrm{i}} t]^{-1/n} \qquad (7-9)$$

$$N_{\mathrm{p}} = \frac{Q_{\mathrm{i}}^n}{D_{\mathrm{i}}} \left(\frac{1}{1-n} \right) (Q_{\mathrm{i}}^{1-n} - Q^{1-n}) \qquad (7-10)$$

式中 Q——产油量，$10^4 \mathrm{m}^3/\mathrm{a}$；

Q_i——递减阶段的初始产油量,$10^4 m^3/a$;

N——递减指数,用于判断递减类型,当 $n=0$ 或 $n<0.2$ 时为指数递减,$n=1$ 或 $n>0.8$ 时为调和递减,$0<n<1$ 为双曲递减;

D_i——递减阶段的初始递减率,$1/a$;

T——生产时间,a;

N_p——递减期间累计产油量,$10^4 m^3$。

目前使用最多的还是双曲递减,因为指数递减和调和递减是它的特例。但由于双曲递减表达式较为复杂,无法化成某种简单的线性关系。因此,使用双曲递减分析时,通常采用试凑法、曲线位移法和典型曲线拟合法。

对于实际的气藏,用上述 3 种方法往往难以达到比较高的拟合精度,而且十分费时。为此,也有学者提出应用最优化理论(李治平等,1999)、神经网络(郭新江等,2002)、数值模拟(梁斌等,2008)等方法来进行拟合分析,使拟合尽量减少人为参与,以获得精度更高、速度更快、准确性更高的结果。

二、气藏原始地质储量分析

1. 地质储量复核方法

假设气藏属于边部有限弱水体气藏,可忽略水侵作用,由第五章的物质平衡方程得到的式(5-2)可进一步简化为:

$$G_{pt} B_{gt} = G_{gt}(B_{gt} - B_{gti}) \tag{7-11}$$

式中 G_{gt}——凝析气地质储量,$10^4 m^3$;

G_{pt}——累积产凝析气量,$10^4 m^3$;

B_{gt}——某时的天然气体积系数;

B_{gti}——原始天然气体积系数。

根据天然气体积系数的定义可知:

$$B_{gti} = \frac{Z_{ti} T}{p_i} \frac{p_{sc}}{T_{sc}} \tag{7-12}$$

$$B_{gt} = \frac{Z_t T}{p} \frac{p_{sc}}{T_{sc}} \tag{7-13}$$

式中 Z_{ti}——原始天然气偏差系数;

Z_t——某时刻天然气偏差系数;

T——平均地层温度,K;

T_{sc}——气体标准状态下的压力和温度,K;

p_{sc}——气体标准状态下的压力,MPa;

p_i——原始地层压力,MPa;

p——某时刻地层压力,MPa。

将式(7-12)和式(7-13)代入式(7-11)得:

$$\frac{p}{Z_t} = \frac{p_i}{Z_{ti}} - \frac{p_i}{Z_{ti} G_{gt}} G_{pt} \qquad (7-14)$$

可将其表示为：

$$Y = a + bX \qquad (7-15)$$

其中：

$$Y = \frac{p}{Z_t} \qquad (7-16)$$

$$X = G_{pt} \qquad (7-17)$$

$$a = \frac{p_i}{Z_{ti}} \qquad (7-18)$$

$$b = -\frac{p_i}{Z_{ti} G_{gt}} \qquad (7-19)$$

凝析气地质储量为：

$$G_{gt} = -a/b \qquad (7-20)$$

天然气地质储量为：

$$G = G_{gt} f_g \qquad (7-21)$$

式中 f_g——干气摩尔分数。

干气摩尔分数为：

$$f_g = \frac{GOR}{GOR + \dfrac{24056 \gamma_o}{M_o}} \qquad (7-22)$$

式中 f_g——干气摩尔分数；

GOR——气油比，m^3/m^3；

γ_o——凝析油的相对密度；

M_o——凝析油摩尔质量，g/mol。

凝析油摩尔质量可用经验公式计算：

$$M_o = 44.29 \gamma_o / (1.03 - \gamma_o) \qquad (7-23)$$

凝析油用下式折合成当量气：

$$Q_{go} = 24056 Q_o \gamma_o / M_o \qquad (7-24)$$

式中 Q_{go}——凝析油折合成的当量气量，$10^4 m^3$；

Q_o——凝析油产量，$10^4 m^3$。

凝析水用下式折合成当量气：

$$Q_{gw} = 24056 Q_w \gamma_w / M_w \tag{7-25}$$

式中 Q_{gw}——凝析水折合成的当量气量，$10^4 m^3$；

Q_w——凝析水产量，$10^4 m^3$。

阶段产气量为：

$$Q_p = Q_g + Q_{go} + Q_{gw} \tag{7-26}$$

式中 Q_p——阶段产气量，$10^4 m^3$。

累计凝析气产量为：

$$G_{pt} = \sum_{i=1}^{n} Q_{pi} \tag{7-27}$$

式中 G_{pt}——累计凝析气产量，$10^4 m^3$；

G_{pi}——不同时刻的凝析气产量，$10^4 m^3$。

由(7-15)式可看出，定容气藏的视地层压力与累计产气量呈直线下降关系，因此可以利用定容封闭气藏压降图的外推法或线性回归分析法确定原始地质储量大小。计算定容封闭气藏原始地质储量所需的资料相对较少，包括不同生产时间对应的气藏平均压力、累计产气量以及天然气的偏差系数。

2. 动态法复核

A 气田的原始地层压力 33.96MPa，地层温度 92.5℃，天然气相对密度 0.5999，凝析油相对密度 0.7810，凝析油含量 47g/m³。截至 2012 年 9 月，累计生产天然气 $61.95 \times 10^8 m^3$。

在计算中不考虑弱边水的影响，绘制 A 紫泥泉子组气藏的压降曲线，进行回归后得到压降方程：

$$\frac{p}{Z_t} = 34.127 - 0.2896 G_{pt} \tag{7-28}$$

相关系数 $R^2 = 0.9956$，天然气地质储量为 $117.84 \times 10^8 m^3$。

利用气藏 14 年开发资料，采用压降法计算动态储量，相关系数高达 0.9956，满足精度要求，可以将本次计算得到的动态储量作为 A 改建地下储气库库容量评价的物质基础。

3. 地质储量复核分析

根据储气库建设的需要，并有新注采井完钻，因此对储量进行重新复核。

在小层对比划分及三维地质建模基础上，利用容积法开展储量复核工作。按照 $E_{1-2}z_2^{1-1}$、$E_{1-2}z_2^{1-2}$ 两个单层和 $E_{1-2}z_2^2$ 砂层 3 个计算单元计算储量。

含气面积：在各个含气小层顶面构造图上，以气水边界 -3047m 为边界圈定该小层的含气面积，气水边界内气层分布受储层岩性物性变化影响的，以砂岩厚度 1m 或孔隙度 9% 为岩性边界，进一步确定 $E_{1-2}z_2^{1-1}$ 单层含气面积为 20.9km²，$E_{1-2}z_2^{1-2}$ 单层含气面积为 15.7km²，$E_{1-2}z_2^2$ 砂层含气面积为 9.6km²（图 7-1）。

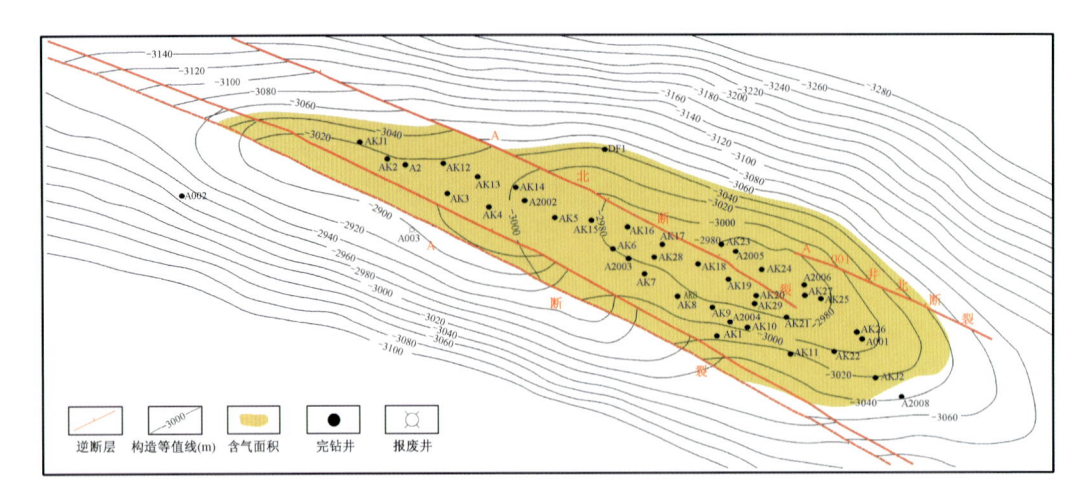

图 7-1　A 气田紫泥泉子组气藏 $E_{1-2}z_2^{1-2}$ 单层含气面积图

有效孔隙度：以含气小层为单元，根据气层内测井解释孔隙度值，单井孔隙度采用有效厚度权衡，计算单元孔隙度采用面积权衡，确定未动用层 $E_{1-2}z_2^{1-1}$ 单层有效孔隙度为 16.1%，$E_{1-2}z_2^{1-2}$ 单层有效孔隙度为 18.9%，$E_{1-2}z_2^2$ 砂层有效孔隙度为 18.0%。

含气饱和度：以含气小层为单元，根据气层内测井解释含气饱和度，确定未动用层 $E_{1-2}z_2^{1-1}$ 单层含气饱和度为 62.0%，$E_{1-2}z_2^{1-2}$ 单层含气饱和度为 70.0%，$E_{1-2}z_2^2$ 砂层含气饱和度为 66.0%。

根据气层下限值确定 $E_{1-2}z_2^{1-1}$ 单层有效厚度为 3.5m，$E_{1-2}z_2^{1-2}$ 单层有效厚度为 13.9m，$E_{1-2}z_2^2$ 砂层有效厚度为 15.0m（图 7-2）。

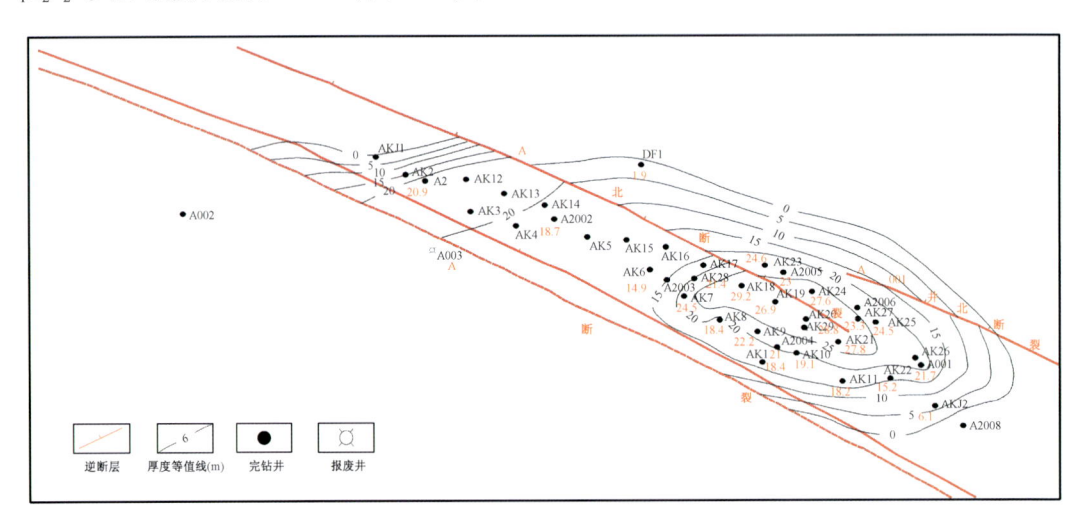

图 7-2　A 气田紫泥泉子组气藏 $E_{1-2}z_2^{1-2}$ 单层有效厚度图

A 气田紫泥泉子组气藏的叠合含气面积 21.2km^2，天然气地质储量为 144.80×10^{8}m^3，凝析油地质储量 68.76×10^{4}t，天然气可采储量为 115.85×10^{8}m^3，凝析油可采储量 37.13×10^{4}t（表 7-1）。

表 7-1 储量计算参数表

层位	A (km²)	H (m)	Φ (%)	S_{gi} (%)	ρ_{oc} (g/cm³)	B_{gi}	GOR (m³/m³)	f_d	凝析气地质储量 (10⁸m³)	天然气地质储量 (10⁸m³)	凝析油地质储量 (10⁴t)	天然气可采储量 (10⁸m³)	凝析油可采储量 (10⁴t)
$E_{1-2}z_2^{1-1}$	20.9	3.5	0.161	0.62	0.781	0.00365	16579	0.992	20.01	19.84	9.42	15.88	5.09
$E_{1-2}z_2^{1-2}$	15.7	13.9	0.189	0.7	0.781	0.00365	16579	0.992	79.10	78.47	37.26	62.77	20.12
$E_{1-2}z_2^2$	9.6	15	0.18	0.66	0.781	0.00365	16579	0.992	46.87	46.49	22.08	37.20	11.92
合计	21.2				0.781	0.00365	16579	0.992	145.98	144.80	68.76	115.85	37.13

三、气藏原始含气孔隙体积水侵影响分析

气藏开发过程中,由于边底水的侵入,会使气藏剖面不断改变。边底水的侵入是一个复杂的过程,与多种因素有关。影响气井出水时间的因素有:井底距原始气水界面的高度,边底水的活跃程度,气层的物性条件,气井生产压差等(李喜平等,2000)。气藏边底水侵入造成的气井出水,不仅会增加气藏的开采难度,而且会造成气井产能的损失,降低气藏采收率,影响气藏开发效益。

1. 气藏水侵的识别

水侵动态的准确判断,特别是早期水侵识别,是主动有效地开发气藏的基础。依据不同的原理,目前识别气藏水侵的方法主要包括气井产出水分析法、压降曲线识别法、试井监测识别法等(康晓东等,2004)。

(1)产出水分析法:在水驱气藏与凝析气藏的开发中,一般情况下,气井在产气的同时,也有水的产出。通过产出水矿化度与水气比的变化分析可以判断水的来源,进而分析是否有水侵发生。一般气藏产水量上升,维持在较高水平,可以判定为水侵;或者根据水样的测定,判断产出水的类型,分析其来源于边底水,进而判断水侵的发生。

(2)压降曲线识别法:由于边底水的不断侵入,气藏压力下降速度会逐渐减缓,据此可以借助压降曲线识别水侵。

(3)试井监测识别法:气藏水侵是一个动态的过程,其变化必定反映到动态监测资料上。根据试井理论,静态地质因素引起的试井曲线边界特征反应,在一口井的多次试井中不会改变,即试井分析得出的边界性质和边界距离都不会随时间而改变。而水驱气藏如果水侵活跃,开发过程中天然水侵边界的移动特性,将在靠近水边界气井的不同时期的多次试井分析曲线中不同程度地反映出来。在实际的试井解释分析中,常用复合地层试井模型和线性不连续边界试井模型来分析天然水侵边界。由于水侵前缘在气井开采过程不断变化,通过试井分析方法计算得到同一气井不同时期的边界距离也各不相同。不同时期进行试井追踪对比分析可以判断气藏水侵的强弱和快慢。该方法要求气井在不同时期有多次试井,这是该方法应用中的主要限制,同时试井解释的可靠性也存在问题。

A气藏开采过程中边水沿高渗透带选择性水侵,水源主要来自A2井以西的边水。2005年8月,A2井水样Cl⁻含量大于5800mg/L,矿化度大于12000mg/L,水型为Na_2SO_4型,属于典型的边水。2005年8月,A2002井水样的平均Cl⁻含量5300mg/L,平均矿化度10500mg/L,水

型为 Na_2SO_4 型,具有典型的边水特征。2007 年 5 月 A2003 井所取水样,平均 Cl^- 含量 960mg/L,平均矿化度 2100mg/L,水型为 Na_2SO_4 型,Cl^- 含量和矿化度均远低于 A2 井和 A2002 井,但从两个指标变化趋势看,均不同程度增加,另外该井的 Cl^- 含量和矿化度高于东区的气井,因此认为有少量边水已逐步侵入 A2003 井。总之,从气井见水规律和趋势来看,认为边水沿着 A2 井→A2002 井→A2003 井的连通砂体由西向东侵入气藏。因此,对于弱边水气藏,水侵或者水淹后将大幅度减小可动用库存量,降低气库运行效率。

2. 气藏水侵对原始含气孔隙体积的影响

地层水侵入后,受储层物性及润湿性影响,气藏内部存在较多的封闭气。由于储层岩石具有亲水性,在气水两相流动过程中,当驱替压差不大时,无论是孔隙还是喉道,气水分布及流动方式主要表现为水包气,水沿管壁流动,气体在孔道中央流动,水驱气过程形成不同形式的封闭气,表现为绕流、卡断、孔隙盲端和角隅以及"H 形"孔道形成的封闭气。在气藏开发过程中,地层水或边水侵入后占据了一定的孔隙空间,从而减少可动含气孔隙体积。建库后多周期运行过程中气驱水淹区主要对象仍然是以大孔道为主,微细孔道难以有效驱替,有效供气半径减小,从而降低了注采井网对砂体控制程度,使得部分气体不能及时动用。如果气藏大量发育裂缝,还容易因裂缝水窜卡断、绕流等形成封闭气,裂缝水窜封隔各气区形成死气区(曾波等,2004;张新征等,2007)。

四、气藏原始含气孔隙体积反凝析影响分析

多组分体系在等温降压或等压升温过程中出现液体凝析的现象,称为反凝析现象。在凝析气藏开采过程中,当气井井底压力降低至露点压力以下某个压力(最大凝析压力)区间内组分凝析油在地层中析出,这些析出的流体滞留在储层岩石孔隙表面会堵塞部分孔隙通道,减少气体有效渗透率,气井产能减少。尤其是低渗透气井在生产时,近井地带的压降大,井底压力很容易低于露点压力,因此在井筒附近更容易产生严重的反凝析伤害(刘玉慧等,2001;周小平等,2006;严谨等,2005)。

A 气田原始凝析油含量 $47g/m^3$,为微含凝析油凝析气藏,同时多组相态实验测得最大反凝析压力平均为 11.59MPa,最大反凝析液量平均为 1.68%,储气库初期注气运行地层压力为 14.37MPa,仍高于平均最大反凝析压力。因此,在衰竭式开采过程中,地层流体反凝析液量少,凝析油损失较小。

利用所有生产动态数据作为基本的预测参数,计算得到了反凝析液量总量以及占原始含气孔隙体积之比(表 7-2),从中可知,气藏原始含气孔隙体积受反凝析液的影响程度很小,仅为 0.48%。

表 7-2 反凝析损失影响计算结果表

序号	项目	数值
1	凝析气地质储量($10^8 m^3$)	121.2
2	原始含气孔隙体积($10^4 m^3$)	4450
3	凝析油储量($10^4 t$)	60
4	剩余凝析气量($10^8 m^3$)	57.9

续表

序号	项目	数值
5	剩余凝析油量(10^4t)	36.3
6	剩余凝析气凝析油含量(g/m³)	26
7	剩余凝析气中的凝析油量(10^4t)	15.1
8	反凝析损失凝析油量(10^4t)	21.2
9	反凝析液占原始含气孔隙体积比(%)	0.48

通过深入分析气藏原始含气孔隙体积影响因素,可知侵入水是影响含气孔隙体积的主要因素。另外,反凝析油、封闭气等将会占据一部分孔隙空间,同时受储层物性及非均质性影响,一部分孔隙空间难以有效动用。因此,为了降低建库注气风险,这部分不可动库存量应该从库容量中扣除。

五、气藏改建地下储气库库容量分析

若设计储气库上限压力为气藏的原始地层压力,则储气库库容量即为计算的气藏动态储量。大多数储气库库容量计算采用压降法(李季等,2013)。

气藏开采动态特征研究和原始地质储量复核基础上,利用压降法计算的 $E_{1-2}z_2$ 凝析气地质储量来评价 A 储气库建库的库容量,考虑到西区边水侵入气藏,结合同类型气藏改建储气库后多周期运行动态,为了降低建库风险,在原始凝析气地质储量复核结果基础上,拟将其 10% 作为暂不可动量扣除,并引入注气的气源—西二线干气,建立了物质平衡注采动态预测模型:

$$G_{gt}B_{gti} - (W_e - W_p B_w + \Delta V_1 + \Delta V_2) = \\ (G_{gt} - G_{pt})B_{gt} + G_{gt}B_{gti}\left(\frac{C_w S_{wi} + C_f}{1 - S_{wi}}\right)(p_i - p) + G_i B_{gz} \quad (7-29)$$

式中 G_{gt}——凝析气地质储量,10^4m³;

G_{pt}——累计产凝析气量,10^4m³;

G_i——气藏累计注入干气量,10^4m³;

B_{gt}——某时的天然气体积系数;

B_{gti}——原始天然气体积系数;

B_{gz}——注入干气体积系数;

p_i——平均气藏的原始地层压力,MPa;

p——某时刻地层压力,MPa;

C_f——岩石有效压缩系数,1/MPa;

C_w——地层水压缩系数,1/MPa;

S_{wi}——束缚水饱和度;

W_e——气藏建库前总水侵量,10^4m³;

W_p——气藏建库前累积产水量,$10^4 m^3$;

ΔV_1——凝析气反凝析对孔隙体积影响,$10^4 m^3$;

ΔV_2——非均质、水封不可动孔隙体积,$10^4 m^3$。

则某一地层压力条件下气库的库容量为:

$$Q_g = G_g - G_p + G_i \qquad (7-30)$$

式中　G_g——气藏干气储量,$10^4 m^3$;

G_p——建库前气藏累计干气产量,$10^4 m^3$。

根据以上预测模型得到了不同地层压力下的注气量和库存量(图7-3),通过与库存方案设计对比,库存增量和增幅较小。相同地层压力下库存增加(0.65~1.34)×$10^8 m^3$,平均1.02×$10^8 m^3$,增幅基本稳定在1.25%(图7-4)。按建库方案设计的压力区间计算,复核后的库容量108.3×$10^8 m^3$,工作气量45.7×$10^8 m^3$,垫气量62.6×$10^8 m^3$,与库存方案设计的误差不到2%,因此库容参数基本合理。

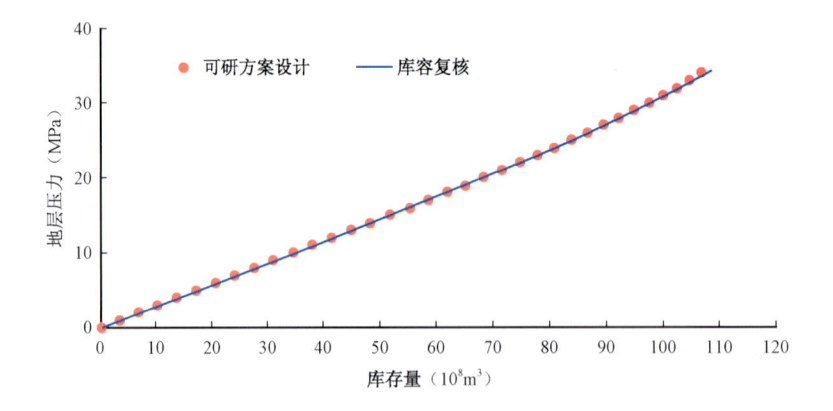

图7-3　扣除不可动量前后库存量与地层压力关系

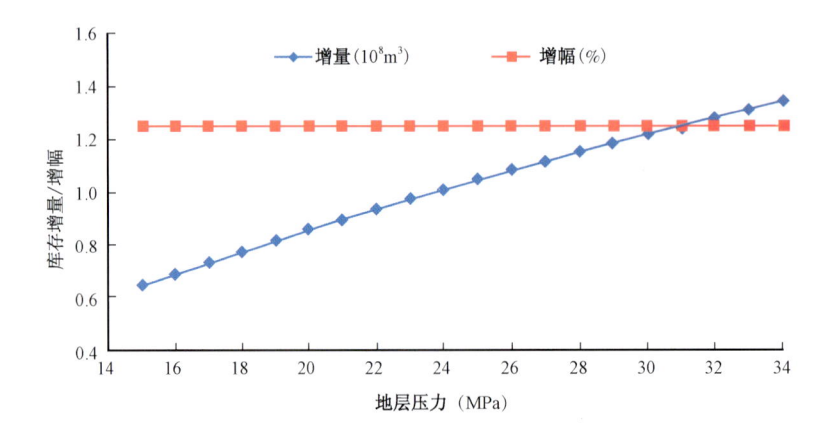

图7-4　库容复核前后变化分析曲线

第三节 工作气量预测

一、压力区间设计

1. 合理运行压力区间设计基本原则

（1）为降低高压注气风险，在保证较高库容规模的前提条件下，气库运行上限压力设计应留有一定的余地，同时确保储气圈闭密封性不遭到破坏。

（2）下限压力保证气库具备一定的工作气规模，以提高气库运行效率；保证气库采气末期最低调峰能力和维持单井最低生产能力；尽可能降低采气末期边、底水对气库稳定运行的影响；气井在采气末期产气能力应低于气井临界出砂流量，尽可能避免气井出砂。

（3）运行上、下限压力需要根据具体技术指标综合对比分析，以提高气库运行效率。

2. 储气库运行上限压力

提高储气库储气压力可增加储气容量，但都要以不破坏盖层和储气结构为前提。压力过高会破坏储气层封闭圈的密闭性，导致储气泄漏（苏欣等，2006）。

一般而言，在储气库的最大储气压力设计上，注气后地层压力可以高于原始地层压力，以获取较大的库容及气井产能，但一般不应高于静水压力的1.3倍，以保证油气藏原有的密封性不受到破坏。

考虑到A断裂、A北断裂及A001井北断层封闭性的影响，储气库注气时上限压力应保持在原始地层压力（33.96MPa）附近，因此取上限压力为34.0MPa。

3. 储气库运行下限压力

根据储气库运行上限压力和库容量参数，参照国内同类型气藏改建储气库的工作气比例（舒萍等，2001；沙宗伦等，2001；张幸福等，2003），得到A储气库的工作气量，然后根据采气末期直井的采气能力估算注采井井数，在此基础上编制了多套方案对运行下限压力逐一优选。

（1）全部工作气量用于调峰。

根据调峰气量和采气末期气井能力，对注采井井数和运行下限压力进行组合，得到18套方案，其中直井井数分别为39口、41口、43口、44口、45口和47口，运行下限压力为17.0MPa、18.0MPa和19.0MPa。最后，根据库存量与压力的关系得到工作气量后，计算单井日产气量，利用产能方程计算井底流压，井筒管流方程反算得到井口压力（表7-3）。

表7-3 储气库运行下限压力优化结果表

方案	运行下限压力 (MPa)	井数 (口)	工作气量 ($10^8 m^3$)	工作气比例 (%)	单井日产气量 ($10^4 m^3$)	井底流压 (MPa)	生产压差 (MPa)	井口压力 (MPa)
F1	19.0	39	42.8	40.0	73.2	15.4	3.6	10.59
F2		41	42.8	40.0	69.6	15.8	3.2	11.07
F3		43	42.8	40.0	66.4	16.1	2.9	11.44
F4		44	42.8	40.0	64.8	16.2	2.8	11.58

续表

方案	运行下限压力（MPa）	井数（口）	工作气量（$10^8 m^3$）	工作气比例（%）	单井日产气量（$10^4 m^3$）	井底流压（MPa）	生产压差（MPa）	井口压力（MPa）
F5	19.0	45	42.8	40.0	63.4	16.3	2.7	11.70
F6		47	42.8	40.0	60.7	16.6	2.4	12.03
F7	18.0	39	45.1	42.2	77.1	13.7	4.3	8.89
F8		41	45.1	42.2	73.3	14.1	3.9	9.44
F9		43	45.1	42.2	69.9	14.5	3.5	9.94
F10		44	45.1	42.2	68.3	14.7	3.3	10.18
F11		45	45.1	42.2	66.8	14.8	3.2	10.32
F12		47	45.1	42.2	64.0	15.1	2.9	10.68
F13	17.0	39	48.5	45.3	82.9	11.5	5.5	6.28
F14		41	48.5	45.3	78.9	12.1	4.9	7.22
F15		43	48.5	45.3	75.2	12.6	4.4	7.94
F16		44	48.5	45.3	73.5	12.8	4.2	8.23
F17		45	48.5	45.3	71.9	13.0	4.0	8.50
F18		47	48.5	45.3	68.8	13.4	3.6	9.01

当下限压力取 19.0MPa 时，工作气量为 $42.8 \times 10^8 m^3$，工作气比例 40%，单井日产气量在 $(60.7 \sim 73.2) \times 10^4 m^3/d$，生产压差在 2.4～3.6MPa，井口压力 12.03～10.59MPa。

当下限压力取 18.0MPa 时，工作气量为 $45.1 \times 10^8 m^3$，工作气比例 42.2%，单井日产气量在 $(64.0 \sim 77.1) \times 10^4 m^3/d$，生产压差在 2.9～4.3MPa，井口压力 10.68～8.89MPa。

当下限压力取 17.0MPa 时，工作气量为 $48.5 \times 10^8 m^3$，工作气比例 45.3%，单井日产气量在 $(68.8 \sim 82.9) \times 10^4 m^3/d$，生产压差在 3.6～5.5MPa，井口压力 9.01～6.28MPa。

通过采气临界出砂压差研究发现，随着地层压力降低，临界压差逐渐减小。如果采用射孔方式完井，地层压力为 19.0MPa 时，临界出砂压差为 2.4MPa；地层压力为 18.0MPa 时，临界出砂压差为 2.1MPa。如果采用砾石充填完井，地层压力为 18.0MPa 时，临界出砂压差为 3.5MPa；当地层压力增大后，可以适当增加生产压差。

若取下限压力为 19.0MPa，单井日产气量均低于采末气井能力（$77 \times 10^4 m^3$），但生产压差较大，工作气比例低，井口压力大于 10.0MPa；若取下限压力为 17.0MPa，单井日产气量均高于采末气井能力（$61 \times 10^4 m^3$），生产压差基本大于采用砾石充填完井的临界出砂压差（3.5MPa），同时井口压力较低；若取下限压力为 18.0MPa，可知，当井数为 44 口时，单井日产气量 $68.3 \times 10^4 m^3$，生产压差为 3.3MPa，井口压力 10.18MPa，满足下限压力设计的依据，可以确保储气库具有较高的工作气比例，采气末期采气能力较强，且生产压差低于砾石充填完井的临界出砂压差，井口压力不低于 10.0MPa。

在上述分析基础上，可知，如果采用射孔方式完井，地层压力较低时可能会出砂，但是采用砾石充填完井能有效解决气井出砂问题，因此建议采用有效的防砂完井工艺，提高单井产量，实现少井高产的目标。

综上所述,在全面考虑工作气量、工作气比例、采末单井日产气量、临界出砂压差、井口压力及注采井井数等相关参数后,最终确定 A 储气库下限运行压力为 18.0MPa。

(2)调峰运行采气 $20×10^8m^3$。

根据库存量与地层压力关系,从储气库运行上限压力往下计算,当工作气量为 $20×10^8m^3$ 时,储气库运行下限压力为 26.0MPa,由直井采气节点分析得知,此时合理产量为 $99×10^4m^3$,据此计算 A 储气库调峰运行采气 $20×10^8m^3$,共需新钻直井 14 口,单井日产气量为 $95.2×10^4m^3$,井底流压为 21.7MPa,相应的井口压力为 15.2MPa(表 7-4)。

表 7-4 储气库调峰运行末期参数表

运行下限压力 (MPa)	工作气量 (10^8m^3)	工作气比例 (%)	井数 (口)	单井日产气量 (10^4m^3)	井底流压 (MPa)	井口压力 (MPa)
26.0	20.0	21.0	14	95.2	21.7	15.2

通过以上研究,设计的储气库运行下限压力可以确保储气库具备一定的工作气规模,同时采气末期日均采气量较高,以满足新疆地区用气调峰时储气库处于较高运行压力水平,应急调峰可通过降压开采实现最大调峰气量。因此,最终确定 A 储气库调峰运行下限压力 26.0MPa,应急采气运行时下限压力 18.0MPa。

二、工作储气量、垫气量及其比例

在储气库的库容量、运行压力区间论证基础上,对工作气量、垫气量及其比例等库容参数进行设计,为建库可行性方案编制提供科学依据。

1. 工作气

工作气量为储气库从运行上限压力降到下限压力时的总采出气量,其反映了储气库实际调峰能力。工作气比例为工作气量与库容量的比值,其反映了储气库实际运行效率。国内外不同类型储气库工作气比例介于 25%~70%,区间范围大,无统一标准。如果储气库储层物性条件好,工作气量相对较大,工作气比例较高。

工作气量 = 调峰气量 + 事故应急气量。事故应急气量是指当输气管道发生事故时,利用天然气供应系统的能力最大限度地满足用户的保安需求量。确定管道事故应急气量首先需要确定管道持续事故时间,也就是管道停输时间,指管道发生事故导致输气干线被迫截断抢修的持续停输时间。根据国外的实践经验以及国内西气东输等管道的实际运行情况表明,在极端事故的工况下,储气库作为应急气源供气,要保证不可中断用户 3 天的用气量(朱荣强,2013)。

2. 垫底气

储气库一般采用天然气作为垫底气。为了降低储气库投资、减少运营成本、提高储气库运行效率,一些国家(例如法国、美国、丹麦等)(Laille J P,etal,1988;De Moegen H,etal,1989;Perkins T K,etal,1963;Shaw D C,1989)也开始尝试利用惰性气体、空气或燃气压缩机的废气作为垫底气,但是需要考虑这类垫底气可能与工作气发生的混合现象(谭羽飞等,1998;李娟娟等,2007;李娟娟等,2007)。目前我国还没有低价气代替天然气作为垫底气的工程实践,A 储气库仍然采用天然气作为垫底气。

垫底气分为基础垫底气和附加垫底气,总垫气量=基础垫气量+附加垫气量。储气库运行期内应保持一定的垫气量,其主要作用是给储气层提供能量,采气末期使储气库保持一定的压力,保证调峰季节从储气库中采出所储存的气量;垫底气有利于减缓储气库内水的推进;垫底气将保证储气库在用气淡季较短的时间内存够应急气量,以便提高采气量。因此,储气库内存有一定量的垫底气对储气库本身来讲是有积极的作用。垫气量的确定是根据储气库地质构造、地质特性而决定的,垫气量一般为储气库储气量的30%~70%,根据原苏联及法国的经验,地下储气库中有效气与垫层气的最佳比值为1:1。

基础垫气量是气库压力降到无法开采时的气库内残存气量,它是衡量气库闲置资源量的重要指标。这部分气体量为10%~15%,是无法开采出来的。

附加垫气量是在基础垫气量的基础上,后续为升高储气库压力,保证采气井在下限压力能够达到最低调峰能力时所需要另外注入的气量。若气库运行的最低压力值升高或降低,则附加垫气量将增多或减少(王亮,2013)。

3. 工作气量、垫气量确定

一般通过气藏工程方法、天然岩心物理模拟实验确定工作气量、垫气量及其比例(刘志军等,2012)。

根据建立的物质平衡注采动态模型对库存量与地层压力关系预测结果可知,对于调峰与应急采气同时发生的情形,上限压力34.0MPa,下限压力19.5MPa,库容量$117.0×10^8m^3$,工作气量$45.1×10^8m^3$,垫气量$71.9×10^8m^3$,附加垫气量$18.0×10^8m^3$;当调峰气量为$20.0×10^8m^3$时,上限压力34.0MPa,下限压力27.0MPa。

储气库运行时注气周期为180d,采气周期为150d,因此正常调峰时日均注气量为$1300.0×10^4m^3$,日均采气量为$1333.0×10^4m^3$;当调峰与应急同时发生时,应急采气时间按90d计算,日均采气量峰值为$4122.0×10^4m^3$(表7-5)。

表7-5 A储气库库容参数表

功能	上限压力（MPa）	下限压力（MPa）	库容量（10^8m^3）	工作气量（10^8m^3）	垫气量（10^8m^3）	附加垫气量（10^8m^3）	日均采气量（10^4m^3）	日均注气量（10^4m^3）
调峰与应急供气	34.0	19.5	117.0	45.1	71.9	18.0	4122.0	1300.0
调峰	34.0	27.0	117.0	20.0	71.9	18.0	1333.0	1300.0

第八章　建库方案设计

第一节　注采层位设计

A 储气库注采层位设计时,考虑的主要因素包括:
(1)纵向上的储层发育程度、分布状况和非均质性。
(2)储层内部隔夹层的厚度、分布状况及纵向分隔的有效性和完整性。
(3)纵向流体性质、温压系统的显著差异。
(4)气藏水驱特点以及纵向水侵程度。

根据 A 气藏的测井解释成果,$E_{1-2}z_2^1$ 砂层单井地层厚度为 65.47~75.70m,平均为 71.32m,有效厚度为 18.40~36.90m,平均为 27.60m,主要分布在 $E_{1-2}z_2^1$ 砂层的下部气层。$E_{1-2}z_2^2$ 砂层单井地层厚度为 34.98~46.18m,平均为 39.48m,有效厚度为 7.20~31.20m,平均为 16.13m。从整个紫二砂层组($E_{1-2}z_2$)看,地层厚度 111.39m,有效厚度为 43.73m。

在 $E_{1-2}z_2^1$ 砂层和 $E_{1-2}z_2^2$ 砂层间存在着较为稳定的隔层,隔层厚度为 1.70~5.00m,西区的 A2 井和东区的 A2008 井岩性为泥岩,其余井以砾屑不等粒砂岩和泥质粉砂岩为主。A2004 井隔层厚度最薄,约为 1.70m,隔层物性差,A2 井周围隔层平均孔隙度约为 5.0%,平均渗透率约为 2.0mD,A2003、A2004、A2005、A2006 井周围隔层平均孔隙度在 2.5% 以下,平均渗透率在 1.0mD 以下。

气藏流体性质为微含凝析油的凝析气体,地层压力系数为 0.96,地层温度梯度为 2.2℃/100m,属于正常温压系统,具有统一的气水界面(-3047m)。另外,气藏开发特征表现为弹性气驱为主,水驱程度弱,仅西区边水由西向东侵入 A2 井;A2006 井是唯一打开 $E_{1-2}z_2^2$ 砂层生产的气井,截至 2012 年 9 月未见底水锥进迹象。

综上所述,A 储气库改建储气库后,利用 $E_{1-2}z_2^1$ 砂层和 $E_{1-2}z_2^2$ 砂层作为储气层位。

第二节　注采井网设计

一、注采井网设计原则

1. 油气藏开发注采井网设计原则

就油气藏开发而言,衡量一套井网设计是否适合主要取决于 3 个方面:(1)充分利用面积井网开发初期采油气速率高的优势,尽可能延长无水采油气期,提高开发初期的采油气速率;(2)获得较高的最终采收率;(3)井网系统对于后期调整有较大的灵活性。油气田开发的井网设计要考虑井网类型、井距、井型等方面。

井网类型:普通油气藏衰竭式开发不需要设计注入井,一般采用方形井网和交错井网。对于注水开发的普通油气藏,常采用正方形井网(直线系统、五点系统、七点系统、九点系统)和三角形井网(四点、反七点、反九点)。针对裂缝或砂体具有明显渗透率方向性的油气藏,注采井网的设计还必须要适应裂缝和砂体的方向(陈国利等,2004)。

井距:在储层渗透率较低的情况下,注采井间的压力损耗梯度是很大的,在大井距条件下开发,压力的损耗则更加严重。为了减少压力损耗,最有效的方法是打加密井,缩小井距,但是盲目地加密井网,势必增加投资成本,增加开发的风险(中国石油天然气总公司开发生产局,1994;朱维耀等,2004;胡永乐等,2002)。虽然加大井网密度可以提高采收率,但从经济角度分析,一般不宜采用高密度井网,而是在构造高部或储层发育区集中布井,且采用"少井高产"以获取较长的稳产年限和较高的采收率。

井型:与直井注水相比,水平井注采井网可形成线性驱动,推迟注入水突破时间、提高波及效率、改善油藏开发效果;水平井水平段压力损失影响水平井注水开发效果,平行对应反向井网考虑了压力损失的影响,可有效地克服压力损失造成的注入水局部突进现象,平行交错反向指井网既考虑了水平段压力损失的影响,又可扩大井网控制面积,为最优的水平井注采井网;水平井注采井网开发低渗透油藏可增大注入量、降低注入压力、有效保持油气藏压力、提高采出程度(Taber J J,etal,1992;Mostafa I,1993;Nederveen N,etal,1993;Ferreira H,etal,1996;Zakirov S N,etal,1996;赵春森等,2005)。

2. 储气库注采井网设计原则

储气库的井网设计在某些方面可以借鉴油气藏开发井网设计,但其设计原则与油气藏开发井网设计又有较大区别。两者存在较大区别的主要原因是储气库采用大流量双向循环注采。储气库井网设计是否合理直接关系到储气库运行效率的高低。因此,需要综合考虑储层发育程度、分布状况和非均质性;隔夹层的厚度、分布状况、有效性和完整性;纵向流体性质、温压系统差异;气藏水驱特点以及纵向水侵程度;井型等影响因素。

储气库注采井网设计一般原则(马小明等,2010):

(1)产能的高效性。立足高渗透带布井,稀井高产[注:有学者指出,储气库的井网部署应以最大限度控制库容、满足工作气注采需要为目的,不应过分强调"稀井高产"。储气库井网部署应优先满足强采强注的要求,需要一定的井网密度(丁国生等,2011)]。不拘泥于井点的均匀性分布;同时也要兼顾储层发育程度较差区域,以扩大气驱波及效果,提高库存动用程度。

(2)气井的生产安全性。井位远离气水界面,防止注气过程中气体向水域的突进和采气过程中边水侵入气井。

(3)气库的安全性。井位远离断层(100m以上)和远离封闭性差的地层,防止气井注、采量往复变化过大,压力高低变化剧烈,造成断层或地层的破裂损坏。

(4)库容的可控性。气库井位尽量分散,增大气库库容的控制程度。

(5)应优先考虑水平井和丛式井。对于储层纵向发育,层间矛盾并不十分突出的气藏,应尽可能采取一套注采层系以降低注采井数。

综合储气库注采井网设计的一般原则与A储气库的实际情况,确定A储气库注采井网设计原则:

(1)注采井网应能满足库容参数设计要求的最低井数要求。

(2)注采井网布置应突出体现短期强采强注,保证较高运行效率的技术要求。

(3)平面上井网布置,既要考虑储层发育区,同时也要兼顾储层发育程度较差区域,以扩大气体波及效率,提高库容动用程度。

(4)井位部署区域要求有效厚度大于10m。

二、注采井网设计

根据储气库注采井网设计原则,A储气库的注采井主要部署在-3047m构造等高线以上,储层有效厚度大于10.0m,以储层较为发育的东区为主,兼顾西区。遵照"少井高产"的原则,东区按 $E_{1-2}z_2^1$ 砂层和 $E_{1-2}z_2^2$ 砂层两套层系分别部署水平井,西区部署直井。参照大港板桥储气库群经验,新钻注采井避开老井和断裂系统100m以上。总体上按照井距500m,在含气面积内沿着构造长轴走向采用矩形井网均匀布井。

气井风险评估认为A2002、A2006、A2008、A001、A2井的套管均存在损伤、孔洞、缩径、变形、腐蚀等问题;A2005、A2006井套管为N80材质,不符合储气库建设要求;另外套管环空是否带压无法确定,套管质量变化无法检测。综合以上几点,为了确保储气库安全生产,认为现有老井不宜作为储气库注采井和监测井,因此方案设计井均为新钻井。

第三节 气藏数值模拟

气藏数值模拟一般分为地质模型建立、流体相态拟合、历史拟合3个阶段。

一、地质模型建立

地质模型建立是数值模拟的基础,正确的数值模拟必须建立在真实地质模型的基础之上。三维地质建模是近些年发展起来的一项高新技术,是当今气藏描述的一个重要组成部分。它可以实现气层的精细描述和建模,定量表征和刻画储集层各种尺度的非均质性,从而研究气藏勘探和开发中的不确定性和投资风险(刘刚,2007)。

三维储层建模是从三维的角度对储层进行定量的研究并建立其三维数值模型,其目的是对井间储层进行多学科综合一体化、三维定量化及可视化的预测。用一组已知信息,依据一定的地质统计特征,用某一随机算法,模拟出一组等概率的实现,把储层各项物理参数在三维空间的分布定量地表征出来,从而达到储层预测的目的。

1. 网格划分

在气藏建模过程中,有限差分公式的核心是将连续的空间和时间变量划分为离散的单元,空间划分就是将油藏模型区域(储层)分割成一系列的网格块。空间变量的选择影响模型模拟结果的精度、可靠性、计算成本等各种因素。显然网格划分与模型类型紧密相关,不同性质的气藏,划分方式也各不相同。

对空间变量的离散化包括对水平方向($x-y$)和垂直方向(z)的离数。对水平方向的离散化形成面积网格,而对垂直方向的离散化则得到模型的纵向分层。设计平面网格和模型纵向分层方案的目的有细微差别,但对有限差分网格有几个相同的要求,网格系统必须与研究目标和有限差分方法的数学过程相适应,从而确保能够得到精确稳定的解,并且能够充分确定原始地层流体以及能够使研究所用的计算机具有合理的运算周期。网格尺寸愈小,模型愈细;每个网格的参数值与实际值误差愈小,模型精度愈高。

网格划分实际目的是:(1)提供气藏目标区域的相关信息;(2)确定目标气藏的内部和外

部边界;(3)模拟气藏开采过程的动态。

网格尺寸必须选择得充分小,一般应满足以下几点要求:(1)能确定出在指定位置和指定时间压力和饱和度的值;(2)能正确地描述油藏的几何形状、地质特征和初始自然特性;(3)能充分详细地描述压力、饱和度在剖面上的动态变化;(4)能正确地模拟气藏中流体的流动机理;(5)模拟器的求解方法在数学上应是有严格依据的、合理的、以确保流动方程的解是精确可靠的。

1)平面网格划分

平面网格尺寸选择是在网格划分中较关键的一步,其划分过程的步骤和原则包括以下几点:(1)确定哪些位置的饱和度和压力是必须了解的;(2)对气藏几何形态和地质特征(断层、边界等)的描述;(3)对压力、饱和度的动态描述;(4)网格尺寸对计算压力和产能的影响;(5)网格尺寸对计算驱替效率的影响;(6)径向网格尺寸;(7)变网格尺寸;(8)网格尺寸的敏感性分析。

平面网格定向对模拟的结果也有很重要的影响,有限差分网格在气藏区域上的定向需要同时考虑理论和实际上的因素。为了实现数学上的准确性,需要将有限差分网格定位在多孔介质的主渗透方向上,而实际气藏的主渗透方向确实未知的,因此一般将有限差分网格定位在渗透率较大的方向,气藏的几何形状通常是决定平面网格定向的主要因素,同时辅助考虑渗透率的各向异性以及网格正交性等因素的影响。

对于 A 气藏,为了尽量减少无效网格节点数,同时主要考虑构造及断层走向等地质因素,确定了网格划分方向。X 方向划分为 327 个网格,Y 方向共划分为 60 个网格,平面上网格总数为 19620 个。网格步长 40m×40m,平面网格的划分如图 8-1 所示。

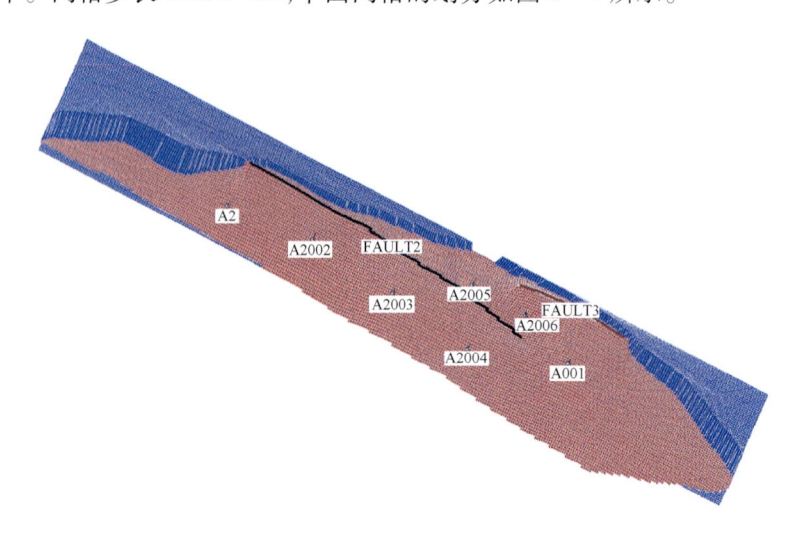

图 8-1 A 储气库数值模拟平面网格划分

2)纵向网格划分

纵向上网格划分的实际目标是提供足够的模拟层:(1)为研究中的气藏提供地层学和地质学上的合理描述;(2)为厚气藏流动单元提供更多的解释;(3)拟合原始流体界面;(4)拟合完井和射孔层段;(5)为有重要过渡层的气藏提供充分的地层流体体积估计。有些情况下,这些目标会发生冲突。一般来说,同一分层方案难以将所有目标同时实现。

气藏模拟中常用的有3种纵向分层方法:地层学分层、按比例分层和油罐类型分层。通常,在模拟研究中主要考虑地质因素时采用地层学分层。多数情况下,地质因素是石油天然气工业中所用的剖面模型和气藏模型的主要考虑因素。因此,地层学分层是气藏模拟中最常用的分层方法(张烈辉,2005)。

对于A气藏,为了较真实地模拟气水在纵向上的移动,使用地层学分层方法。为精细描述油气水的开发变化情况,纵向上按照地质分层共分了15个小层,1~9层为$E_{1-2}z_2^1$砂层,10~15层$E_{1-2}z_2^2$砂层。总网格节点为294300个(图8-2)。

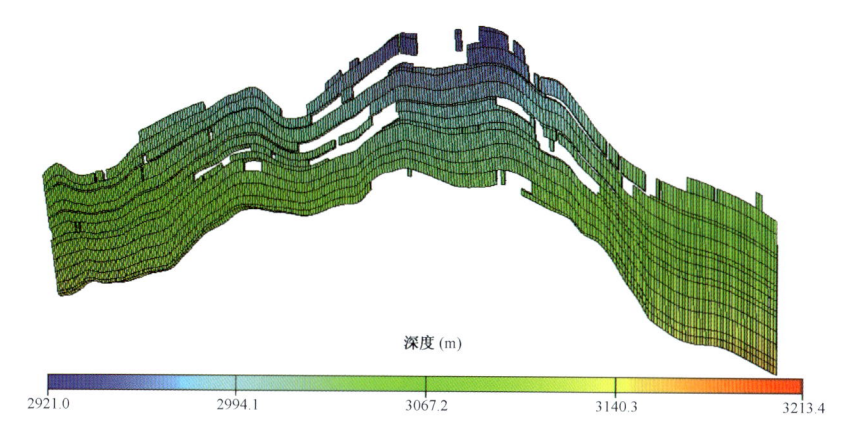

图8-2 A储气库数值模拟纵向网格划分

2. 数值模拟模型建立

目前的储层建模方法有确定性建模和随机建模两种:确定性建模是对井间的未知区给出确定性预测结果;随机建模是对井间的未知区应用随机模拟方法,给出多种可能的、等概率的预测结果。

随机模拟的风险预测性较强,在钻井数据较多的情况下,随机模拟预测结果的随机因素降低、可靠程度提高。

随机模拟方法的优势在于:(1)随机模拟时要考虑到沉积物源方向和砂体的长宽厚等参数,模拟结果中蕴含着丰富的地质信息,预测结果符合地质认识;(2)随机模拟研究在空间上既有随机性变量又有结构性变量的分布,变差函数作为区域化变量空间变异性的一种度量,反映了空间变异程度随距离而变化的特征。也就是说随机预测充分考虑了储层的空间非均质性;(3)地质模型是在一簇随机模拟结果中优选而得,与井点数据和地质认识的吻合程度增高(张烈辉,2005)。

A储气库地质模型的建立采用Petrel三维地质建模软件,综合利用地震、测井、地质统计、沉积相研究成果,用确定与随机相结合方法,建立三维地质模型数据体,经网格粗化后,输出到ECLIPSE软件中供数值模拟用的网格参数场文件。在此基础上通过ECLIPSE数值模拟软件的前处理模块Flogrid对模型进行了适当的修改,形成新的顶面深度、渗透率、孔隙度、净毛比等静态模型。

利用区块生产史建立了产量模型,依据细分层、射孔、生产测试等资料建立了生产层位动用模型。模拟区共有7口生产井。

3. 相对渗透率曲线确定

在油气藏工程领域,一般将有效渗透率与绝对渗透率的比值叫做相对渗透率。相对渗透率是概括多种不混相流体渗流过程的最重要的物理参数(杨清彦,2012)。

矿场上使用的相对渗透率一般是通过室内驱替实验得到的。在相对渗透率的室内测量过程中,根据实验设计的理论基础不同,测量手段可分两种,即"稳态方法"(李斌会,2009;宋付权等,2000)和"非稳态方法"(横冠仁等,1982;侯晓春等,2008)。稳态方法是直接根据 Darcy 定律,在实验过程中设定一定比例的油和水通过标准岩样,达到流量稳定状态,记录压差和流量,就得到了一个实验点。改变油水的注入比例,重复上述过程,可以得到一系列实验点,然后根据单相流的 Darcy 定律计算不同含水饱和度下的相渗透率。非稳态方法是在满足相似准则的条件下,设定一定的注入速度或注入压力,直接进行水驱,并间隔一定的时间测量阶段产油、累计产液以及岩心两端的压差,不过非稳态法需要建立足够大的驱替速度或驱替压差,以便消除或降低岩心出口端因毛细管力引起的饱和度梯度——末端效应。另外,利用压汞法和离心机法测定的岩石毛细管压力曲线数据资料以及油田现场的生产数据也可以计算出油水相对渗透率,但是这些方法仅是在室内无法直接获取油水两相相对渗透率数据情况下采用的,且计算出的结果常常与室内实验结果不相符,所以仅作为一种参考。

相对渗透率曲线受到很多因素的影响,主要包括:岩石表面性质、饱和历程、流体黏度、实验温度、上覆压力和流体性质等,因此油藏条件下的相对渗透率曲线与实验室一般条件下的相对渗透率曲线是有较大区别的(Mattax C C, et al, 1988)。

对于一个具体的油气藏,由于取心分析的岩样具有不同的渗透率和孔隙度,所以测得的相对渗透率曲线是不同的。油气藏的原始含油气饱和度与样品的原始含油气饱和度相差较远,因此,如果选用岩样的相对渗透率曲线作为整个油藏的代表而用于油气藏工程和油气藏数值模拟等方面的计算是不合理的,应当进行归一化处理,以得到符合实际油气藏的平均相对渗透率曲线。

$$K_{rw}^* = S_w^* a \tag{8-1}$$

$$K_{ro}^* = (1 - S_w^*) b \tag{8-2}$$

其中:

$$K_{rw}^* = K_{rw}/K_{rw}(S_{or}) \tag{8-3}$$

$$K_{ro}^* = K_{ro}/K_{ro}(S_{wi}) \tag{8-4}$$

$$S_w^* = \frac{S_w - S_{wi}}{1 - S_{wi} - S_{or}} \tag{8-5}$$

式中 S_w——含水饱和度;
  S_{wi}——束缚水饱和度;
  S_{or}——残余油饱和度;
  $K_{rw}(S_{or})$——水相端点值;
  $K_{ro}(S_{wi})$——油相端点值;
  a——水相指数;
  b——油相指数;

K_{rw}——两相流动条件下水的相对渗透率,mD;
K_{ro}——两相流动条件下油的相对渗透率,mD。

二、流体相态拟合

由于储层性质及流体性质的不同,油气藏模拟的模型分为不同的类型:一般油气藏使用黑油模型;裂缝性油气藏采用裂缝模型;凝析气采用组分模型;稠油油藏采用热采模型(张烈辉,2005)。

凝析气藏在开发特点上与黑油模型不同,在开发过程中,不仅地下流体压力和饱和度发生变化,而且随着地层压力的降低,发生相间传质和凝析(反凝析)等复杂的物理化学变化(张茂林等,1991),这就要求必须有多孔介质流体渗流过程的新的水动力学模型,于是发展了组分模型。组分模型是从组分变化的角度出发,研究各网格节点及其产出流体的组分变化,求解的基本变量是压力、饱和度和烃类的摩尔分数。

20世纪70年代,组分模型广泛采用收敛压力法来确定气液平衡常数后,再进行相平衡计算,但这种方法太多地依赖于经验。80年代发展了以状态方程为基础的组分模型,用状态方程描述地下流体组分的PVT性质、相态特征和进行相平衡计算,许多著名的状态方程如Peng–Robinson(Robinson D B,etal,1985)、Redlich–Kwong(Soave G,1972)等都能较好地描述自然组分在不同温度、压力下的相态平衡现象。状态方程相平衡理论利用组分逸度公式来计算组分在气液相中的摩尔分数分配比例关系,它是一个较严密的,有物理、热力学实验基础的理论。通过大量的研究工作,把烃类组分的相平衡问题与地下渗流力学问题有机地结合起来,从而为状态方程组分模型奠定了牢固的数学基础,目前国际上普遍采用的组分模型均是以状态方程为基础的组分模型。

A储气库紫泥泉子组气藏属于受岩性构造控制、带边底水、低凝析油含量的砂岩贫凝析气藏,驱动类型以凝析气的弹性膨胀能量为主,模拟时必须用组分模型。

A储气库紫泥泉子组气藏天然气中凝析油含量低,为$47g/cm^3$,天然气相对密度较低,平均为0.5999,甲烷平均含量较高,达92.14%,原始地层压力33.96MPa,气藏中部深度3585m,压力系数平均0.96。数值模拟使用的是斯伦贝谢公司的ECLIPSE 300组分模拟模型。该软件计算速度较快、功能模块多、三维可视效果好,能够处理复杂地质情况和满足精细数值模拟要求。在气井PVT流体取样,实验室分析井流物组成的基础上,运用ECLIPSE 300中的PVTi相态特征软件包进行PVT拟合,预测得到凝析气藏地层流体相态特征。

1. 拟组分划分

在进行油气体系相平衡及物性参数计算时,随着油气体系中烃组分数量的增加,满足精度的迭代次数将成倍增加,特别是在应用组分模型对油气藏进行历史拟合和动态预测时,油气流体众多的组分将导致组分流动微分方程个数太多,其工作量及计算费用大;另外一方面,油气流体C_{7+}以上组分已经很难测得。因此,应用拟组分理论,将几种组分按照一定的规则结合在一起,把它看成一种虚拟组分来处理(张茂林等,1991)。

A储气库紫泥泉子组气藏属于典型的凝析气藏,模拟时必须用组分模型进行PVT实验数据的拟合。拟合的实验数据包括:流体饱和压力、恒质膨胀、等容衰竭或差异分离及取样测试时地面气油比、油罐油密度等实测参数。根据PVT相态拟合规范要求,需要对全组分进行拟化,即把混合物组分按一定的原则进行合并和劈分。拟组分的划分首先要依据下游工程对产品的要求,将具相近物理化学性质的油气馏分用一个拟组分表示,拟组分的多少要与模型相适应,并且考虑到计算运行速度及计算机容量,通常变成 4~10 个范围内的拟组分。对凝析气来讲,合并的基本原则是把轻组分($C_1 + N_2$)分在一组,中间组分($C_2 \sim C_7 + CO_2$)分在一组,重组分(C_{7+}以上)分在一组,中间烃组分还可分成 1~3 个拟组分。由于实验报告提供的 C_{7+}馏分是一个含碳数目高的各种烃的混合物,PVT 软件在运算过程中要进行劈分,根据需要把 C_{n+}馏分延伸为多个拟组分,重组分一般劈分为 2~5 个拟组分,针对具体问题,可根据实际数据拟合情况和经验来确定。

根据以上原则,将 A2004 井的天然气高压 PVT 实验数据的组分构成进行合并和劈分,构成 6 个新的拟组分(表 8-1),分别为 N_2-C_1、CO_2-C_2、$C_3 \sim C_4$、$C_5 \sim C_6$、FR_1、FR_2,利用 E-CLIPSE 数值模拟软件的 PVTi 相态拟合模块,进行相态拟合,其中 C_{7+}的相对分子质量为 188,密度 0.7838g/cm³。

表 8-1 A 储气库 A2004 井的天然气流体组成

原始组分	摩尔组成(%)	拟划后的组分	摩尔组成(%)
CO_2	0.4566	N_2-C_1	96.1220
N_2	2.7992	CO_2-C_2	2.9032
C_1	93.3229	$C_3 \sim C_4$	0.2674
C_2	2.4466	$C_5 \sim C_6$	0.0980
C_3	0.2239	FR_1	0.3047
iC_4	0.0250	FR_2	0.3047
nC_4	0.0185		
iC_5	0.0227		
nC_5	0.0231		
C_6	0.0522		
C_{7+}	0.6093		

2. 拟组分临界特征参数

通过相态拟合确定了 A 储气库气藏流体拟组分特征参数(表 8-2)。

表 8-2 A 储气库流体拟组分特征参数表

组分名称	相对分子质量(g/mol)	摩尔百分数(%)	临界压力(MPa)	临界温度(K)	方程系数(Ωa)	方程系数(Ωb)
N_2-C_1	16.39	96.12	4.57	188.72	0.4572355	0.0777961
CO_2-C_2	32.26	2.90	5.28	305.32	0.4572355	0.0777961
$C_3 \sim C_4$	46.38	0.27	4.16	377.21	0.4572355	0.0777961
$C_5 \sim C_6$	78.46	0.10	3.18	487.66	0.4572355	0.0777961
HVY_1	121.46	0.30	2.49	573.24	0.4572355	0.0777961
HVY_2	254.54	0.30	1.30	756.44	0.4572355	0.0777961

三、历史拟合

一旦建立了模拟模型,就必须要按照有效的生产数据进行历史拟合(或生产动态拟合),

这是气藏数值模拟中一项极其重要的工作。这是因为模型中大量的数据并不都是完全确定的,而是经过地质工程师们解释得到的,这些解释得到的数据难免会存在一定误差以及带有一些主观因素,因此需要进行进一步的校正。只有将生产和注入等历史数据输入到已建好的模型中,将计算结果与实际生产动态相对比,才能确定所建立的模型是否有效。如果模拟计算获得的动态与气藏实际生产动态差别太大,就需要不断调整输入模型的各种数据及参数,直到模型模拟计算得到的动态与油藏实际动态达到满意的拟合为止。生产动态拟合的目的是为了将模型对真实气藏的描述尽可能精确,为气藏动态预测提供良好的基础。

历史拟合过程有两种常用的方法:人工历史拟合和自动历史拟合(陈兆芳等,2003)。其中,人工历史拟合是最常用的方法。

人工历史拟合包括运行历史时期的模拟模型,并将其结果同已知气藏动态进行对比。对比这些结果后,气藏工程师通过调节模拟数据以改进其匹配程度。在人工历史拟合过程中,要调整的输入数据是由模拟工程师来选择的,并且需要对目标油田的认识、工程方面的判断以及气藏工程的经验。若从事研究的工程师对目标气藏的现场不了解,则对气藏数据的选择就应当在现场操作人员的协助下完成。

自动历史拟合是通过计算机逻辑程序来调整油藏数据而不是直接采用工程手段,除此之外,它跟人工历史拟合一样。自动历史拟合过程有一个不利的特点,那就是它将从事模拟研究的工程师排除在拟合过程之外。因此,自动历史拟合就没有加人工方面的判断和对目标油藏的一些认识。例如,计算机逻辑程序将不能识别通过管网连通的井,而是盲目地通过调试拟合程序,气藏工程师也必须严格地检查历史拟合的结果。

目前,A气田共有7口采气井,于1998年11月以采气开发方式投入开采。为准确模拟油气藏的生产动态变化,建模时以一个月为一个时间步建立了生产动态模型,产气井按定产气量进行拟合。在拟合单井的压力和含水率时,主要根据各井的压力和含水状况修改边底水的大小及方向渗透率、垂向传导率和局部区域的相渗曲线。由于该气藏的油气水分布并不完全受油气界面控制,因此在生产历史拟合时根据气水的实际分布范围逐层修正了含气饱和度。全区地层压力、气井产气量、产油量、含水率得到较好的拟合(图8-3至图8-6),所有单井也都得到较好拟合。

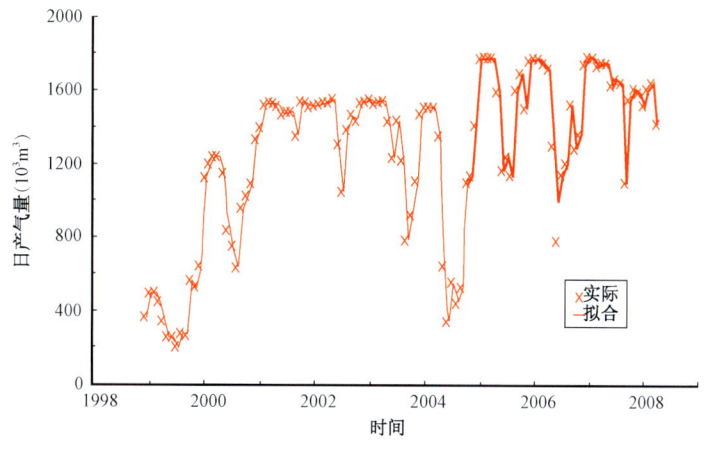

图8-3 A储气库区块日产气量拟合图

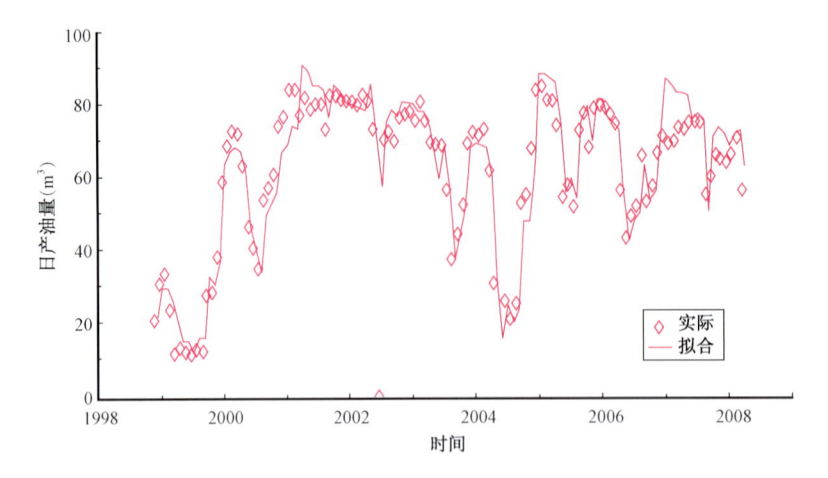

图 8-4　A 储气库区块日产油量拟合图

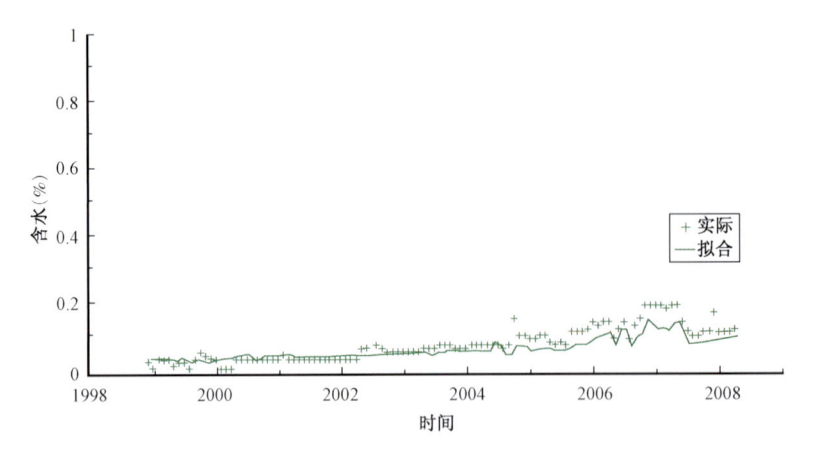

图 8-5　A 储气库区块含水率拟合图

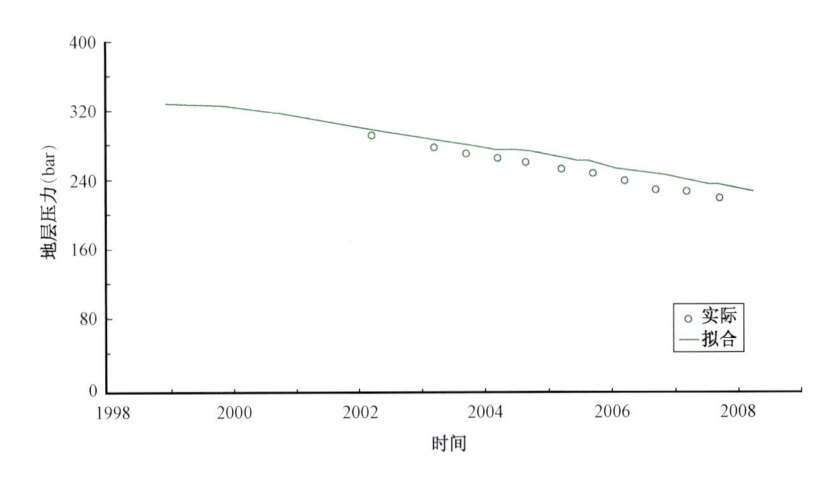

图 8-6　A 储气库区块压力拟合图

第四节 注采气方案设计（第一周期）

地下储气库根据调峰气址和储气库规模以及气井能力来部署注采气井。注气井和采气井大部分合用，注采气井一般选择在构造顶部区域、物性比较好的地方（展长虹等，2001）。注采气方案普遍采用气藏工程和数值模拟方法对气藏注气与采气方案进行预测分析。

A储气库已经完成第一周期的注采气方案设计及实施，第一周期共设计了7套注气方案和2套采气方案，通过气藏工程和数值模拟方法对气藏注气与采气方案进行了预测分析，并分别对注气方案和采气方案进行了优选。

一、注气方案设计

1. 注气方案设计原则

（1）东区构造中高部位井多注，边翼部井少注，在局部形成高压气顶，有利于冬季调峰和应急采气。

（2）开展水平井注气试验，综合评价注气能力，为方案优化提供依据。

（3）为了减小气藏西区的边水对注气效率的影响，东区按能力注气，西区控制注气，以确保气水前缘平稳推进。

（4）单井日注气量综合考虑储层、井筒及压缩机等条件限制。

（5）单井注气时率需考虑邻井钻井诱发的注气安全风险。

2. 注气方案设计

在综合考虑A储气库地质及动态特征、单井合理注气量、压缩机排量限制、初期注气可利用注采井及其投注时间节点、配钻停注等诸多因素，共设计7套注气方案（表8-3），分别采用气藏工程和数值模拟方法对方案的技术指标进行预测。

表8-3　A储气库注气方案设计表

方案编号	注气层位	注气周期	最大注气天数(d)	最大日注气量($10^4 m^3$)	累计注气量($10^8 m^3$)	注气井总井数(口)	注气井东区井号	注气井西区井号	备注
F1	$E_{1-2}z_2^{1-2}$	6.10~10.14	127	1520	17.86	16	AK8、AK9、AK18、AK19、AK20、AK21、AK22、AK23、AK25、AK17	AK2、AK3、AK4、AK5、AK12、AK14	所有可用井按合理注气量全时率注气
F2			127	1520	14.96	16	AK8、AK9、AK18、AK19、AK20、AK21、AK22、AK23、AK25、AK17	AK2、AK3、AK4、AK5、AK12、AK14	在方案1基础上，9月和10月考虑配钻停注
F3			127	1250	15.36	14	AK8、AK9、AK18、AK19、AK20、AK21、AK22、AK23、AK25、AK17	AK3、AK4、AK5、AK14	考虑西区紧邻边水井不注，井底污染较严重的井少注，全时率注气
F4			127	1250	13.42	14			在方案3基础上，9月和10月考虑配钻停注

续表

方案编号	注气层位	注气周期	最大注气天数(d)	最大日注气量($10^4 m^3$)	累计注气量($10^8 m^3$)	注气井总井数(口)	东区井号	西区井号	备注
F5	$E_{1-2}z_2^{1-2}$	6.10~10.14	127	1080	13.20	12	AK8、AK9、AK18、AK20、AK21、AK22、AK25、AK17	AK3、AK4、AK5、AK14	在方案3基础上,考虑初期污染重的井注气难度大,暂时不注气
F6			127	1080	11.26	12			在方案5基础上,9月和10月考虑配钻停注
F7	$E_{1-2}z_2^{1-2}$、$E_{1-2}z_2^2$	6.7~10.14	130	1150	13.37	14	AK8、AK9、AK18、AK19、AK20、AK21、AK22、AK23、AK25、AK17、HW2	AK4、AK5、AK14	考虑西区紧邻边水井不注,井底污染严重的井少注,水平井注气前期进行试注实验,后期停注监测纵向连通性

(1)方案1。

利用所有满足注气条件的井,以压缩机排量为约束,按优化的最大合理注气量配注。设计注气井数16口,其中东区10口,西区6口,最大注气天数127d,最大日注气量$1520 \times 10^4 m^3$,累计注气量$17.86 \times 10^8 m^3$,是最大注气量方案。

(2)方案2。

在方案1基础上,同时考虑注气末期(9月和10月)时,紧邻注气井的新钻井已经钻遇目的层或正在矿场测试,为保证钻井和测试安全,此时该类井配钻停注。设计注气井数16口,其中东区10口,西区6口,最大注气天数127d,最大日注气量$1520 \times 10^4 m^3$,累计注气量$14.96 \times 10^8 m^3$。注气量仅次于方案1。

(3)方案3。

考虑气藏开发过程中,边水从西区侵入气藏,位于西区边部的注采井不注气,并降低西区单井配注量。设计注气井数14口,其中东区10口,西区4口,最大注气天数127d,最大日注气量$1250 \times 10^4 m^3$,累计注气量$15.36 \times 10^8 m^3$。

(4)方案4。

在方案3的基础上,考虑注气末期(9月和10月)紧邻注气井的新钻井配钻停注。设计注气井数14口,其中东区10口,西区4口,最大注气天数127d,最大日注气量$1250 \times 10^4 m^3$,累计注气量$13.42 \times 10^8 m^3$。

(5)方案5。

在方案3的基础上,井底污染严重的井初期注气难度大,第一周期不排入注气计划。设计注气井数12口,其中东区8口,西区4口,最大注气天数127d,最大日注气量$1080 \times 10^4 m^3$,累计注气量$13.20 \times 10^8 m^3$。

(6)方案6。

在方案5的基础上,考虑注气末期(9月和10月)紧邻注气井的新钻井配钻停注。设计注气井数12口,其中东区8口,西区4口,最大注气天数127d,最大日注气量$1080\times10^4m^3$,累计注气量$11.26\times10^8m^3$。

(7)方案7。

考虑西区紧邻边水井不注,井底污染较严重的井少注,水平井注气前期进行试注实验,后期停注以监测纵向连通性,考虑注气末期(9月和10月)紧邻注气井的新钻井配钻停注。设计注气井数14口,其中东区11口,西区3口,最大注气天数130d,最大日注气量$1150\times10^4m^3$,累计注气量$13.37\times10^8m^3$。

3. 注气运行指标预测

1)气藏工程预测

(1)方案1。

由注采井初期注气优化结果,16口注气井合理的最大日注气量为$1520\times10^4m^3$。注气周期2013年6月10日—2013年10月14日,注气天数77~127d,单井日注气量$(30\sim110)\times10^4m^3$,累计注气量$(0.38\sim1.40)\times10^8m^3$;储气库日注气量$(1250\sim1520)\times10^4m^3$,累计注气量$17.86\times10^8m^3$,地层压力19.29MPa,库存量$66.35\times10^8m^3$,注气结束后预计形成调峰能力$4.45\times10^8m^3$。

(2)方案2。

由注采井初期注气优化结果,16口注气井合理的最大日注气量为$1520\times10^4m^3$。注气周期2013年6月10日—2013年10月14日,注气天数33~127d,单井日注气量$(30\sim110)\times10^4m^3$,累计注气量$(0.25\sim1.40)\times10^8m^3$;储气库日注气量$(860\sim1520)\times10^4m^3$,累计注气量$14.96\times10^8m^3$,地层压力18.45MPa,库存量$63.44\times10^8m^3$,注气结束后预计形成调峰能力$1.54\times10^8m^3$。

(3)方案3。

由注采井初期注气优化结果,14口注气井合理的最大日注气量为$1250\times10^4m^3$。注气周期2013年6月10日—2013年10月14日,注气天数77~127d,单井日注气量$(30\sim110)\times10^4m^3$,累计注气量$(0.38\sim1.40)\times10^8m^3$;储气库日注气量$(1160\sim1250)\times10^4m^3$,累计注气量$15.36\times10^8m^3$,地层压力18.56MPa,库存量$63.84\times10^8m^3$,注气结束后预计形成调峰能力$1.94\times10^8m^3$。

(4)方案4。

由注采井初期注气优化结果,14口注气井合理的最大日注气量为$1250\times10^4m^3$。注气周期2013年6月10日—2013年10月14日,注气天数33~127d,单井日注气量$(30\sim110)\times10^4m^3$,累计注气量$(0.25\sim1.40)\times10^8m^3$;储气库日注气量$(810\sim1250)\times10^4m^3$,累计注气量$13.42\times10^8m^3$,地层压力18.08MPa,库存量$62.42\times10^8m^3$,注气结束后预计形成调峰能力$0.52\times10^8m^3$。

(5)方案5。

由注采井初期注气优化结果,12口注气井合理的最大日注气量为$1080\times10^4m^3$。注气周期2013年6月10日—2013年10月14日,注气天数33~127d,单井日注气量$(30\sim110)\times10^4m^3$,累计注气量$(0.38\sim1.40)\times10^8m^3$;储气库日注气量$(990\sim1080)\times10^4m^3$,累计注气量$13.20\times$

$10^8 m^3$,地层压力 17.94MPa,库存量 $61.68 \times 10^8 m^3$,注气结束后未能形成调峰能力。

(6)方案 6。

由注采井初期注气优化结果,12 口注气井合理的最大日注气量为 $1080 \times 10^4 m^3$。注气周期 2013 年 6 月 10 日—2013 年 10 月 14 日,注气天数 33~127d,单井日注气量 $(30~110) \times 10^4 m^3$,累计注气量 $(0.25~1.40) \times 10^8 m^3$;储气库日注气量 $(640~1080) \times 10^4 m^3$,累计注气量 $11.26 \times 10^8 m^3$,地层压力 17.38MPa,库存量 $59.76 \times 10^8 m^3$,注气结束后未能形成调峰能力。

(7)方案 7。

由注采井初期注气优化结果,14 口注气井合理的最大日注气量为 $1150 \times 10^4 m^3$。注气周期 2013 年 6 月 7 日—2013 年 10 月 14 日,注气天数 32~130d,单井日注气量 $(30~130) \times 10^4 m^3$,累计注气量 $(0.23~1.43) \times 10^8 m^3$;储气库日注气量 $(1030~1150) \times 10^4 m^3$,累计注气量 $13.37 \times 10^8 m^3$,地层压力 18.07MPa,库存量 $62.37 \times 10^8 m^3$,注气结束后预计形成调峰能力 $0.47 \times 10^8 m^3$。

2)数值模拟预测

20 世纪 70 年代起,国外开始广泛应用数值模拟来研究地下储存天然气从建造到注采动态运行的整个过程,美国、德国、丹麦、意大利等国家根据不同类型储气库和不同流动过程、地质地层以及气体种类的差异性,提出了相应的数学模型,为储气库的实际运行提供了理论依据,达到了经济高效地控制地下储气的目的(谭羽飞等,1998)。而在我国,运用数值模拟技术进行储气库注采动态预测的实例相对较少(陈锋等,2007;王皆明等,2006;王丽娟等,2007),尚属于起步阶段。

A 储气库通过数值模拟技术对 7 种注气设计方案的压力场和 C_1 百分含量分布进行了预测,并对这些方案进行了对比,为方案优选提供参考。

(1)方案 1 与方案 2。

从压力场来看(图 8-7、图 8-8),注气后方案 1 和方案 2 的地层压力都有了较大的回升,注气井点及其周围区域上升较快。对比两个方案,方案 1 地层压力明显高于方案 2 地层压力,其中西区压力增幅较大。

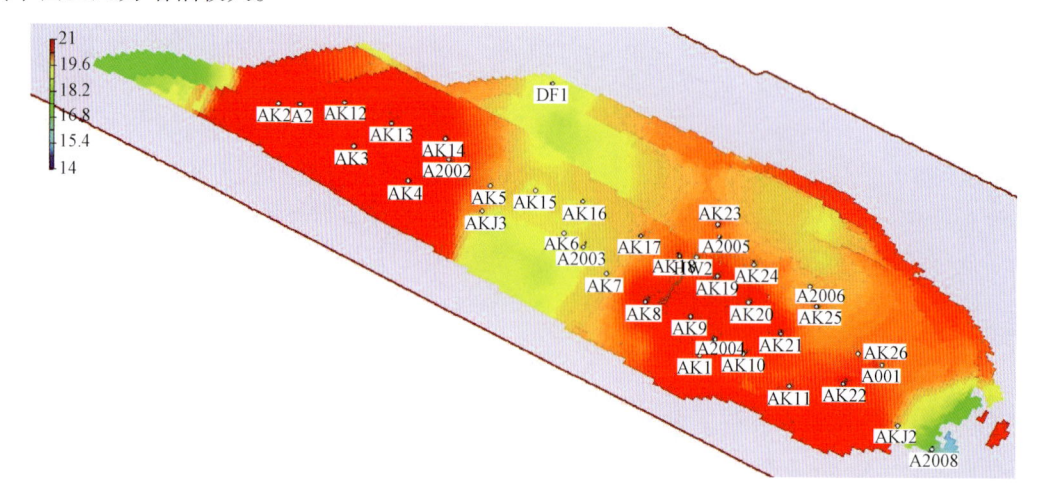

图 8-7 方案 1 注气末期压力场分布图

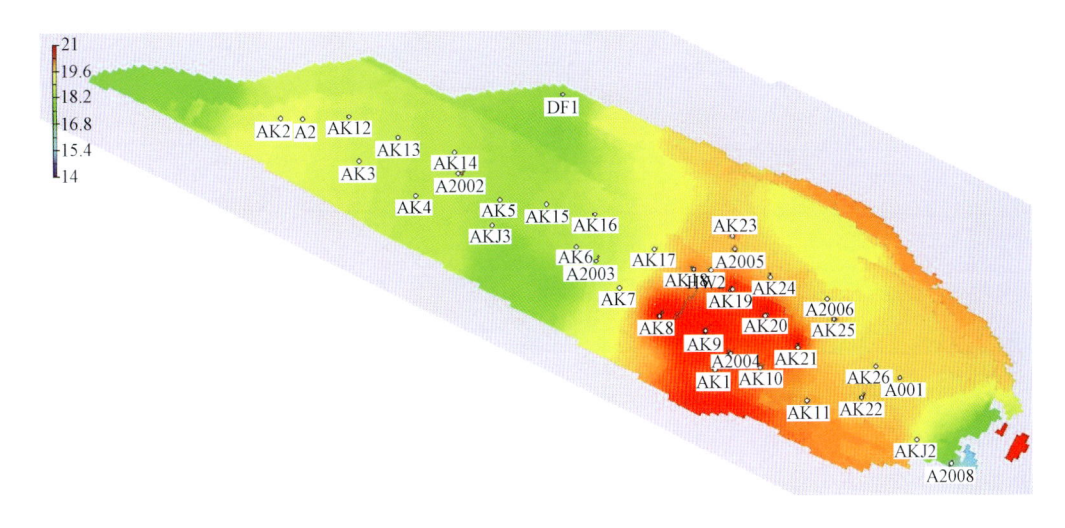

图 8-8　方案 2 注气末期压力场分布图

从 C_1 百分比含量图来看(图 8-9、图 8-10)，方案 1 和方案 2 注入气以井点为中心向外均匀扩散，注气前缘推进较平缓。对比两个方案，在方案 1 中，AK2 和 AK12 井的注入气有向边水西窜的趋势，方案 2 由于后期配注停注这种趋势得到了减弱，且方案 1 是全时率注气，其注气扩散面积大于方案 2，对新钻井的实施影响较大。

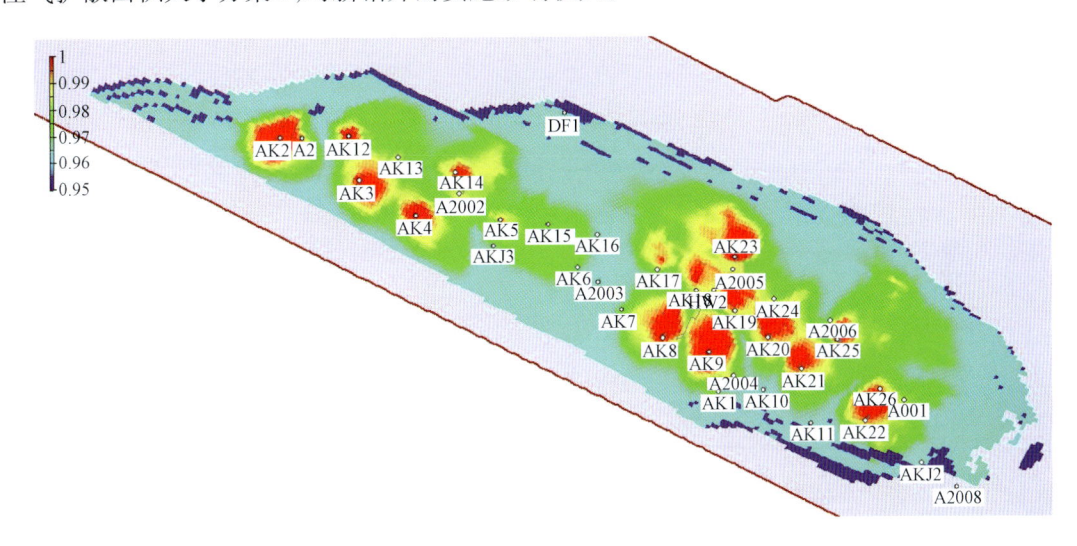

图 8-9　方案 1 注气末期 C_1 百分含量图

(2)方案 3 与方案 4。

从压力场来看(图 8-11、图 8-12)，注气后方案 3 和方案 4 的地层压力都有了较大的回升，注气井点及其周围区域上升较快。对比两个方案，方案 3 地层压力高于方案 4 地层压力，其中东区压力增幅较大。

从 C_1 百分比含量图来看(图 8-13、图 8-14)，方案 3 和方案 4 注入气以井点为中心向外均匀扩散，注气前缘推进较平缓。对比两个方案，方案 3 西区注气扩散面积大于方案 4，对新钻井的实施影响较大。

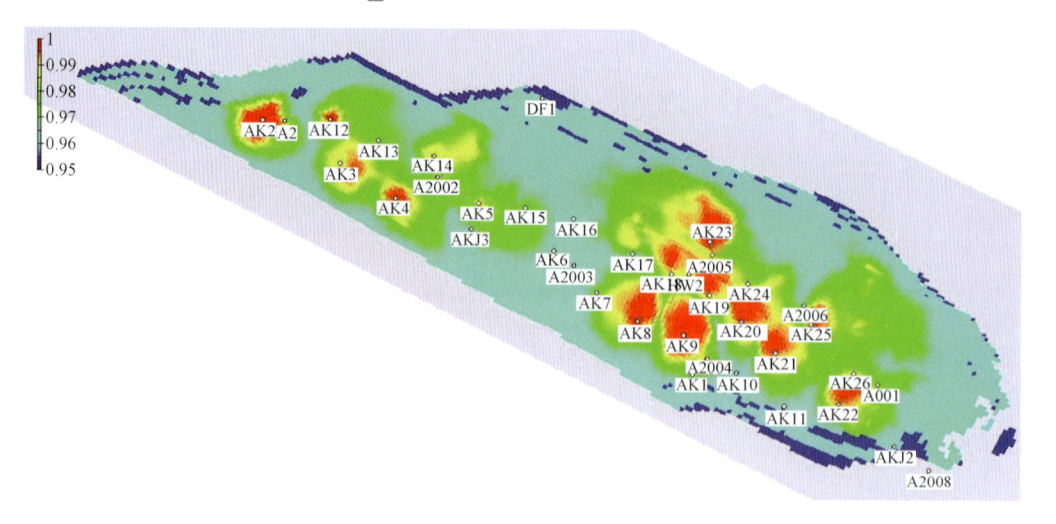

图 8-10　方案 2 注气末期 C_1 百分含量图

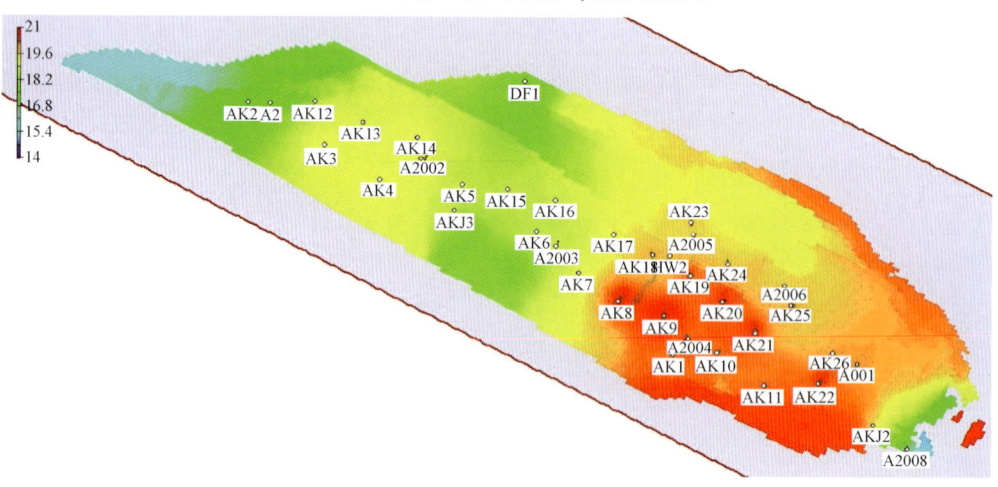

图 8-11　方案 3 注气末期压力场分布图

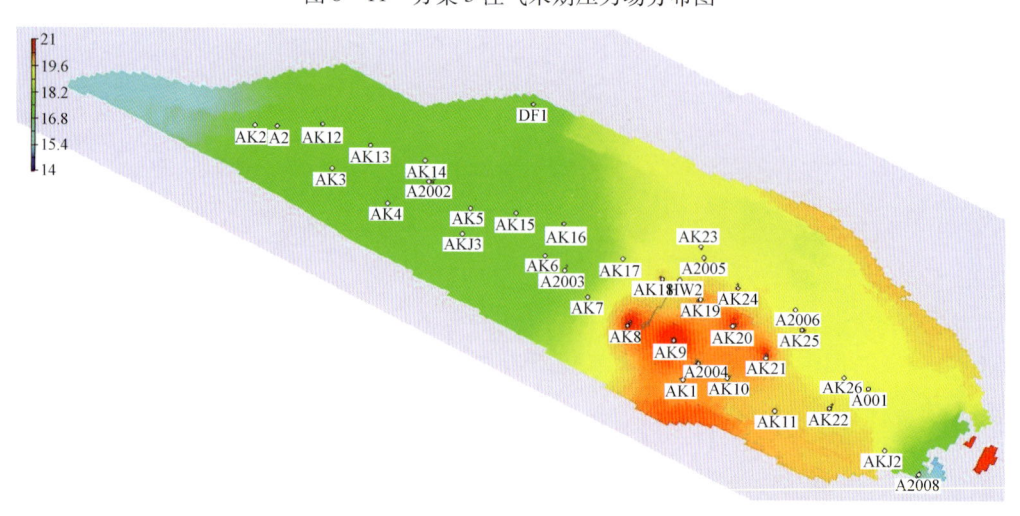

图 8-12　方案 4 注气末期压力场分布图

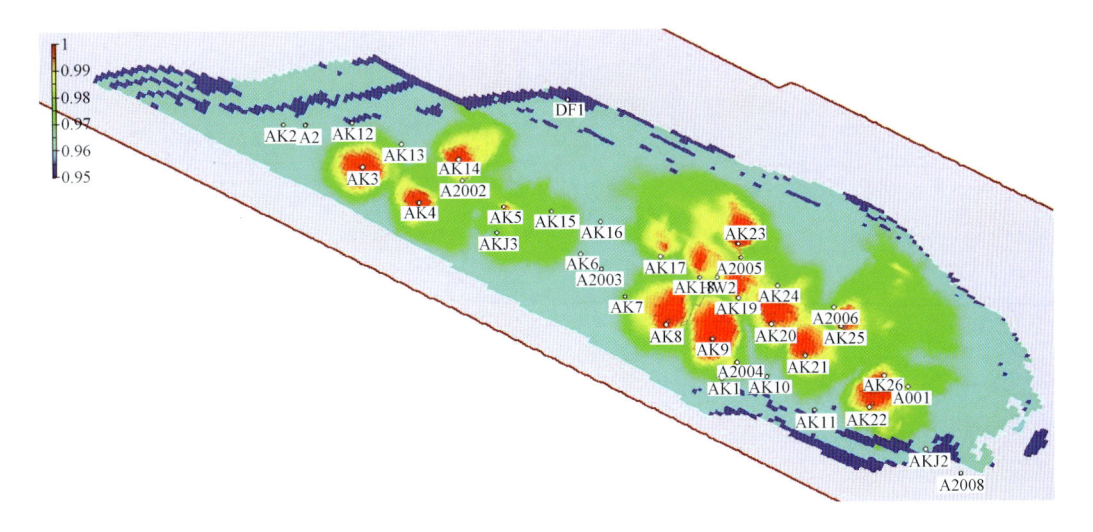

图 8-13　方案 3 注气末期 C_1 百分含量图

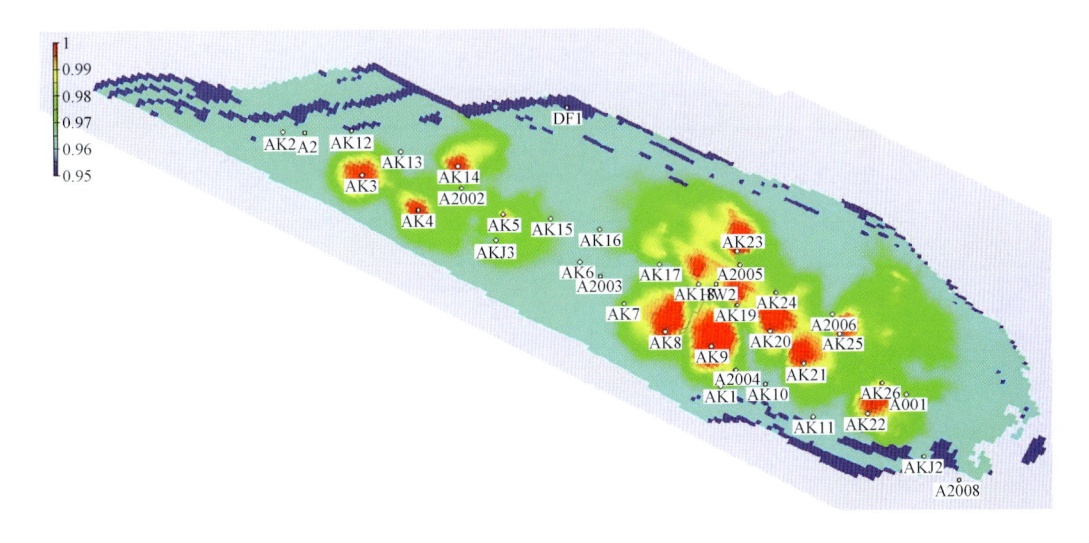

图 8-14　方案 4 注气末期 C_1 百分含量图

(3)方案 5 与方案 6。

从压力场来看(图 8-15、图 8-16),注气后方案 5 和方案 6 的地层压力都有了较大的回升,注气井点及其周围区域上升较快。对比两个方案,方案 5 地层压力明显高于方案 6 地层压力,其中西区压力增幅较大。

从 C_1 百分比含量图来看(图 8-17、图 8-18),方案 5 和方案 6 注入气以井点为中心向外均匀扩散,注气前缘推进较平缓,个别井出现了指进的现象。对比两个方案,方案 5 西区注气扩散面积大于方案 6,对新钻井的实施影响较大。

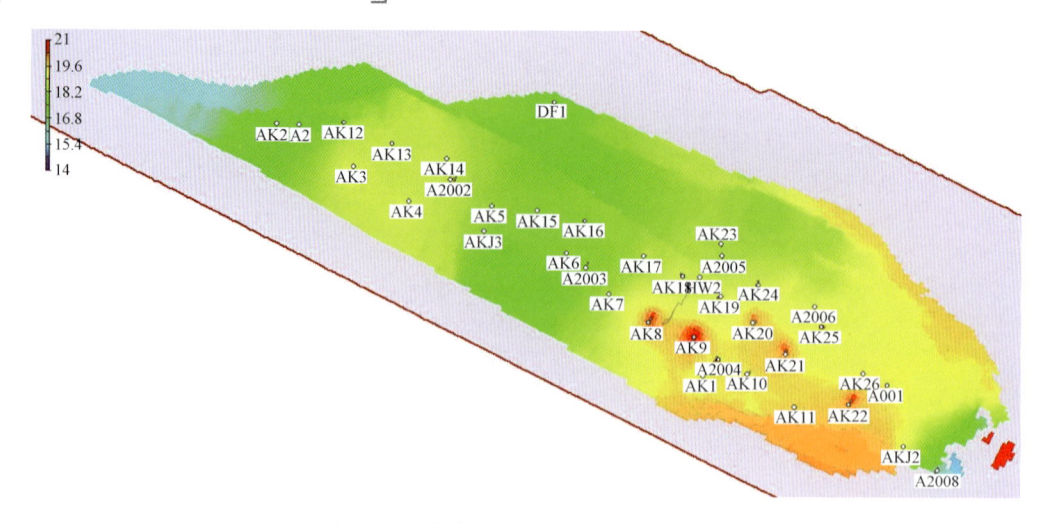

图 8-15　方案 5 注气末期压力场分布图

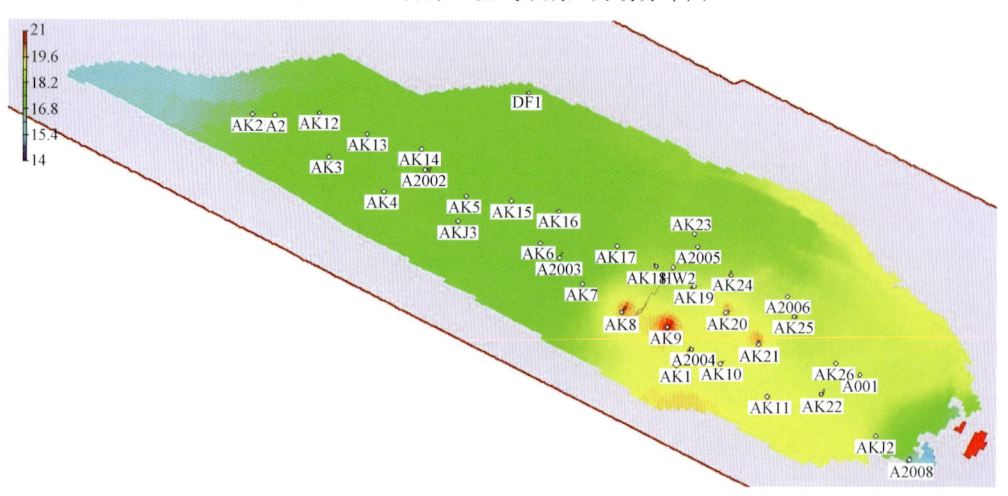

图 8-16　方案 6 注气末期压力场分布图

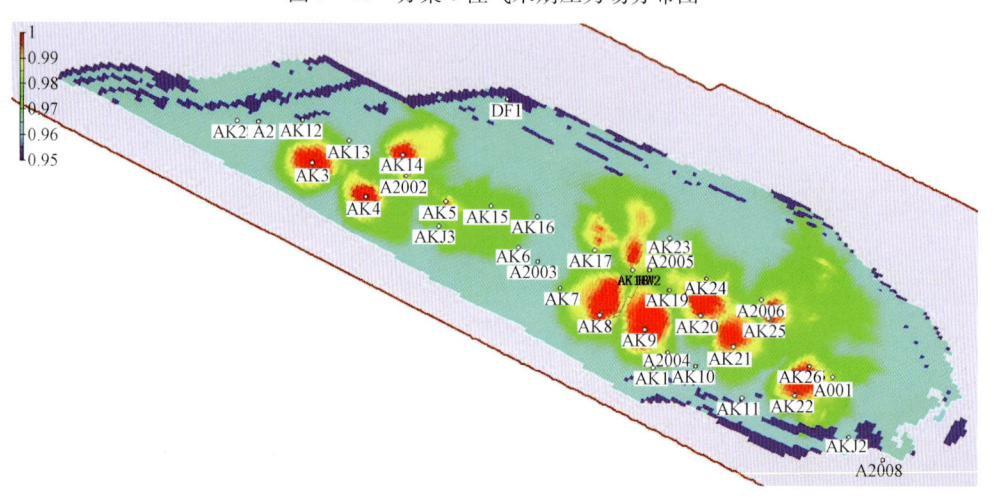

图 8-17　方案 5 注气末期 C_1 百分含量图

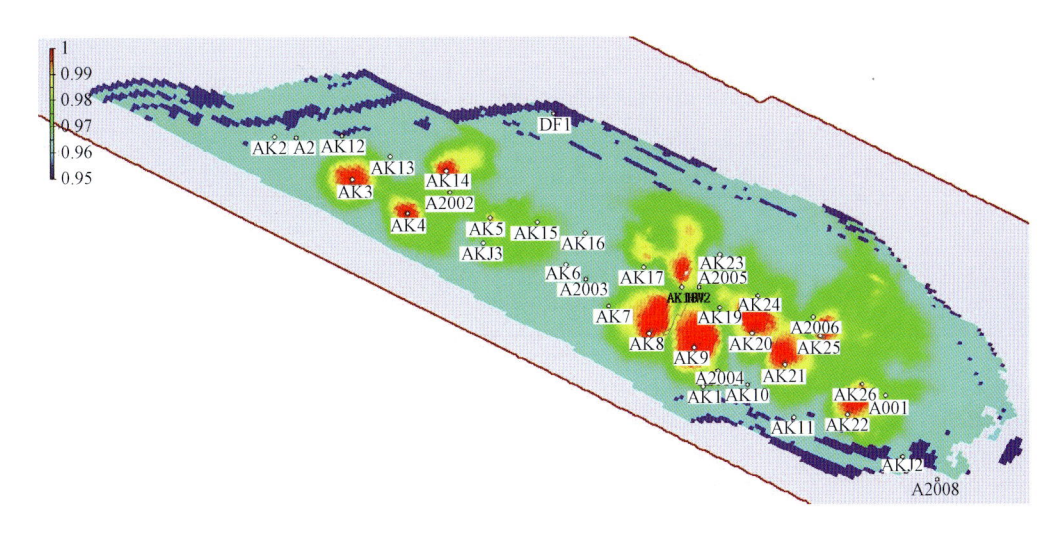

图 8-18　方案 6 注气末期 C_1 百分含量图

(4) 方案 7。

从压力场来看(图 8-19、图 8-20),注气后地层压力有了较大的回升,注气井点及其周围区域上升较快,其中东区压力增幅较大。

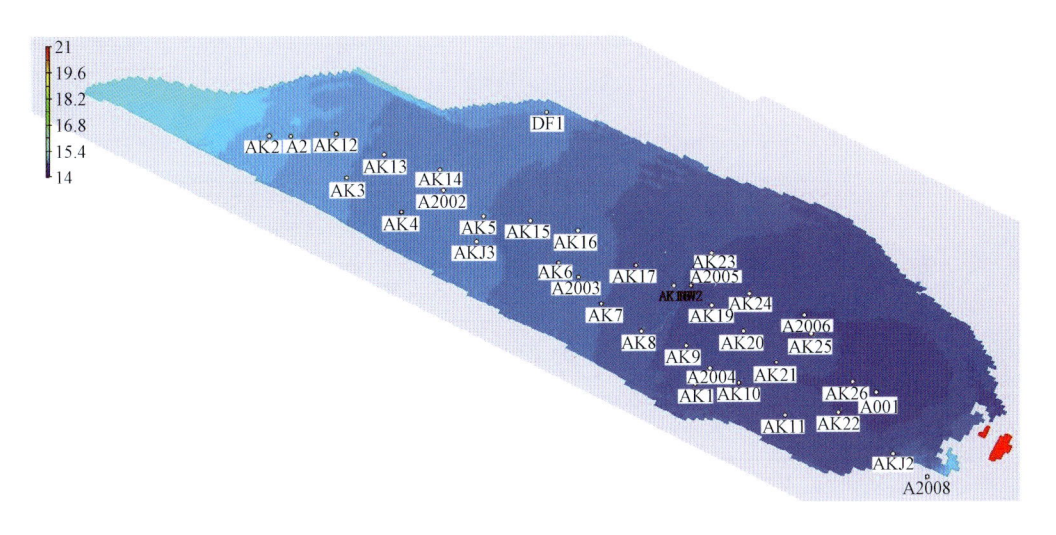

图 8-19　方案 7 注气初期压力场分布图

从 C_1 百分比含量图来看(图 8-21、图 8-22),注气后注入气以井点为中心向外均匀扩散,注气前缘推进较平缓,其中东区注气量较多,C_1 百分比含量较高,注入气扩散面积较大。

4. 注气方案优选

利用气藏工程方法和数值模拟方法,对 7 套注气方案的技术指标进行预测和对比分析(表 8-4)。

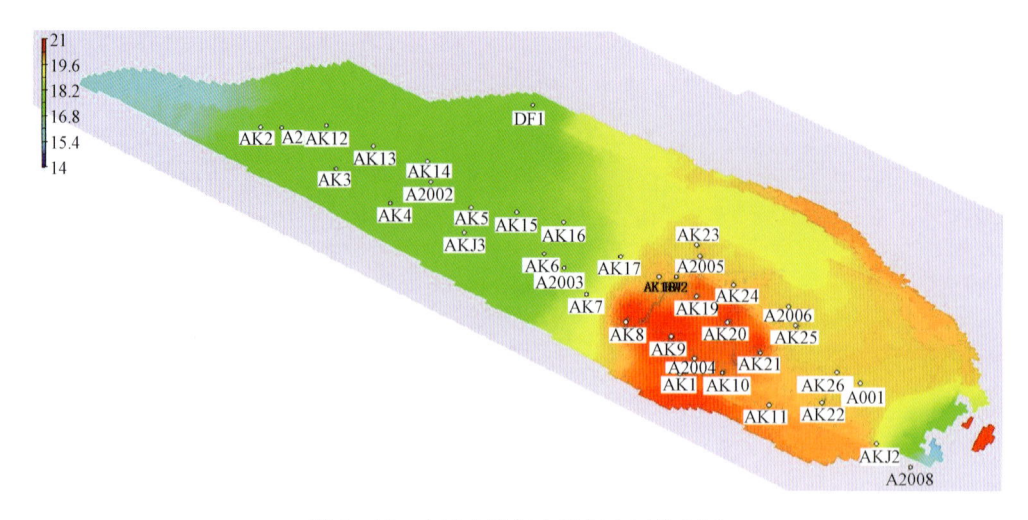

图 8-20　方案 7 注气末期压力场分布图

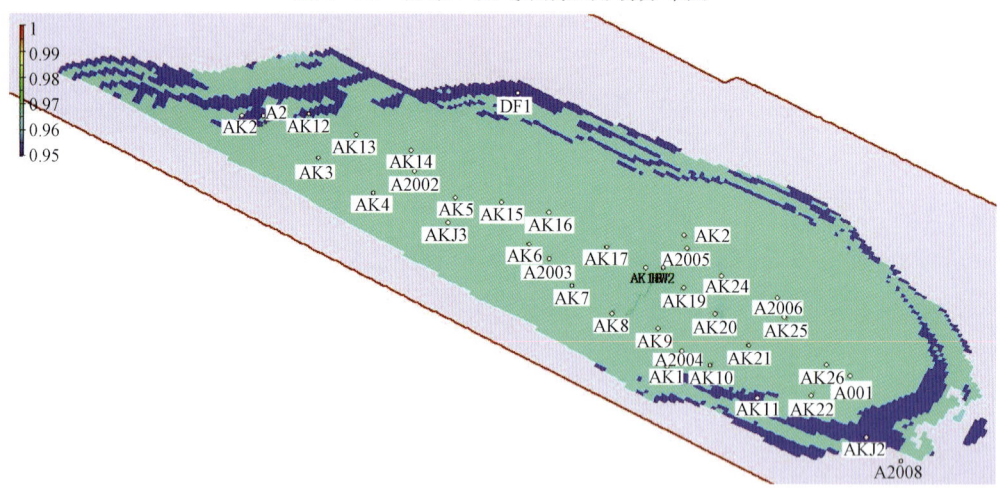

图 8-21　方案 7 注气初期 C_1 百分含量图

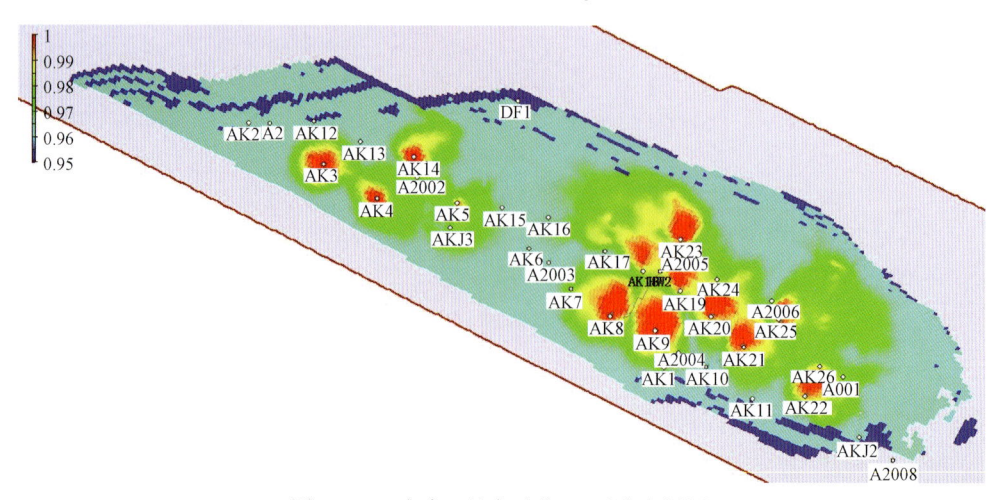

图 8-22　方案 7 注气末期 C_1 百分含量图

表8-4 A储气库不同注气方案预测指标对比表

方案	层位	最大注气天数(d)	井数(口) 东区	井数(口) 西区	井数(口) 合计	单井 日注气量($10^4 m^3$)	单井 累计注气量($10^8 m^3$)	储气库 日注气量($10^4 m^3$)	储气库 累计注气量($10^8 m^3$)	地层压力(MPa)	调峰能力($10^8 m^3$)
F1	$E_{1-2}z_2^{1-2}$	127	10	6	16	30~110	0.38~1.40	1250~1520	17.86	19.29	4.45
F2	$E_{1-2}z_2^{1-2}$	127	10	6	16	30~110	0.25~1.40	860~1520	14.96	18.45	1.54
F3	$E_{1-2}z_2^{1-2}$	127	10	4	14	30~110	0.38~1.40	1160~1250	15.36	18.56	1.94
F4	$E_{1-2}z_2^{1-2}$	127	10	4	14	30~110	0.25~1.40	810~1250	13.42	18.08	0.52
F5	$E_{1-2}z_2^{1-2}$	127	8	4	12	30~110	0.38~1.40	990~1080	13.20	17.94	—
F6	$E_{1-2}z_2^{1-2}$	127	8	4	12	30~110	0.25~1.40	640~1080	11.26	17.38	—
F7	$E_{1-2}z_2^{1-2}$ $E_{1-2}z_2^2$	130	11	3	14	30~130	0.23~1.43	1030~1150	13.37	18.07	0.47

方案1和方案2利用全部16口井注气,没有考虑西区边水的影响,从数值模拟结果看,AK2和AK12井的注入气有向边水西窜的趋势,且方案1没有考虑配钻停注的安全问题;方案3和方案4考虑了西区的边水,但是方案3没有考虑配钻停注,会导致钻井安全问题,方案4没有考虑水平井试注;方案5和方案6在方案3和方案4的基础上,井底污染严重的井不注气,从数值模拟结果看,个别井出现指进现象,不利于评价井底污染对注气速度的影响。为评价井底污染对注气速度的影响,选取高部位的污染重的井进行注气实验。

综上所述,方案7既考虑了西区边水侵入的影响和配钻停注的安全问题,又对2口高部位的井底污染严重的井进行少量注气,可以评价井底污染对注气速度的影响,同时考虑了水平井试注的问题。从数值模拟结果看,此方案注入气以井点为中心向外均匀扩散,注气前缘推进平缓,在现有条件下尽量多注气,是最佳注气方案。因此,最终推荐方案为方案7。

二、采气方案设计

1. 采气方案设计原则

根据A储气库第一周期实际注气运行特征,并结合初设实施方案要求,制定2013年冬季采气方案设计的基本原则为:

(1)储气库东区高压区是冬季采气主体区域。
(2)储气库西区低压区原则上不参与调峰。
(3)以目前注采井网实际可动用库存量作为设计的物质基础。
(4)充分考虑采气合理压力下限,对比优化采气方案。

2. 采气井分析设计

1)可利用采气井

截至2013年10月29日储气库第一周期注气结束,A储气库可用气井为22口,根据第一周期采气方案设计原则、气井构造位置及工程进展情况,A 储气库 2013 年可用采气井数为 13 口:AK7、AK10、AK19、AK23、AK8、AK9、AK20、AK21、AK22、AK25、AK18、AK17、AHFK2,均位于东区;后备井 2 口:AK5、AK14;试采井 2 口:AK1、AK11,具体安排见表 8－5。

表 8－5　A 储气库第一采气周期可用气井统计表

分类	层位		井数	井号	备注
采气	$E_{1-2}z_2^{1-1}$		4	AK7、AK10、AK19、AK23	以东区调峰为主
	$E_{1-2}z_2^{1-2}$		13 8	AK8、AK9、AK20、AK21、AK22、AK25、AK18、AK17	
	$E_{1-2}z_2^2$		1	AHFK2	
后备	$E_{1-2}z_2^{1-1}$		1	AK14	后备采气井
	$E_{1-2}z_2^{1-2}$		1	AK5	
试采	$E_{1-2}z_2^{1-2}$		2	AK1、AK11	位于边部,试气产水低产,采气期可安排试采
不采气	$E_{1-2}z_2^{1-2}$	西区	5　4	AK2、AK3、AK4、AK12	西区未注气、地层压力低
		东区	1	AK24	固井质量不合格,做观察井

2) 不采气气井

根据 2013 年注气情况、气井平面分布及第一采气周期的要求,2013 年冬季采气 5 口井不安排采气。

其中 AK3、AK2、AK12 和 AK4 井位于西区,这 4 口气井目前地层压力低,基本为改建储气库前地层压力水平(14MPa),不具备冬季调峰采气的压力条件。

AK24 井固井质量不合格,试气见少量地层水,暂作为观察井用,不进行采气。

3. 采气方案设计

依据储气库地质特征、第一周期注气运行动态、工程建设进展以及采气方案设计原则等,共设计 2 套采气对比方案(表 8－6):

表 8－6　A 储气库 2013 年冬季采气方案设计表

方案	采气层位	采气周期	采气天数(d)	最大日采气量($10^4 m^3$)	采初地层压力(MPa)			采气井					
					$E_{1-2}z_2^{1-1}$	$E_{1-2}z_2^{1-2}$	$E_{1-2}z_2^2$	总井数	$E_{1-2}z_2^{1-1}$		$E_{1-2}z_2^{1-2}$		$E_{1-2}z_2^2$	
									井数	井号	井数	井号	井数	井号
1	$E_{1-2}z_2$	2013.11.16～2014.3.30	135	1100	29.9	22.7	20.7	13	4	AK7 AK10 AK19 AK23	8	AK8、AK9 AK20、AK21 AK22、AK25 AK18、AK17	1	AHWK2
2			135											

(1) 方案 1(基础稳妥方案):东区高压区采气调峰,采气末期地层压力不低于建库方案设计下限压力 18.0MPa。

(2) 方案 2(最大采气能力方案):东区高压区采气调峰,采气末期地层压力适当降低到建库方案设计下限压力 18.0MPa 以下,最大能力发挥储气库调峰能力。

4. **采气调峰气量预测**

1) 预测依据

(1) 以注气结束后的井网动用库存量作为预测的物质基础。

(2) 预测调峰气量时既要考虑物质平衡,又要考虑单井合理产能。

(3) 主力层 $E_{1-2}z_2^{1-2}$ 单层东区局部高压,存在向西区低压区的气体扩散,在东区物质平衡的基础上,进一步考虑向西区的扩散气量。

(4) 调峰采气时间为 2013 年 11 月 16 日至 2014 年 3 月 30 日共 135d。

2) 预测方法

(1) 物质平衡方法。

对于由气藏改建的地下储气库,在高速强采运行过程中,可认为是一封闭弹性气驱气藏,地下含气孔隙体积不变,根据物质平衡原理,可得调峰气量与视地层压力函数关系为:

$$\frac{p}{Z} = \frac{p_i}{Z_i}\left(1 - \frac{Q_W}{G}\right) \tag{8-6}$$

式中 p——采气末期地层压力,MPa;

Z——采气末期压缩因子;

p_i——采气初期(注气末期)地层压力,MPa;

Z_i——采气初期(注气末期)压缩因子;

Q_W——采气期调峰气量,$10^8 m^3$;

G——采气期动用库存量,$10^8 m^3$。

(2) 考虑气井合理产能。

对于储气库整个储层范围而言,物质平衡方程可以准确地评价其调峰气量,但某些情况下,尤其受到井数少、单井控制范围以及合理产能等因素限制,在有限的采气时间内,无法完全采出所形成的工作气能力,因此需要结合单井合理产能和物质平衡方程综合确定储气库的调峰气量。具体计算过程为:

① 从冬季调峰采气期的第一个时间阶段为计算起点,以天数或月度为阶段时间单位。

② 根据阶段日均调峰需求气量 Q_a,利用物质平衡方程计算阶段采气量及阶段末地层压力。

③ 根据采气阶段初期和末期地层压力分别计算气井合理产能,并计算采气阶段内单井平均产能 Q_g。

④ 若阶段日均调峰需求气量 Q_a 大于单井合理产能 Q_g,则按一定规则降低日均调峰气量 Q_a,并返回第②步重新计算。

⑤ 计算下一时间阶段,直至采气期结束;各阶段累计采气量之和即为储气库调峰气量。

(3) 扩散气量计算。

A 储气库 2013 年注气井主要位于东区,东区压力高,而西区未注气、压力低,建立了东区向西区的压力梯度,在压力梯度作用下,采气期内东区注入气仍将继续向西区扩散,这直接降低了储层的调峰气量,因此评价调峰气量必须扣除采气期内的扩散气量。

① 扩散气量计算方法一：利用气体单向稳定渗流（线性）：

$$Q_s = \frac{T_a}{Zp_aT_f}\frac{KA(p_d^2-p_x^2)}{2\mu L} \tag{8-7}$$

② 扩散气量计算方法二：利用导压系数概念的定义：

$$Q_s = \frac{KhT_a}{\mu C_tT_fp_a}\left[\left(\frac{p}{Z}\right)_d - \left(\frac{p}{Z}\right)_x\right] \tag{8-8}$$

式中　Q_s——采气期内扩散气量，$10^8 m^3$；
　　　K——渗透率，mD；
　　　p_d——东区地层压力，MPa；
　　　p_x——西区地层压力，MPa；
　　　Z——地层平均压缩因子；
　　　p_a——标准条件下的压力，MPa；
　　　T_f——储层温度，℃；
　　　μ——气体黏度，mPa·s；
　　　C_t——综合压缩系数，MPa^{-1}；
　　　h——储层厚度，m。

3）方案1调峰气量预测

方案1为基础稳妥方案，东区高压区采气调峰，采气末期地层压力不低于建库方案设计下限压力18.0MPa，以此条件作为冬季调峰气量预测的基础。

（1）$E_{1-2}z_2^{1-2}$单层调峰气量。

① 物质平衡法计算调峰气量。

注气结束时，$E_{1-2}z_2^{1-2}$层累计注气量为$8.51\times10^8 m^3$，地层压力为22.7MPa，注气末期井网动用库存量为$22.89\times10^8 m^3$；根据物质平衡原理（图8-23），地层压力从注气末期的22.7MPa降至18.0MPa时，$E_{1-2}z_2^{1-2}$层采气能力为$4.43\times10^8 m^3$，采气末期库存量为$18.46\times10^8 m^3$。

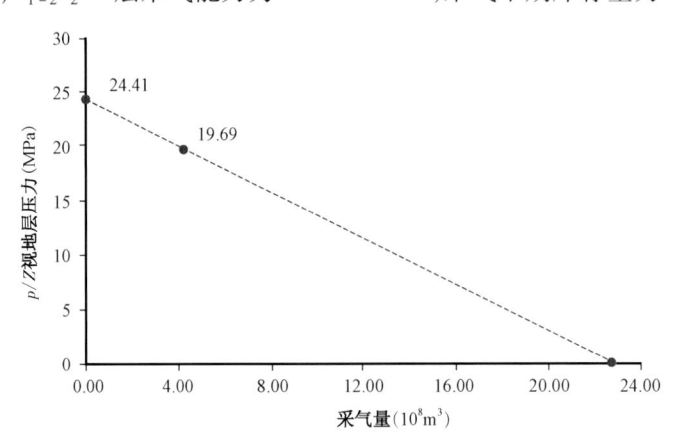

图8-23　A储气库$E_{1-2}z_2^{1-2}$层视地层压力与采气量关系曲线

② 采气期内扩散气量计算。

在物质平衡原理的基础上,进一步根据气体单向稳定渗流和导压系数概念,利用式(8-7)及式(8-8),计算了采气期内东区向西区的扩散气量为$(1.90 \sim 2.16) \times 10^8 m^3$(表8-7),两种方法计算结果基本一致,扩散气量取平均值$2.03 \times 10^8 m^3$。

表8-7 A储气库$E_{1-2}z_2^{1-2}$层扩散气量计算结果表($10^8 m^3$)

层位	方法一	方法二	取值
$E_{1-2}z_2^{1-2}$	1.90	2.16	2.03

(2)$E_{1-2}z_2^{1-2}$单层调峰气量。

综合考虑物质平衡原理和采气期内东区向西区的扩散气量,$E_{1-2}z_2^{1-2}$层实际调峰气量$2.40 \times 10^8 m^3$(表8-8),采气末期地层压力为18.00MPa,采气末期库存量为$18.46 \times 10^8 m^3$。

表8-8 A储气库$E_{1-2}z_2^{1-2}$层2013年冬季调峰气量计算结果表

层位	2013年注气量($10^8 m^3$)	注气末期 库存($10^8 m^3$)	注气末期 地层压力(MPa)	物质平衡 采末库存($10^8 m^3$)	物质平衡 采末地层压力(MPa)	物质平衡 采气能力($10^8 m^3$)	考虑扩散气量 扩散气量($10^8 m^3$)	考虑扩散气量 采气能力($10^8 m^3$)
$E_{1-2}z_2^{1-2}$	8.51	22.89	22.7	18.46	18.0	4.43	2.03	2.40

(3)储气库调峰气量。

至注气结束,A储气库2013年累计注气量为$12.09 \times 10^8 m^3$;采气期内,储气库井网动用库存量为$35.67 \times 10^8 m^3$,调峰气量为$5.04 \times 10^8 m^3$,可利用气井13口,日均采气量为$373 \times 10^4 m^3$(表8-9)。

表8-9 A储气库2013年冬季调峰气量计算结果表(方案1)

层位	2013年注气量($10^8 m^3$)	井网动用库存量($10^8 m^3$)	地层压力(MPa) 采初	地层压力(MPa) 采末	2013年冬季调峰能力($10^8 m^3$)	投产井数(口)	日均采气量($10^4 m^3$)
$E_{1-2}z_2^{1-1}$	1.96	7.66	29.86	21.00	2.00	4	148
$E_{1-2}z_2^{1-2}$	8.51	22.89	22.67	18.00	2.40	8	178
$E_{1-2}z_2^{2}$	1.62	5.12	20.70	18.00	0.64	1	47
合计	12.09	35.67			5.04	13	373

主力层$E_{1-2}z_2^{1-2}$单层调峰气量为$2.40 \times 10^8 m^3$,地层压力从22.67MPa降为18.0MPa,日均采气量为$178 \times 10^4 m^3$;$E_{1-2}z_2^{1-1}$单层调峰气量为$2.00 \times 10^8 m^3$,地层压力从29.86MPa降为21.0MPa,日均采气量为$148 \times 10^4 m^3$;$E_{1-2}z_2^{2}$砂层调峰气量为$0.64 \times 10^8 m^3$,地层压力从20.7MPa降为18.0MPa,日均采气量为$47 \times 10^4 m^3$。

4)方案2调峰气量预测

方案1中,由于$E_{1-2}z_2^{1-1}$层受到井数少、单井合理产能限制,2013年冬季采气期内,地层压力从注气末期的29.7MPa下降到21.0MPa,无法下降到建库方案设计的18.0MPa,因此方案1所计算的$E_{1-2}z_2^{1-1}$调峰气量为储层能力,方案2仅对$E_{1-2}z_2^{1-2}$和$E_{1-2}z_2^{2}$层进行最大调峰能力进行计算。

（1）$E_{1-2}z_2^{1-2}$单层调峰气量。

利用物质平衡原理，在不同的地层压力条件下，可计算得到相应的调峰气量及日均采气量，同时根据单井产能评价结果，可得到不同地层压力条件下的单井采气能力之和。

图8-24为$E_{1-2}z_2^{1-2}$层不同下限压力下调峰气量与单井产能关系曲线。从图中可知，随着地层压力的下降，储层冬季调峰气量增加，日均采气量相应提高，但单井采气能力之和呈下降趋势；当地层压力降低到16.30MPa时，单井采气能力之和能满足日均采气量，因此$E_{1-2}z_2^{1-2}$层调峰能力可以达到$4.10×10^8m^3$。

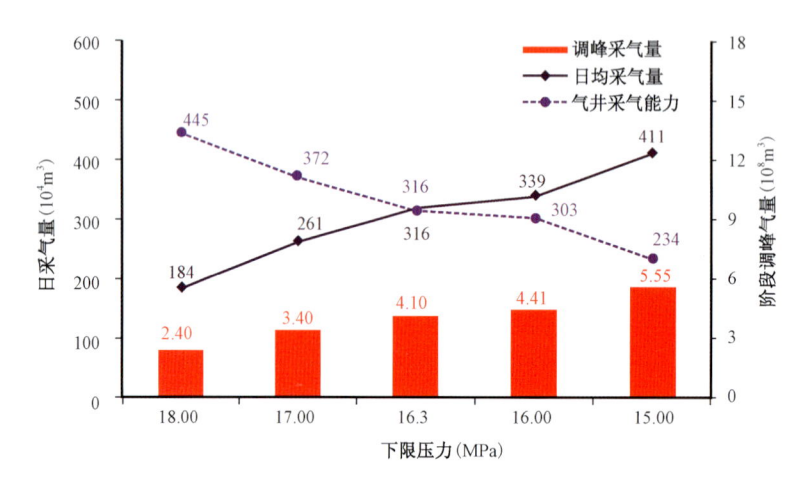

图8-24 A储气库$E_{1-2}z_2^{1-2}$层视地层压力与采气量关系曲线

（2）储气库调峰气量。

A储气库2013年累计注气量为$12.09×10^8m^3$；2013年冬季采气期内，储气库井网动用库存量为$35.67×10^8m^3$，根据不同地层压力下日均采气量与单井产能关系，储气库调峰气量可达到$6.90×10^8m^3$；可利用气井13口，日均采气量为$511×10^4m^3$（表8-10）。

表8-10 A储气库2013年冬季调峰气量计算结果表（方案二）

层位	2013年注气量（10^8m^3）	井网动用库存量（10^8m^3）	地层压力（MPa）采初	地层压力（MPa）采末	2013年冬季调峰能力（10^8m^3）	投产井数（口）	日均采气量（10^4m^3）
$E_{1-2}z_2^{1-1}$	1.96	7.66	29.86	21.00	2.00	4	148
$E_{1-2}z_2^{1-2}$	8.51	22.89	22.67	16.30	4.10	8	304
$E_{1-2}z_2^2$	1.62	5.12	20.70	17.20	0.80	1	59
合计	12.09	35.67			6.90	13	511

主力层$E_{1-2}z_2^{1-2}$单层调峰气量为$4.1×10^8m^3$，地层压力从22.67MPa降为16.30MPa，日均采气量为$304×10^4m^3$；$E_{1-2}z_2^{1-1}$单层调峰气量为$2.00×10^8m^3$，地层压力从29.86MPa降为21.0MPa，日均采气量为$148×10^4m^3$；$E_{1-2}z_2^2$砂层调峰气量为$0.80×10^8m^3$，地层压力从20.7MPa降为17.2MPa，日均采气量为$59×10^4m^3$。

5. 采气方案优选

利用气藏工程方法,对两套采气方案的技术指标分别进行了预测和对比分析,预测结果见表8–11。

两套方案采气层位均为 $E_{1-2}z_2^{1-1}$、$E_{1-2}z_2^{1-2}$ 两个单层和 $E_{1-2}z_2^2$ 砂层,采气周期为2013年11月16日—2014年3月30日,共采气135d,其中方案1调峰气量为 $5.04 \times 10^8 m^3$,日均采气量 $373 \times 10^4 m^3$;方案2调峰气量为 $6.90 \times 10^8 m^3$,日均采气量 $511 \times 10^4 m^3$。

表8–11 A储气库2013年冬季调峰设计方案对比表

方案	采气层位	采气周期	天数(d)	井数(口)	最大日采气量($10^4 m^3$)	调峰气量($10^8 m^3$)	日均采气量($10^4 m^3$)	采初地层压力(MPa) $E_{1-2}z_2^{1-1}$	采初地层压力(MPa) $E_{1-2}z_2^{1-2}$	采初地层压力(MPa) $E_{1-2}z_2^2$	采末地层压力(MPa) $E_{1-2}z_2^{1-1}$	采末地层压力(MPa) $E_{1-2}z_2^{1-2}$	采末地层压力(MPa) $E_{1-2}z_2^2$
1	$E_{1-2}z_2$	2013.11.16—2014.3.30	135	13	1100	5.04	373	29.9	22.7	20.7	21.0	18.0	18.0
2			135	13	1100	6.90	511	29.9	22.7	20.7	21.0	16.3	17.2

对比分析两套采气方案可知,方案1调峰规模 $5.04 \times 10^8 m^3$,为2013年总注气量的40%,采气末期地层压力在18MPa左右,单井采气仍具备一定的采气能力,方案实施风险较小,同时对地层补充垫气量较高,对后期注采周期达容有利,因此推荐方案1为储气库2013年冬季调峰采气方案,调峰气量为 $5.04 \times 10^8 m^3$,日均采气量 $373 \times 10^4 m^3$;方案2为后备方案,调峰气量为 $6.90 \times 10^8 m^3$,日均采气量 $511 \times 10^4 m^3$。

第九章 储气库监测方案设计

地下储气库是一项系统工程,由于储气库采取高速注采且注采频繁交替,不同的注采周期内注采速度和注采量会有差异,加上储层非均质性的影响,每个注采周期内,地下油气水分布都不可能完全相同,因此为了保障地下储气库长久、安全、有效运行,及时掌握储气库运行动态和安全状况,必须建立系统化、永久化、动态化的监测体系,而科学、合理、有效地部署储气库监测井系统,是实现这一目标最重要最直接的方式。

储气库监测体系一般包括:储气库内部温度与压力检测、盖层及断裂系统密封性监测、流体组分监测、气液界面及流体运移监测、储气库周边及溢出点监测、上覆浅层水监测等。监测内容主要包括:常规压力、温度、地层水烃类含量、地层流体组成和气液界面,有时根据需要采用示踪剂或气体同位素等进行监测(丁国生等,2011)。

根据 A 储气库建库地质综合研究和可行性方案、初步设计方案结论,结合相关监测要求,制定了 A 储气库监测方案,监测对象主要为储气库密封性、内部温度压力、气水界面及流体运移,方案共部署 5 口监测井。监测井 AKJ1、AKJ2 和 AKJ3 井监测储气库气水界面及流体运移,其中 AKJ1 井监测 $E_{1-2}z_2^1$ 砂层西区边水推进及气水界面变化情况;AKJ2 井监测东区 $E_{1-2}z_2^1$ 砂层和 $E_{1-2}z_2^2$ 砂层边底水可能的推进情况;AKJ3 井监测 $E_{1-2}z_2^2$ 砂层西区边底水可能的推进情况。AKJ4 井和 AKJ5 井是密封性监测井,其中部署在 A 北断裂北侧的 AKJ4 井监测 A 北断裂的密封性,而部署在沙湾组高部位的 AKJ5 井主要监测紫泥泉子组 $E_{1-2}z_3$ 直接泥岩盖层、安集海河组大套泥岩区域性盖层的密封性,同时监测注采井固井质量。另外,方案还设计选取 8 口注采井进行储气库内部的温度、压力监测,选取 4 口注采井进行产能监测。

第一节 主要监测方法介绍

一、压力和温度监测

(1)定期在井筒内下入高精度存储式电子压力计,测取井底压力、井筒压力梯度,测量液面等数据,并记录井口油压、套压数据。

(2)在监测井底压力时同时下入温度计测取井底温度、井筒温度梯度及井口静温。

二、示踪剂(放射性气体)监测

示踪剂是指观察、研究和测量某物质在指定过程中的行为或性质而加入的一种标记物。作为示踪剂,其性质或行为在该过程中与被示剂物应完全相同或差别极小;其加入量应当很小,对体系不产生显著的影响。此外,示踪剂必须容易被探测。

国外从 20 世纪 50 年代左右开始研究示踪剂(陈月明等,1994),1965 年 Brigham W E 在 Smith 的五点井网示踪剂流动特性预测方法基础上,提出了利用井间示踪资料解释油藏非均质性,使井间示踪资料的解释向定量化发展(Brigham W E,et al 1965;Brigham W E,et al 1987)。

示踪剂监测方法经过广泛的应用以及理论上的不断发展完善,已经由单一示踪剂井间监测发展到目前的分层多种示踪剂井间监测。在我国井间示踪剂被广泛用来确定剩余油饱和度(刘同敏等,2008)、研究油藏非均质性(陈月明等,1994;常学军等,2004)、分析断层封闭性(张平等,2006)等方面。

在早期,井间示踪剂仅用于定性描述油田注入流体地下运动的方向性和油藏非均质特性。随着新型示踪剂的产生、示踪剂检测技术的进步、测试工艺的不断创新和油藏模型模拟技术的发展,其描述的信息越来越准确,应用范围越来越广泛。井间示踪剂方法主要可以用于:(1)描述注入流体的推进方向和速度;(2)评价体积波及效率;(3)解释注入流体层内指进的原因;(4)描述流动遮挡;(5)发现方向性流动趋势;(6)描述油藏的非均质性;(7)测定层内不同注入流体之间的相对运动速度;(8)识别双重或多重空隙/渗透率油藏及其相对体积系数;(9)确定剩余油饱和度及分布;(10)指导设计和执行二次和三次采油项目(张培信,2006)。随着储气库技术的发展,目前井间示踪剂方法也大量地用于储气库密封性的监测(丁国生,2003;丁国生等,2011;李建中,2004;李娟娟等,2006;陈晓源,2010)。

利用示踪剂来监测储气库密封性和隔层稳定性,主要是在观察井周围区域的注采井中持续注入惰性气体示踪剂,然后在观察井中进行取样,分析气样中是否含有注入的示踪剂,以此判断储气库密封性和隔层稳定性。

选择合适的示踪剂(放射性气体),主要要求如下:
(1)地层内不含或背景浓度极少,易于检测识别。
(2)在地层中吸附滞留量少。
(3)化学稳定性强,与地层配伍性好。
(4)分析方法简单,灵敏度高。
(5)成本低,无毒安全。
(6)放射性气体对人体无伤害或伤害极小。

但是 A 储气库利用示踪剂监测断层密封性也有很多局限性:一是示踪剂监测范围有限;二是示踪气体在地层中渗流复杂,如果没有流入监测井就失去了监测作用;三是 A 气藏有两条主断裂,每条断裂都比较长,监测井有限,因此监测效果会受到一定影响。

三、微地震监测

1956 年,德国学者 J. Kaiser 发现,声发射活动对材料载荷历史的最大载荷值具有记忆能力。这一现象被称为 Kaiser 效应。1963 年,Goodman 发现岩石材料也具有一定的 Kaiser 效应。地下岩石因破裂而产生的声发射现象又称为微地震事件。Kaiser 效应是利用微地震监测技术估计地下岩层中地应力大小的理论基础。与地震勘探相反,微地震监测中震源的位置、发震时刻、震源强度都是未知的,确定这些因素恰恰是微地震监测的首要任务。完成这一首要任务的方法主要是借鉴天然地震学的方法和思路(张山等,2002)。

微地震监测技术就是通过观测、分析微地震事件来监测生产活动的影响、效果及地下状态的地球物理技术。它可以应用于油气藏开发、煤矿"三带"(冒落带、裂隙带和沉降带)监测、矿山压力监测、地质灾害监测等多个领域(刘百红等,2006)。在油气藏开发领域,该方法主要用于油田低渗透储层压裂的裂缝动态成像和油田开发过程的动态监测,主要是流体驱动监测

(刘建中等,2004)。国外用微地震来监测储气库的断层活动情况(Nagelhout ACG,etal,1997)。

　　地层内地应力呈各向异性分布,剪切应力自然聚集在断面上。通常情况下这些断裂面是稳定的。然而,当原来的应力受到生产活动干扰时,岩石中原来存在的或新产生的裂缝周围地区就会出现应力集中,应变能增高;当外力增加到一定程度时,原有裂缝的缺陷地区就会发生微观屈服或变形,裂缝扩展,从而使应力松弛,储藏能量的一部分以弹性波(声波)的形式释放出来,产生小的地震,即微地震。

　　大多数微地震是在原有的裂缝和断层附近发生的,通过微地震监测可以识别可能引起储层分区或流动通道的断层或大裂缝。对微地震波形和震源机制的研究,可提供有关气藏内部变形机制、传导性裂缝和再活动断裂构造形态的信息,以及流体流动的分布和压力前缘的移动状况。

　　微地震监测包括野外现场数据采集、微地震波的数据处理及微地震事件分析定位三大步,如图9-1所示。

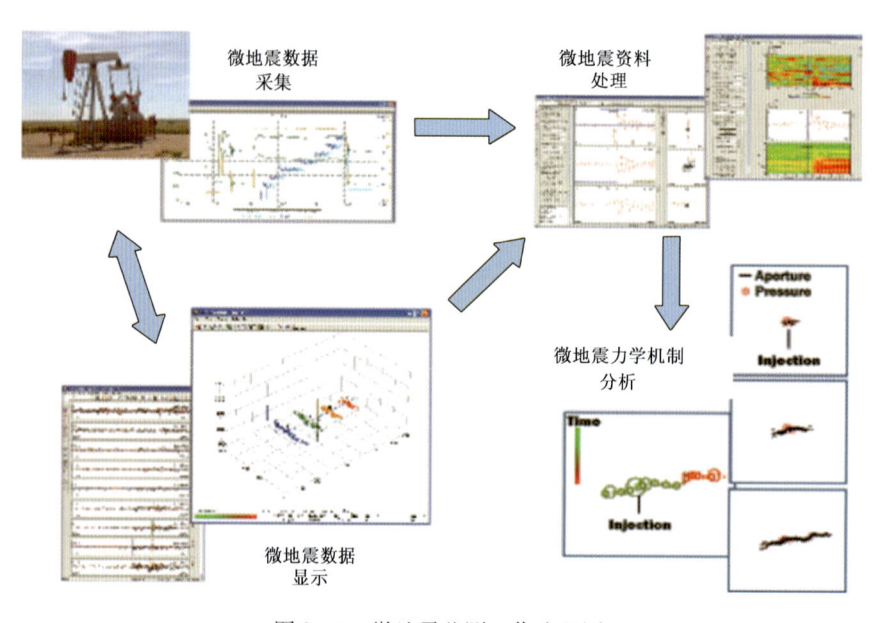

图9-1　微地震监测工作流程图

　　采集过程中检波器的安置以及数据的同步接收是监测成功的基础。

　　数据处理完成微地震事件的定位,也就是产生地质现象的源的位置。

　　事件分析的目的在于将事件的成因分析清楚,有助于对事件类型进行判断,进而指导风险规避。

　　为了将储气库系统置于监测之中,采取地面和井下长期永久观测的办法,地表埋置观测的检波器分布应覆盖整个气库,以提高观测覆盖面。具体方案如图9-2所示。

　　在井筒中,安放井下检波器、压力和温度感应器,在近地表埋置高灵敏度微地震检波器,随时全方位记录和监测整个储气库范围内的微地震事件。

　　在实现了高精度数据采集和实时传输后,开始后续的处理分析,运行微地震监测系统。系统的构成如图9-3所示。

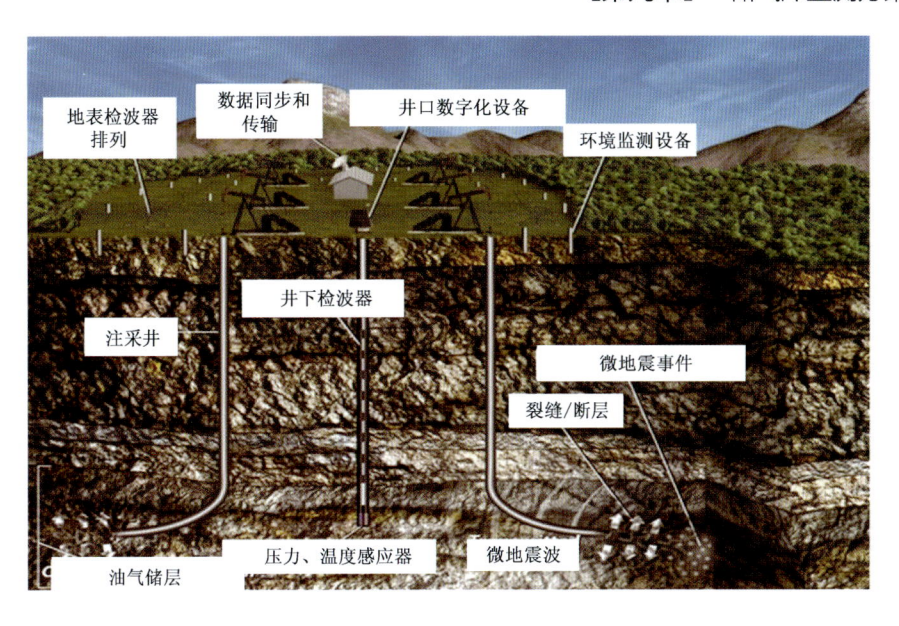

图 9-2 微地震监测部署图

图 9-3 微地震监测系统构成图

根据记录的微地震事件,通过具体的数据处理和分析手段,定位引发微地震的震源位置,并确定震源能量,分析震源位置的密集程度及能级大小,实现对盖层和断裂密封性的监测。

四、流体组分及性质监测

流体组分及性质监测包括天然气、凝析油及水等,应定期系统化永久性监测。定期取天然气样品,进行天然气常规物性及全组分分析;定期取水样和凝析油样品,进行水常规分析和凝析油常规物性分析。

第二节 监测内容及方案设计

一、断裂密封性监测

1. 监测目的

通过在储气库断裂系统另一侧合理部署监测井和采用微地震技术,监测储气库运行过程中断裂系统可能存在的天然气漏失情况。

2. 监测井部署

通过对工区内3条断裂的垂向密封性和侧向密封性分析,认为断裂的密封性好,满足改建地下储气库的要求。对气藏起控制作用的断裂有A断裂和A北断裂,在两条断裂中,A北断裂位于气藏中间,受注采的影响较大,若断裂产生应力集中,则该断裂应先于A断裂产生影响,因此对该断裂部署监测井监测其在强注强采过程中的密封性。

在A北断裂北侧约250m处部署一口监测井AKJ4(图9-4),用于监测A北断裂的密封性,监测层位$E_{1-2}z_2^1$和$E_{1-2}z_2^2$。

3. 监测内容

1) 压力和温度监测

每个月应测取1次,每年不少于12次,可根据生产需要适当加密监测。

2) 示踪剂(放射性气体)监测

在储气库西区靠近A北断裂的注采井AK13和AK14井中持续注入惰性气体示踪剂,然后在断裂另一侧的监测井AKJ4井进行取样,分析气样中是否含有注入的示踪剂。

要求在注气阶段每月注入1次示踪剂,注入示踪剂后每天采样1次,如样品中有示踪剂含量响应,则加密取样次数,每4小时取样1次,以此来监测示踪剂(放射性气体)含量,判断断裂是否因为注气而开启。

3) 微地震监测

在A2井、A2003井和A001井中下入井下检波器,下入深度3000m,实时监测断层密封性情况。

二、盖层密封性监测

1. 监测目的

盖层监测主要监测紫泥泉子组$E_{1-2}z_3$直接泥岩盖层、安集海河组大套泥岩区域性盖层的密封性,同时监测注采井固井质量,防止由于目的层段固井质量不合格导致的天然气管外窜。

2. 监测井部署

在沙湾组构造高部位部署一口浅层监测井AKJ5(图9-4),设计钻至沙湾组N_1s底界后,再留30.0m口袋完钻。

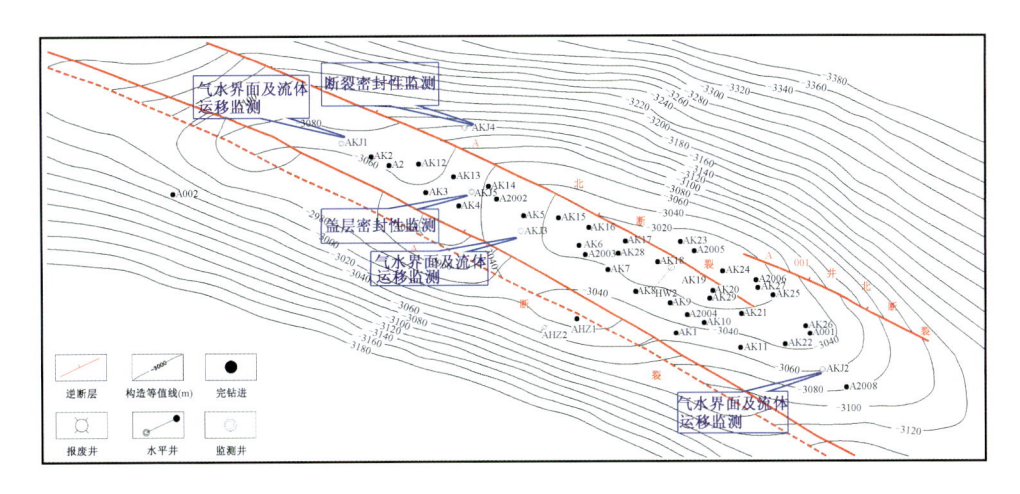

图 9-4　A 储气库监测井部署图(叠合图)

3. 监测内容

1)压力和温度监测

每个月应测取 1 次,每年不少于 12 次,可根据生产需要适当加密监测。

2)示踪剂(放射性气体)监测

在浅层监测井周围区域的注采井 AK4、AK13 和 AK14 井中持续注入惰性气体示踪剂,然后在对浅层监测井 AKJ5 井进行取样,分析气样中是否含有注入的示踪剂。

要求在注气阶段每月注入 1 次示踪剂,注入示踪剂后每天采样 1 次,如样品中有示踪剂含量响应,则加密取样次数,每 4 小时取样 1 次,以此来监测示踪剂(放射性气体)含量,判断盖层的密封性及注采井固井质量是否合格。

3)微地震监测

在 A2 井、A2003 井和 A001 井中下入井下检波器,下入深度 3000m,实时监测盖层密封性情况。

三、隔层稳定性监测

1. 监测目的

$E_{1-2}z_2^1$ 砂层与 $E_{1-2}z_2^2$ 砂层之间的隔层横向上岩性变化较大,厚度分布也不稳定,A2002 井只有 1.7m(图 9-5),并且含有泥质粉砂岩。储气库的运行过程是一个强注强采的过程,$E_{1-2}z_2^1$ 砂层与 $E_{1-2}z_2^2$ 砂层之间隔层的稳定性是否会因为周期性的强注强采发生变化对储气库的注采运行很重要,因此在新钻注采井中选取代表井进行隔层稳定性监测。

2. 监测井部署

在 $E_{1-2}z_2^1$ 砂层的注采井中选择 AK6 井、AK8 井和 AK9 井 3 口注采井(图 9-4)进行隔层稳定性监测。

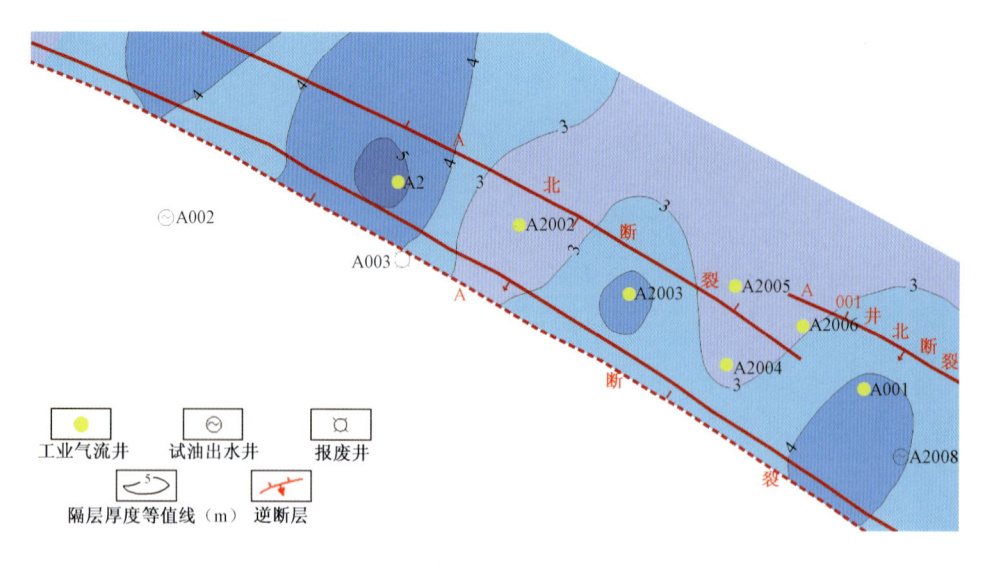

图9-5 A储气库 $E_{1-2}z_2^1$ 砂层和 $E_{1-2}z_2^2$ 砂层之间隔层厚度图

3. 监测内容

示踪剂(放射性气体)监测：

在 $E_{1-2}z_2^2$ 砂层的注采井 AHWK1 井和 AHWK2 井中持续注入惰性气体示踪剂，然后在 AK6 井、AK8 井和 AK9 井中进行取样，分析气样中是否含有注入的示踪剂，如在样品中发现示踪剂则说明隔层稳定性被破坏。

要求在注气期的最后1周持续注入示踪剂，从注气期结束后的平衡期的第1天开始取样，每天采样1次，如样品中有示踪剂含量响应，则加密取样次数，每4小时取样1次，以此来监测示踪剂(放射性气体)含量，监测隔层的稳定性。

四、气水界面及流体运移监测

带边底水储气库应该加强流体界面、流体移动和分布范围的监测(丁国生等，2011)，监测的重点可以放在注气期与采气期末，监测井需要选在流体运移的主要方向及气水界面附近。

1. 监测目的

通过在流体运移主要方向及气水界面附近部署监测井，重点监测储气库运行过程中流体运移及气水界面变化情况，同时兼顾监测储气库运行压力、温度，及时掌握储气库运行状态，为准确分析储气库运行动态提供第一手资料。

2. 监测井部署

在距 A2 井西侧约600.0m 处部署一口监测井 AKJ1(图9-4)，监测层位 $E_{1-2}z_2^1$ 砂层，监测气库运行过程 $E_{1-2}z_2^1$ 砂层西部边水推进及气水界面变化情况。

在东区 A001 和 A2008 井间部署一口监测井 AKJ2(图9-4)，监测层位 $E_{1-2}z_2^1$ 砂层和 $E_{1-2}z_2^2$ 砂层，主要监测东部边底水变化情况。

在水平井 AHWK1 井西侧约900m 处部署一口监测井 AKJ3(图9-4)，监测层位 $E_{1-2}z_2^2$ 砂层,监测 $E_{1-2}z_2^2$ 砂层边底水变化情况。

3. 监测内容

1）压力和温度监测

每个月应测取 1 次,每年不少于 12 次,可根据生产需要适当加密监测。

2）流体组分及性质监测

天然气常规物性及全组分分析、凝析油样品分析和水常规分析在采气阶段至少每 1 个月测取 1 次。

3）气水界面监测

在 3 口监测井 AKJ1、AKJ2 和 AKJ3 中定期下入气水界面仪,测试气水界面,在注气期和采气期各测取 3 次,每年不少于 6 次,需要时可适当加密监测。

五、生产动态监测

1. 监测目的

利用储气库新钻注采井,重点监测储气库运行过程中运行压力、温度、产液剖面和流体性质与组分,掌握储气库运行现状,为准确分析储气库运行动态提供第一手资料。

2. 监测井部署

A 储气库紫泥泉子组储层物性好,孔隙度为 19.50%,渗透率为 48.6mD,开采动态表明井间连通性好。因此,在新钻注采井中选取 8 口注采井（AK4、AK5、AK6、AK11、AK12、AK20、AK24、AHWK2）（图 9-4）监测气库地层压力和温度、流体性质与组分变化,选取 4 口注采井（AK5、AK12、AK20、AK24）（图 9-4）测量产吸剖面,以便及时掌握气库压力变化动态,确保气库安全平稳运行。

3. 监测内容

1）压力和温度监测

每个月应测取 1 次,每年不少于 12 次,可根据生产需要适当加密监测。

2）产吸剖面监测

对于产水量大的井、或者产量波动较大的井应加强剖面监测,录取生产测井资料,录取技术要求。

产液剖面主要录取资料:井号、层位、井段、测井时间、测井仪器型号或测井系列、流体性质、流体密度、压力、温度,自然伽马、压力梯度、井温梯度、微差井温、磁性接箍、流量。产液剖面每个采气期测取 2 次。

吸气剖面主要录取资料:井号、层位、井段、测井时间、测井仪器型号或测井系列、流体性质、流体密度、压力、温度,自然伽马、压力梯度、井温梯度、微差井温、磁性接箍、持气率、流量。吸气剖面每个注气期测取 2 次。

3）流体组分及性质监测

天然气常规物性及全组分分析、凝析油样品分析和水常规分析在采气阶段至少每 1 个月测取 1 次。

六、产能监测

1. 监测目的

在新钻注采井中选取代表井进行产能试井和不稳定试井,获取储气层位动静态资料并分析产能的变化。

2. 监测井部署

在新钻注采井中选取 4 口注采井进行产能监测,其中 $E_{1-2}z_2^1$ 砂层直井 3 口:AK6 井、AK12 井、AK24 井,$E_{1-2}z_2^2$ 砂层水平井 1 口:AHWK2 井(图 9-4)。

3. 监测内容

每 1 个周期进行 1 次产能试井和不稳定试井,获取储气层位动静态资料并分析气井产能变化。

第十章 注采效果评价（第一周期）

第一节 储气库工程建设进展

A 储气库紫泥泉子组 $E_{1-2}z_2^1$ 砂层实施注采直井 26 口，$E_{1-2}z_2^2$ 砂层实施注采水平井 1 口，直井 3 口；监测井 4 口，其中 3 口为新钻井，利用老井 1 口（大丰 1 井）；污水回注井 2 口（图 10-1、图 10-2）。

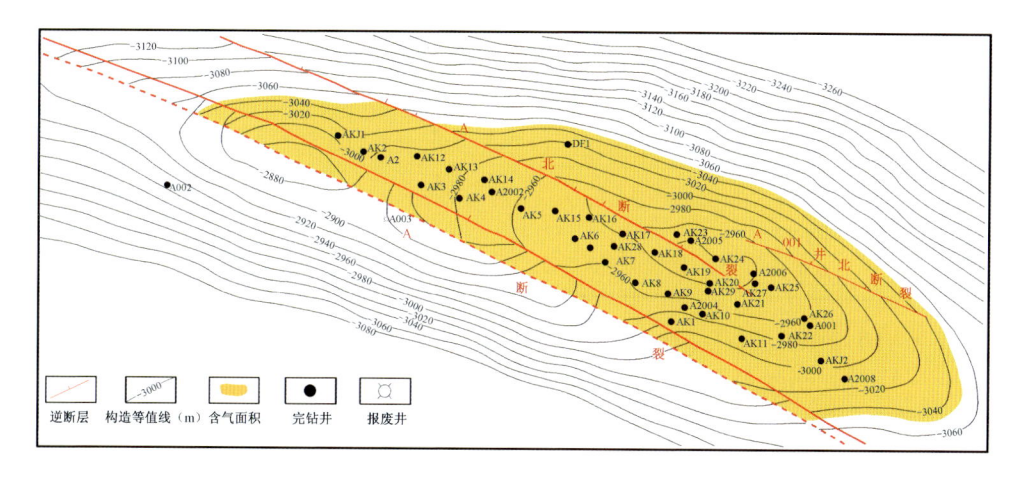

图 10-1 A 储气库紫泥泉子组 $E_{1-2}z_2^1$ 砂层优化方案井位部署图

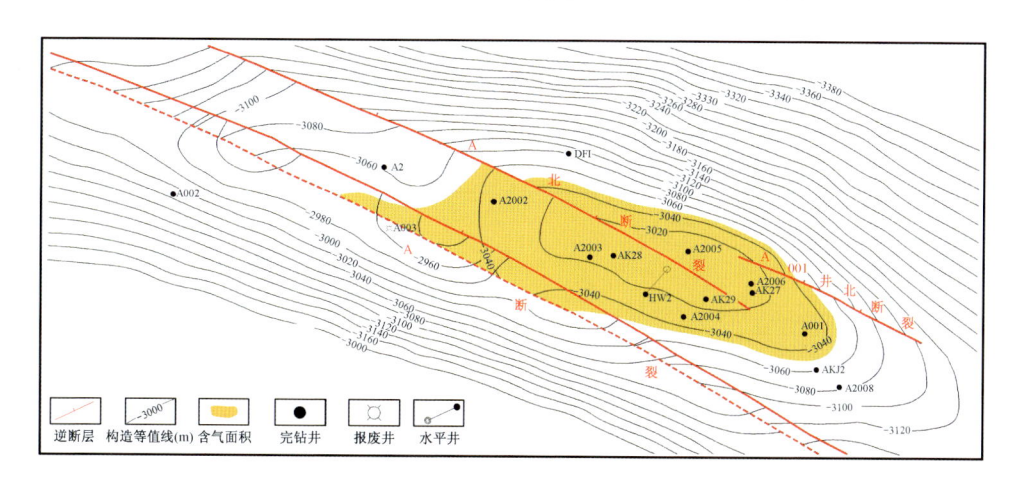

图 10-2 A 储气库紫泥泉子组 $E_{1-2}z_2^2$ 砂层优化方案井位部署图

A 储气库位于准噶尔盆地南缘，距 A 县东约 4.5km，东南距乌鲁木齐市约 78km，属新疆维吾尔自治区 A 县与昌吉市管辖。

A 储气库兼顾季节调峰与战略储备双重功能,设计气库运行上限压力 34.0MPa,下限压力 18.0MPa,库容量 107.0×10^{8}m^3,工作气量 45.1×10^{8}m^3,垫气量 61.9×10^{8}m^3,附加垫气量16.5×10^{8}m^3;当调峰气量为 20.0×10^{8}m^3 时,上限压力 34.0MPa,下限压力 26.0MPa(表 10-1)。

表 10-1 A 储气库库容参数表

功能	上限压力 (MPa)	下限压力 (MPa)	库容量 (10^{8}m^3)	工作气量 (10^{8}m^3)	垫气量 (10^{8}m^3)	附加垫气量 (10^{8}m^3)
调峰与战略储备	34	18	107	45.1	61.9	16.5
调峰	34	26	107	20	61.9	16.5

第二节 注气效果评价

A 储气库的第一个注采运行周期,也是储气库处于试注试采的运行阶段,通过第一周期的注气运行,获得了大量丰富的注气运行资料和动态监测资料,为储气库注气动态分析及后续周期注采运行提供了科学依据。

一、注气运行情况

A 储气库于 2013 年 6 月 9 日顺利投注,2013 年 10 月 29 日注气结束,累计投注井数为 16 口,其中直井 15 口(AK3、AK5、AK7、AK8、AK9、AK10、AK14、AK17、AK18、AK19、AK20、AK21、AK22、AK23、AK25),水平井 1 口(HW2),已投注气井主要位于东区高部位。

截至注气结束,储气库共注气 141d,日注气量(93~1182)×10^{4}m^3;累计注气量达到 12.09×10^{8}m^3,日均注气量为 858×10^{4}m^3(图 10-3)。

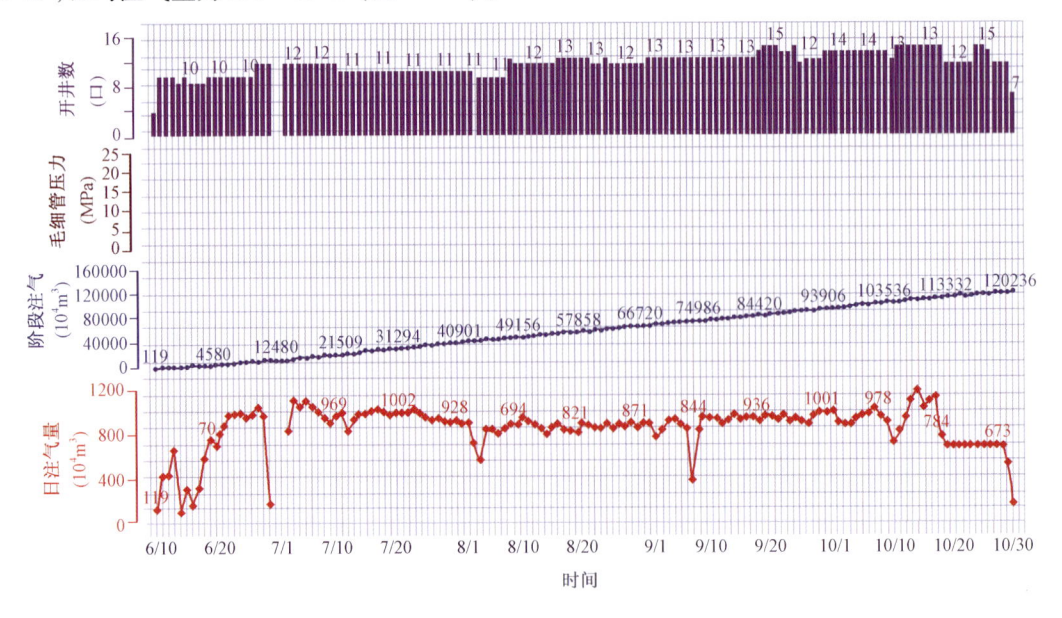

图 10-3 A 储气库注气运行曲线图

二、注气效果分析

通过对投注井注气动态资料的分析,总结 A 储气库第一周期注气效果如下。

1. 储气库注气能力分析

从 A 储气库注气运行情况看出,储气库整体注气能力较强,表现为初期注气量缓慢上升、中期保持注气平稳、后期注气量下降的注气特征。

在注气运行初期,由于气井和地面注气系统均为首次投入运行,为了确保注气系统的稳定性和安全性,同时通过初期注气进一步了解地层压力和吸气能力的变化等,初期缓慢注气、逐步提高注气量,注气量由初期的 $119\times10^4\mathrm{m}^3$ 逐步提高 $1000\times10^4\mathrm{m}^3$ 左右;注气中期,由于部分气井注气压差大、高压层气井井口油压较高,采取了调减部分气井注气量和合理控制注气压差的措施,储气库注气量整体下降到 $(800\sim900)\times10^4\mathrm{m}^3$;注气后期,受气温下降、用气量急剧增加的影响,西气东输管网可供储气库注气量大幅降低,日注气量维持在 $700\times10^4\mathrm{m}^3$ 左右。

从 A 储气库实际运行结果来看(表 10-2),截至注气结束,A 储气库累计注气量达到 $12.09\times10^8\mathrm{m}^3$,日均注气量达到 $858\times10^4\mathrm{m}^3$,日注气能力达到注气方案设计要求($810\times10^4\sim1250\times10^4\mathrm{m}^3$);但受注气系统及压缩机调试、部分气井投注时间较方案设计晚、注气后期管网可供注气量降低及注气过程中压力测试等因素综合影响,储气库 2013 年累计注气量低于注气方案设计指标($13.16\times10^8\mathrm{m}^3$)。

表 10-2 A 储气库设计参数与注气运行统计表

设计库容参数					注气情况			
库容量 ($10^8\mathrm{m}^3$)	工作气量 ($10^8\mathrm{m}^3$)	垫气量 ($10^8\mathrm{m}^3$)	注采井(口)		投注时间 2013 年	投注井(口)		日均注气 ($10^4\mathrm{m}^3$)	累计注气 ($10^8\mathrm{m}^3$)
			直井	水平井		直井	水平井		
107	45.1	61.9	29	1	6/9	15	1	858	12.09

总体而言,A 储气库注气能力较强,达到了注气方案设计要求。

2. 单井注气能力差异分析

A 储气库整体注气能力较强,但从已投注的 16 口井注气动态来看,单井注气差异明显,主要体现在单井注气量、注气压差、井口油压等;除受投注时间影响外,储层物性、平面非均质性及井底污染等是主要的影响因素。

A 储气库累计投注 16 口气井,其中直井 15 口、水平井 1 口,除 AK3、AK5、AK7、AK10、AK14 和 AK23 六口井注气异常外,其余注气井注气正常。

AK3 井注气 4d,阶段注气量为 $18\times10^4\mathrm{m}^3$,基本不吸气,主要受储层物性差影响,吸气能力低;AK5 和 AK14 井受注气时间短影响,累计注气量仅为 $1107\times10^4\mathrm{m}^3$、$2086\times10^4\mathrm{m}^3$;AK7、AK10、AK14 和 AK23 井主要为上部高压层吸气,受注气压差、储层物性、非均质性影响,单井累计注气量小($2086\times10^4\sim4604\times10^4\mathrm{m}^3$);其余直井累计注气量达到 $(7487\sim11965)\times10^4\mathrm{m}^3$,平均为 $9833\times10^4\mathrm{m}^3$,日均注气量为 $(59\sim90)\times10^4\mathrm{m}^3$,平均日注气量 $77\times10^4\mathrm{m}^3$;水平井注气量最高,累计注气量 $15353\times10^4\mathrm{m}^3$,日均注气量达到 $116\times10^4\mathrm{m}^3$。

总体而言,A 储气库受储层平面非均质性等因素的影响,单井注气能力差异较大。

3. 注气驱替效果分析

按建库方案以及注气方案设计要求,为了实现从高部位到低部位的梯次驱替效果,A储气库第一周期注气井以东区为主,投注的16口井中,有13口井位于东部。

由测压资料可知(图10-4),东区实测压力为20.0~20.9MPa,平均为20.5MPa,较投注前上升了约6.5MPa,而西区同期完钻气井,经试气后复压求取的地层压力为14.0~16.0MPa,地层压力较注气前有一定幅度的上升,在西区气井完全未投注的条件下,西区地层压力出现上升趋势,而且从东区向西区具有明显的压力梯度场,表明东区高部位注气的顶驱效果初现,对提高平面气驱效率和形成有效库容起到重要作用。

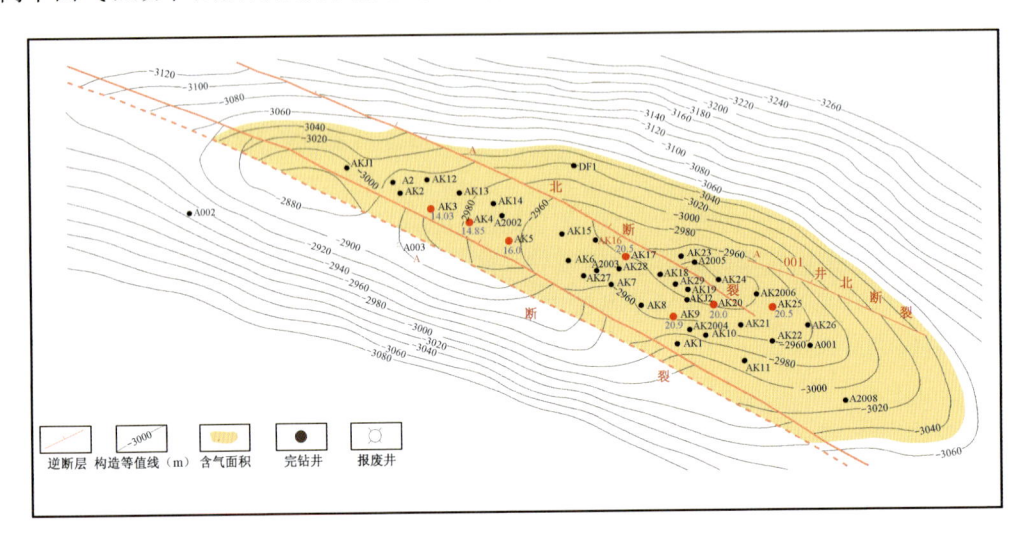

图10-4 A储气库地层压力分布图(2013年8月底测)

但西区地层压力上升幅度明显低于东区,表明东区向西区的压力传导需要一个过程,在目前西部地层压力仍远低于东部的情况下,后续周期仍需采取东区强注、过渡区少注、西区不注的注气原则,以进一步提高宏观注气对西部边水的驱替。

因此,A储气库建立了东区向西区变化的压力梯度,驱替效果较好。

三、注气动态特征

根据已投注气井的注气动态资料以及已完钻井的试气和复压测试资料,并利用注气不稳定分析方法,总结A储气库第一周期注气动态特征如下。

1. 地层吸气能力特征

(1)气井具有稳定的吸气层位。

已投注气井静压测试资料进一步表明,吸气层位与试气主产气层位基本一致,其中AK7、AK10、AK14、AK19、AK23井以$E_{1-2}z_2^{1-1}$单层为主要吸气层位,投注前地层压力为22.5~27.6MPa,平均为24.8MPa,表明产气层主要为$E_{1-2}z_2^{1-1}$单层;投注后,AK7井8月26日测试静压为27.8MPa,AK23井2013年8月6日测试静压为28.53MPa,地层压力远高于其余注气井,符合$E_{1-2}z_2^{1-1}$单层投注前基本未开发、地层亏空小、地层压力高的特点,气井仍以$E_{1-2}z_2^{1-1}$层为主要吸气层位。

其余10口直井以$E_{1-2}z_2^{1-2}$单层为主要吸气层位,投注前地层压力为13.86~15.98MPa,平均为14.41MPa,试气及复压测试表明产气层主要为$E_{1-2}z_2^{1-2}$层;投注后,AK9井测试静压为20.86MPa,AK20井变流量测试静压为20.01MPa,AK25井不稳定试井测试静压为20.01MPa,AK18井变流量测试静压为20.54MPa,8月底平均地层压力为20.47MPa,较投注前地层压力上升6.06MPa,符合$E_{1-2}z_2^{1-2}$层投注前已开发、地层亏空大、地层压力低的特点,气井仍以$E_{1-2}z_2^{1-2}$层为主要吸气层位;同时目前地层压力远低于以$E_{1-2}z_2^{1-1}$层为主要吸气层位气井的测试地层压力,进一步表明这10口气井以$E_{1-2}z_2^{1-1}$层为主要吸气层位。

(2)储层平面连通性较好,但纵向泥岩隔层对流体运移具有一定封隔作用。

静压测试资料表明,同一吸气层位为主的井,其地层压力差别较小,其中$E_{1-2}z_2^{1-1}$单层8月实测静压为27.8~28.53MPa,平均为28.16MPa;$E_{1-2}z_2^{1-2}$单层目前实测静压为20.01~20.86MPa,平均为20.47MPa,压力升幅基本一致,表明储层平面连通性较好。

受纵向泥岩隔层封隔作用的影响,不同层的气井地层压力差异明显,其中$E_{1-2}z_2^{1-1}$单层实测平均静压为28MPa左右;$E_{1-2}z_2^{1-2}$单层实测静压为20.47~21.82MPa;$E_{1-2}z_2^{2}$砂层实测静压为19.05MPa。

(3)主力吸气层$E_{1-2}z_2^{1-2}$单层具备较强的吸气能力。

A储气库2013年累计投注气井16口,其中5口井以$E_{1-2}z_2^{1-1}$单层为主要吸气层位,1口井以$E_{1-2}z_2^{2}$砂层为主要吸气层位,10口井以$E_{1-2}z_2^{1-2}$单层为主要吸气层位,从投注井数和注气量来看,储气库以$E_{1-2}z_2^{1-2}$单层为主力吸气层。

截至10月29日注气结束,$E_{1-2}z_2^{1-2}$单层累计注气量为$8.51\times10^8m^3$,占储气库总注气量的70%;而$E_{1-2}z_2^{1-1}$单层和$E_{1-2}z_2^{2}$砂层为次要吸气层位,累计注气量为$1.96\times10^8m^3$、$1.62\times10^8m^3$,分别占总注气量的16%和14%(图10-5)。

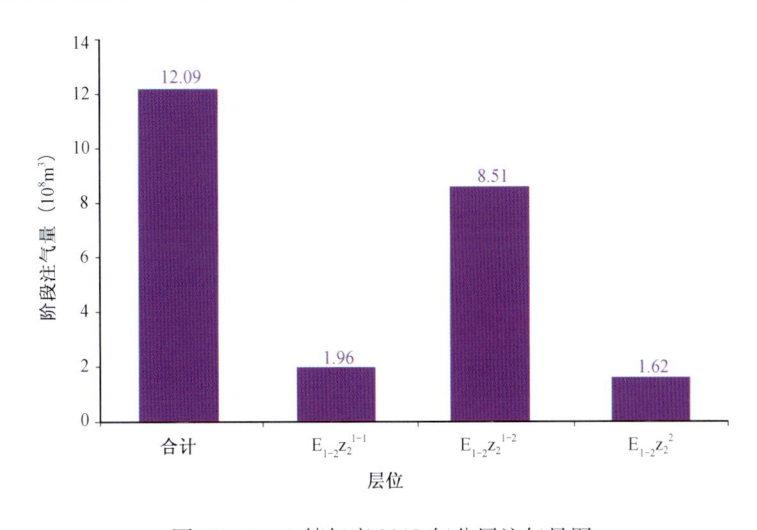

图10-5 A储气库2013年分层注气量图

总体而言,A储气库的气井具有分层注气效果,主力吸气层$E_{1-2}z_2^{1-2}$层具备较强的吸气能力。

2. 注气井控程度特征

利用注气不稳定试井分析方法,对 A 储气库 13 口气井进行了注气运行典型图版拟合,求取了各气井的注气井控半径、井控储量以及有效渗透率等关键储层参数,并评价了储气库的井网控制程度、动用效率等,拟合结果见表 10-3。

表 10-3 A 储气库单井注气不稳定拟合结果表

层位	井号	有效厚度（m）	孔隙度（%）	含气饱和度（%）	有效渗透率（mD）	井控半径（m）	注气末期井网动用库存量（$10^4 m^3$）
$E_{1-2}z_2^{1-1}$	AK7	28.5	13.4	68.5	8.95	175	10588
	AK10	28.0	18.0	62.5	9.51	252	12186
	AK19	29.0	17.8	67.5	20.00	281	28419
	AK23	35.0	16.7	57.9	8.59	359	26252
小计		120.5					77445
$E_{1-2}z_2^{1-2}$	AK18	28.5	16.5	67.5	13.53	364	24327
	AK17	16.0	14.0	61.7	18.28	496	33625
	AK8	25.0	13.1	66.9	20.00	327	24348
	AK9	27.5	14.9	56.2	21.01	445	37264
	AK20	33.5	15.0	67.5	20.48	372	25480
	AK21	26.5	16.6	67.5	9.56	327	23074
	AK22	26.5	15.9	66.0	12.10	336	28033
	AK25	35.0	15.9	67.5	14.14	376	35440
小计		218.5					231591
$E_{1-2}z_2^2$	AHWK2	24.0	20.9	67.2	41.59	527	50739
合计		363					359775

13 口井注气井控半径为 175~527m,平均为 352m,其中主力吸气层 $E_{1-2}z_2^{1-2}$ 单层气井井控半径达到 327~496m,平均为 381m,气井井控半径较大、井控程度较高;$E_{1-2}z_2^{1-1}$ 单层井控半径较小,为 175~359m,平均为 252m;$E_{1-2}z_2^2$ 砂层水平井段长、注气范围大,井控半径大(527m)。

总体而言,注气井主要位于储气库东部,东区井控半径大,东区储层的控制程度较高。

3. 注气动用程度特征

(1)东区主力吸气层动用含气孔隙体积较高。

在注气井井控半径分析的基础上,根据储层有效厚度、孔隙度及含气饱和度等参数,进一步计算了气库动用含气孔隙体积(表 10-4、图 10-6)。

表 10-4　A 储气库 2013 年注气分层动用含气孔隙体积结果表

层位	原始含气孔隙体积($10^4 m^3$)	动用含气孔隙体积($10^4 m^3$)	动用率(%)
$E_{1-2}z_2^{1-1}$	768	298	38.8
$E_{1-2}z_2^{1-2}$	2512	1101	43.8
$E_{1-2}z_2^{2}$	1633	286	17.5
合计	4913	1686	34.3

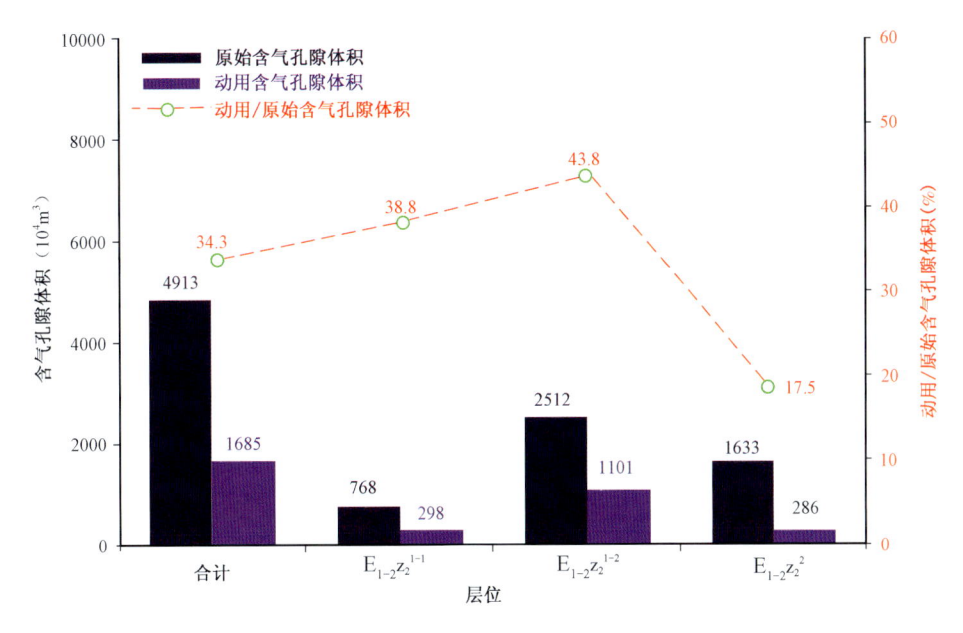

图 10-6　A 储气库 2013 年注气分层动用含气孔隙体积结果图

A 储气库第一周期注气动用含气孔隙体积为 $1685\times10^4 m^3$，其中主力吸气层 $E_{1-2}z_2^{1-2}$ 单层动用含气孔隙体积 $1101\times10^4 m^3$，孔隙体积动用较高；$E_{1-2}z_2^{1-1}$ 单层动用含气孔隙体积为 $298\times10^4 m^3$，$E_{1-2}z_2^{2}$ 砂层动用含气孔隙体积为 $286\times10^4 m^3$，动用程度较 $E_{1-2}z_2^{1-2}$ 单层气层低。

(2) 东区主力吸气层动用库存量高、注气效果好。

受西区未注气，其余储层投注井数少、控制程度低，以及目前地层压力低于设计上限压力等因素影响，储气库整体动用库存量较低，只占总库容的 33.6%。

总体而言，东区主力吸气层动用含气孔隙体积较高，但储气库整体动用程度低。

4. 地层压力特征

在纵向吸气层位及平面动用程度分析的基础上，进一步利用注气井控理论预测方法，预测至 2013 年 10 月 31 日注气结束时储气库及单井的地层压力，计算结果见表 10-5。

表 10-5　A 储气库 2013 年注气末期地层压力预测结果表

层位	井号	注气末期地层压力(MPa)	分层注气末期地层压力(MPa)
$E_{1-2}z_2^{1-1}$	AK7	30.25	29.86
	AK10	30.29	
	AK19	28.70	
	AK23	30.21	
$E_{1-2}z_2^{1-2}$	AK18	24.15	22.67
	AK17	22.00	
	AK8	23.50	
	AK9	21.30	
	AK20	22.40	
	AK21	24.80	
	AK22	22.70	
	AK25	20.50	
$E_{1-2}z_2^2$	AHWK2	20.70	20.70

预测 10 月 31 日注气结束后,储气库地层压力高于建库方案下限压力,其中主力吸气层 $E_{1-2}z_2^{1-2}$ 单层单井地层压力为 20.5~24.8MPa,平均为 22.67MPa;$E_{1-2}z_2^{1-1}$ 单层单井地层压力为 28.7~30.29MPa,平均为 29.86MPa,$E_{1-2}z_2^2$ 砂层为 20.7MPa,注气末期压力分布如图 10-7 所示。

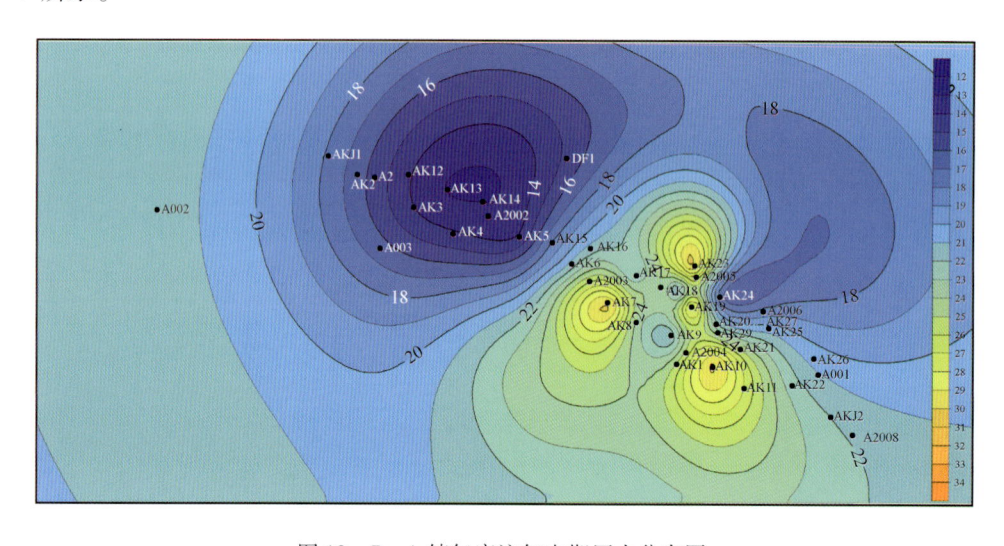

图 10-7　A 储气库注气末期压力分布图

尽管在东区顶驱的压力梯度作用下,西区压力有所上升,但西区地层压力上升幅度较小,远低于东区同期地层压力水平,东部主力吸气层位形成了局部高压区,高于 18MPa 的采气下限压力值,冬季具备调峰采气的压力条件。

总体而言,东区形成了局部高压区,具备调峰采气的压力条件。

5. 注气能力综合评价

根据注气初期稳定点的折算井底流压及相应注气量,并利用投注前所测得的地层压力,分别建立了13口气井一点法注气地层稳定渗流方程;同时以井筒垂直管流、冲蚀流量等为限制条件,考虑压缩机出口压力最大为30MPa,在建库方案设计上下限压力条件下(18MPa和34MPa),分别评价了13口注气井的合理注气能力(表10-6)。

表10-6　A气井一点法注气能力计算结果表($p_{wh}=30$MPa)

井型	层位	井号	二项式方程系数 $a=0.25$ A	B	注气运行合理注气能力(10^4m^3) $p_e=18$MPa	$p_e=34$MPa	注气方案(10^4m^3) $p_e=18$MPa
直井	$E_{1-2}z_2^{1-1}$	AK7	3.2962	0.1467	76	31	105
		AK10	2.7463	0.0941	73	30	110
		AK19	1.5138	0.0298	147	61	138
		AK23	1.8096	0.0430	121	49	123
	$E_{1-2}z_2^{1-2}$	AK18	1.5699	0.0399	131	54	112
		AK17	1.4761	0.0411	131	55	49
		AK8	1.0623	0.0303	151	66	174
		AK9	0.9115	0.0220	159	74	172
		AK20	1.3812	0.0338	141	59	117
		AK21	1.9036	0.0504	118	49	185
		AK22	0.9065	0.0223	159	74	154
		AK25	1.4060	0.0414	136	57	170
水平井	$E_{1-2}z_2^2$	AHWK2	0.3483	0.0050	159	116	163

当压缩机出口压力达到最大30MPa、地层压力为18MPa的条件下,气井注气能力为(73~159)×10^4m^3,平均为131×10^4m^3,储气库注气能力达到1700×10^4m^3;油压30MPa、地层压力34MPa时,注气能力为(30~116)×10^4m^3,平均为59×10^4m^3,储气库仍具有770×10^4m^{3}的注气能力,目前投注气井注气能力均较强,能够满足储气库注气要求;其中AK7、AK10井注气能力较低。

与建库方案设计注气能力对比可知,除AK7、AK10和AK21井注气能力略低于方案设计指标外,其余已投注气井均达到或超过设计指标。

第三节　采气效果评价

A储气库第一周期的采气运行,也是储气库处于试注试采的运行阶段,通过第一周期的采气运行,获得了大量的采气动态资料和监测数据,为储气库采气动态分析及后续周期注采运行提供了科学依据。

一、采气运行情况

截至第一周期采气结束,A储气库累计投产井数为14口,其中直井13口(AK5、AK7、

AK8、AK9、AK10、AK17、AK18、AK19、AK20、AK21、AK22、AK23、AK25 井)、水平井 1 口(HW2 井),除 AK5 井位于过渡带外,其余投产气井均位于东区(图 10-8)。

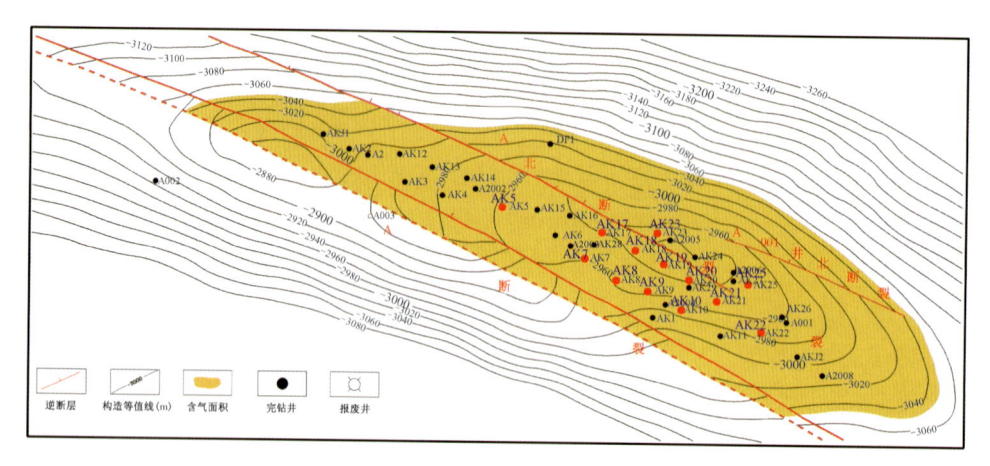

图 10-8　A 储气库第一周期投产井平面分布图

截至采气结束,A 储气库第一周期共采气 68d,日采气量为(40~602)×10⁴m³;阶段采气量为 2.67×10⁸m³,日均采气量为 393×10⁴m³;储气库第一周期日采气运行情况如图 10-9 所示。

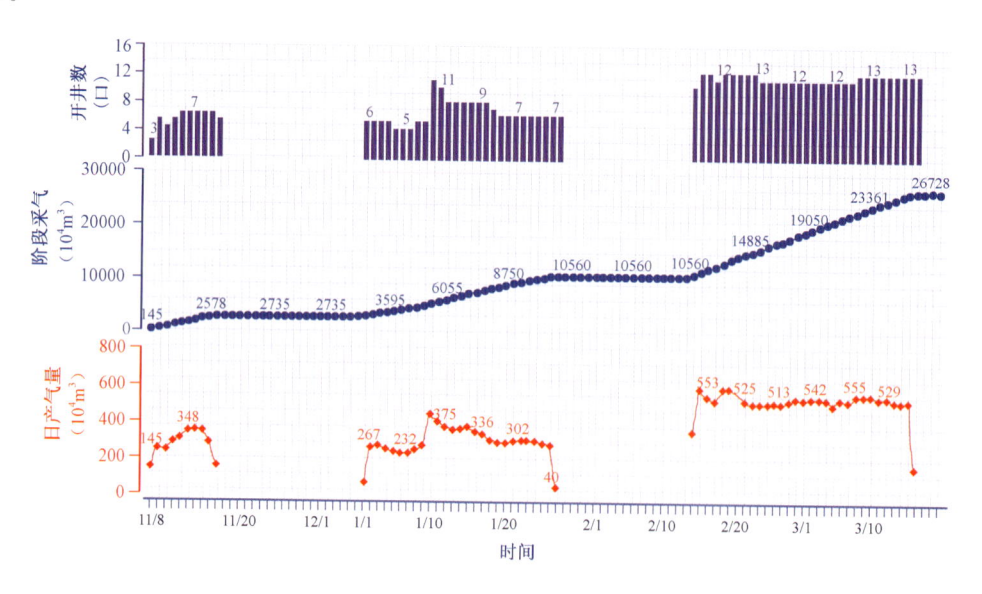

图 10-9　A 储气库第一周期日采气运行曲线图

二、采气效果分析

通过对投产气井采气动态资料的分析,并结合注气运行情况,分析储气库第一周期采气效果如下。

1. 阶段采气量分析

从 A 储气库第一周期日采气运行曲线可以看出,储气库采气具有间歇调峰、阶段运行稳定的总体特征,第一周期调峰采气运行可以分为3个阶段:第一阶段为储气库的试运行阶段,投产井数7口,采气时间10d,除满足调峰需求外,主要验证采气处理装置的适应性,以及装置、自控、电、气水全系统的联合运行工况,日采气量为$(145\sim357)\times10^4m^3$,日均采气量$273\times10^4m^3$,阶段采气量$2734\times10^4m^3$;第二阶段为储气库陆续投产井数12口,日采气量为$(40\sim447)\times10^4m^3$,日均采气量$289\times10^4m^3$,阶段采气量$7825\times10^4m^3$,主要满足区域季节调峰需求;第三阶段为储气库的主要调峰采气阶段,投产井数13口,采气持续时间31d,调峰气量较大,日采气量为$(151\sim602)\times10^4m^3$,日均采气量$534\times10^4m^3$,阶段采气量达到$16168\times10^4m^3$,满足北疆地区冬季季节调峰需求。

从A储气库实际运行结果来看(表10-7),截至采气结束,第一周期阶段采气时间仅为68d,采气量为$2.67\times10^8m^3$,低于采气方案设计(采气时间为135d,调峰量$5.00\times10^8m^3$);但第一周期累计采气井数14口,符合采气方案设计要求,同时从储气库主要调峰阶段的第三阶段来看,储气库最大日采气量达到$602\times10^4m^3$、日均采气量为$534\times10^4m^3$,均达到采气方案设计日配产气量。

表10-7 A储气库实际运行与采气方案对比结果表

采气运行与方案对比	采气井数(口)			采气时间(d)	最大日采气量(10^4m^3)	日均采气量(10^4m^3)	累计采气量(10^8m^3)
	总井数	直井	水平井				
采气方案	13	12	1	135	510	373	5.00
采气运行	14	13	1	68	602	393	2.67

A储气库第一周期投产层位为$E_{1-2}z_2^{1-2}$单层、$E_{1-2}z_2^{1-1}$单层、$E_{1-2}z_2^{2}$砂层,从投产井数和调峰采气量来看,$E_{1-2}z_2^{1-2}$单层为主力产气层位,共投产气井9口,阶段采气量为$1.57\times10^8m^3$,占储气库总调峰气量的59%;其次为$E_{1-2}z_2^{1-1}$单层,投产气井4口,阶段采气量为$0.94\times10^8m^3$,占储气库总调峰气量的35%;$E_{1-2}z_2^{2}$砂层投产1口水平井,阶段采气量仅为$0.17\times10^8m^3$,占储气库总调峰气量的6%(图10-10)。

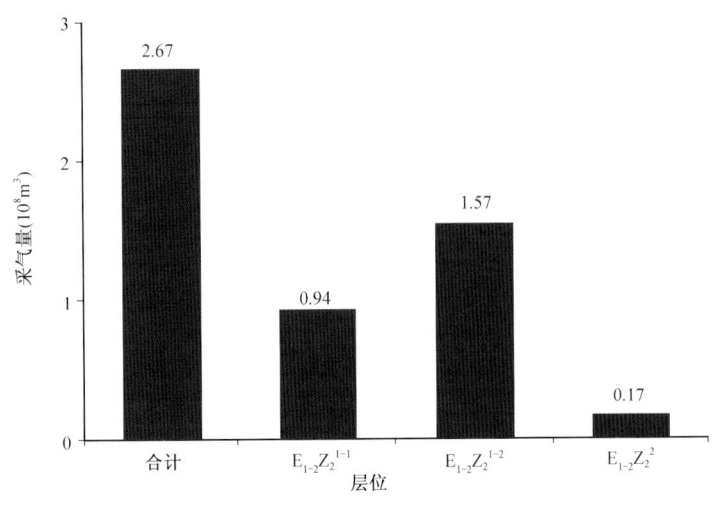

图10-10 A储气库第一周期分层采气量图

总体而言,A 储气库在调峰时间段内,阶段采气量达到了采气方案设计。

2. 单井日产气量分析

A 储气库第一周期累计投产采气井 14 口,其中直井 13 口、水平井 1 口;单井日均采气量为 $(31 \sim 49) \times 10^4 m^3$(表10-8),除 AK19 和 AHWK2 略低于采气方案配产气量外,其余气井均达到采气方案日配产气量要求 $(23 \times 10^4 \sim 49 \times 10^4 m^3)$。

表10-8 A 储气库第一周期单井采气统计表

井型	井号	投产时间	采气时间(d)	阶段采气量($10^4 m^3$)	日均采气量($10^4 m^3$) 实际运行	日均采气量($10^4 m^3$) 方案设计
直井	AK7	2013/11/09	66	2493	38	30
	AK10	2013/11/08	37	1385	37	28
	AK19	2013/11/09	67	2622	39	49
	AK23	2013/11/09	67	2858	43	41
	AK18	2014/01/10	33	1411	43	25
	AK17	2014/01/10	49	1515	31	25
	AK8	2014/02/14	32	1473	46	25
	AK9	2014/02/14	33	1238	38	23
	AK20	2013/11/12	60	2508	42	31
	AK21	2014/01/10	39	1878	48	25
	AK22	2014/01/01	58	2596	45	33
	AK25	2014/01/10	49	2383	49	32
	AK5	2013/11/08	17	670	39	31
水平井	AHWK2	2013/11/08	40	1698	42	47

总体而言,单井日采气量达到了采气方案日配产气量要求。

3. 气井产水及储气库稳定性分析

第一周期采气动态表明,已投产的 14 井气井均产水,但气井阶段产水量及水气比均较低(表10-9),单井阶段产水量仅为 $3.3 \sim 23.4 m^3$,水气比为 $0.0024 \sim 0.0120 m^3/10^4 m^3$,从阶段产水量及水气比分析,气井以凝析水为主;由于气井阶段产水量及水气比均较低,保证了 A 储气库的整体稳定运行。

表10-9 A 储气库第一周期单井产水统计表

井型	井号	阶段采气量($10^4 m^3$)	阶段产水量(m^3)	阶段水气比($m^3/10^4 m^3$)
直井	AK7	2493	14.6	0.0059
	AK10	1385	3.3	0.0024
	AK19	2622	16.8	0.0064
	AK23	2858	17.6	0.0062

续表

井型	井号	阶段采气量(10^4m^3)	阶段产水量(m^3)	阶段水气比($m^3/10^4m^3$)
直井	AK18	1411	16.9	0.0120
	AK17	1515	13.9	0.0092
	AK8	1473	17.5	0.0119
	AK9	1238	14.9	0.0120
	AK20	2508	19.5	0.0078
	AK21	1878	18.0	0.0096
	AK22	2596	21.5	0.0083
	AK25	2383	23.4	0.0098
	AK5	670	3.4	0.0051
水平井	AHWK2	1698	16.9	0.0100
合计		26728	218.3	0.0082

从 A 储气库采气运行来看(图 10-11),采气初期不产水,中后期产少量水,日产水量在 1.0~21.7m^3,平均为 5.6m^3,阶段产水量仅 218.3m^3;同时日水气比为 0.0024~0.0385$m^3/10^4m^3$,平均为 0.0124$m^3/10^4m^3$,阶段水气比仅 0.0082$m^3/10^4m^3$,远低于气藏开发阶段水气比(气井见水前水气比一般为 0.02$m^3/10^4m^3$),一方面是由于第一周期采气井主要位于主力层东区高部位,气藏边水未侵入,另一方面注入干气与地层剩余气体混相,采气过程中仍以采干气为主,因此,A 储气库产水量及水气比均较低,注采运行受水的影响较小。

总体而言,A 储气库东区气井产水量及水气比均较低,对气库稳定运行影响较小。

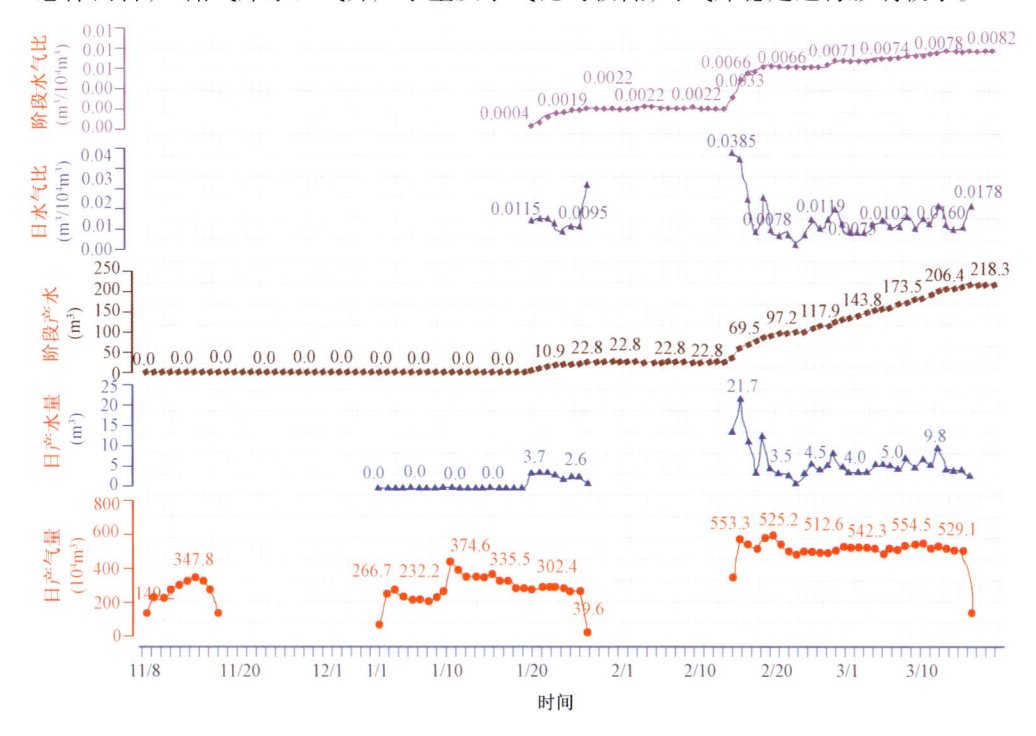

图 10-11 A 储气库第一周期采气产水变化图

三、采气动态特征

根据第一周期已投产气井的采气动态资料以及新钻井的试气测试和复压解释结果,并结合气井现代产量不稳定试井分析解释得到的储渗参数,在采气运行效果分析的基础上,总结储气库第一周期采气运行主要动态特征如下。

1. 分层采气特征

(1)从目前单井地层压力分析,气井具有分层采气效果。

A 储气库气井射开 $E_{1-2}z_2^{1-1}$ 单层、$E_{1-2}z_2^{1-2}$ 单层和 $E_{1-2}z_2^2$ 砂层共 3 套层系,从 16 口气井静压分布特征及变化规律可知(表 10-10),三套层系的地层压力具有一定差异,反映气井具有分层采气效果,且气井产气层位与试气主产气层位基本一致。

表 10-10 A 储气库单井静压统计表(MPa)

层位	井号	试气	2013 年 7 月	2013 年 8 月	2013 年 9 月	2013 年 11 月	2014 年 3 月
$E_{1-2}z_2^{1-1}$	AK7	22.50	24.83	27.80		27.21	18.39
	AK10	26.79	22.94	23.06		25.67	20.24
	AK14	24.10					26.69
	AK19	26.75				26.18	21.20
	AK23	27.58	28.53			28.62	22.26
小计		127.72	76.3	50.86		107.68	108.78
$E_{1-2}z_2^{1-2}$	AK18	22.02		20.54		21.00	18.62
	AK17	14.01				19.27	18.71
	AK8	13.90				20.99	
	AK9	14.25		20.86			18.49
	AK20	13.86			20.21		18.50
	AK21	14.24			21.82	22.66	
	AK22	15.31				25.10	18.60
	AK25	14.09		19.64		20.36	18.30
	AK3	14.03					17.63
	AK5	15.81				18.21	18.93
小计		151.52		61.04	42.03	147.59	147.78
$E_{1-2}z_2^2$	AHWK2	13.71			19.05	19.94	19.45
合计		292.95	76.3	111.9	61.08	275.21	276.01

从注气后地层压力来看,$E_{1-2}z_2^{1-2}$ 单层注气结束后静压平均为 21.56MPa,而 $E_{1-2}z_2^2$ 砂层水平井压力为 19.94MPa,与 $E_{1-2}z_2^{1-2}$ 平均地层压力差值达到 1.62MPa;采气结束后,$E_{1-2}z_2^{1-2}$ 单层静压平均为 18.55MPa,而 $E_{1-2}z_2^2$ 砂层水平井压力为 19.45MPa,与 $E_{1-2}z_2^{1-2}$ 平均地层压力差值为 0.9MPa。从 $E_{1-2}z_2^{1-2}$ 单层与 $E_{1-2}z_2^2$ 砂层地层压力可知,注气后和采气后两套层系的地层压力不一致,反映纵向泥岩隔层对流体运移具有一定封隔作用。

(2)主力气层 $E_{1-2}z_2^{1-2}$ 单层注采过程中东区向西区驱替效果比较明显。

按照建库可行性研究、初设方案以及注气方案设计要求,为了充分发挥高部位重力驱替、实现从高部位到低部位的梯次驱替效果,A储气库第一周期注气井以东区为主,而实际注气过程中投注气井也主要集中于东部,已投注的16口井中,13口井位于东部、1口井位于过渡带、2口井位于西区。

从注气结束后地层压力分布可知(图10-12),东区实测压力为22.7MPa,较投注前(14MPa)上升了8.7MPa,而西区同期完钻气井,11月测试地层压力为14~16.0MPa,地层压力较注气前有一定幅度的上升,在西区气井完全未投注的条件下,西区地层压力出现上升趋势,而且从东区向西区具有明显的压力梯度场,表明东区高部位注气的顶驱效果初现,对提高平面气驱效率和形成有效库容具有重要作用。

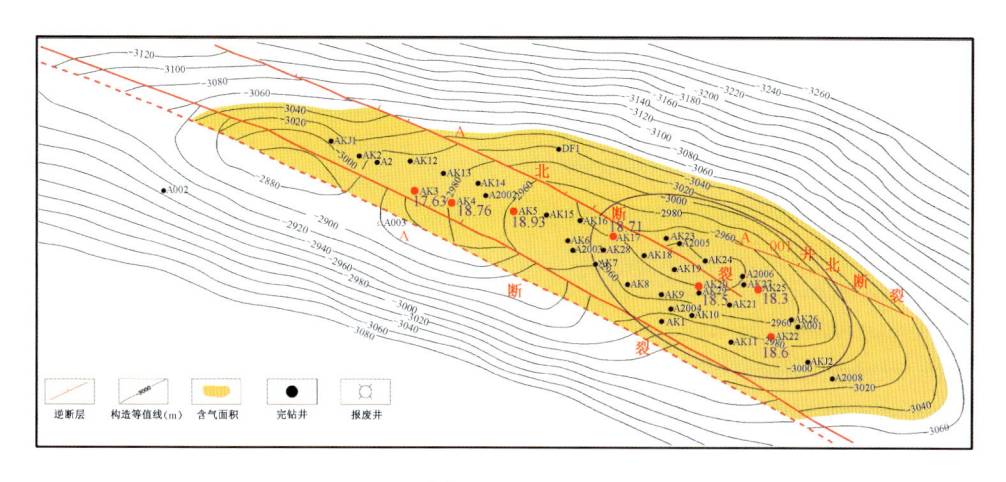

图10-12 A储气库$E_{1-2}z_2^{1-2}$地层压力分布图(2014年3月底测静压)

注气结束后主力气层$E_{1-2}z_2^{1-2}$单层东西区地层压力未完全达到平稳状态,仍存在一定的压力梯度,约为6~7MPa,采气过程中在压力梯度的作用下,东部高压区气体继续向西部低压区扩散,过渡带及西区气井压力呈上升趋势,而东区受扩散及采气压降双重影响,地层压力显著降低;采气结束后,东区实测静压为18.3~18.7MPa,而西区地层压力则上升到17.6~18.9MPa,其中AK3井地层压力从注初的14MPa上升到17.6MPa,过渡带AK5井从16.2MPa上升到18.9MPa(图10-13),过渡带及西区地层压力上升显著。采气过程中西区地层压力仍上升,东区向西区驱替效果比较明显,对提高平面气驱效率和形成有效库容具有重要作用。

但目前西区地层压力仍低于东区,AK3井地层压力为17.6MPa,低于东区气井平均压力(18.6MPa),表明东区向西区的压力传导需要一个过程,在目前西部地层压力仍低于东部的情况下,后续周期仍需要坚持东区高部位优先注气的原则,并采取东区强注、过渡区少注、西区不注的注气方式,以进一步发挥高部位顶驱效果。

2. 采气与注气对比特征

利用目前气田开发中较成熟的气井现代产量不稳定分析方法,在储气库高速流动过程中气井适应性评价的基础上,对A储气库14口气井进行了现代产量不稳定典型图版拟合,选取Blasingame方法,对储气库14口采气井求取气井有效渗透率、井控储量、井控半径以及表皮系数等关键储渗参数,解释结果见表10-11。

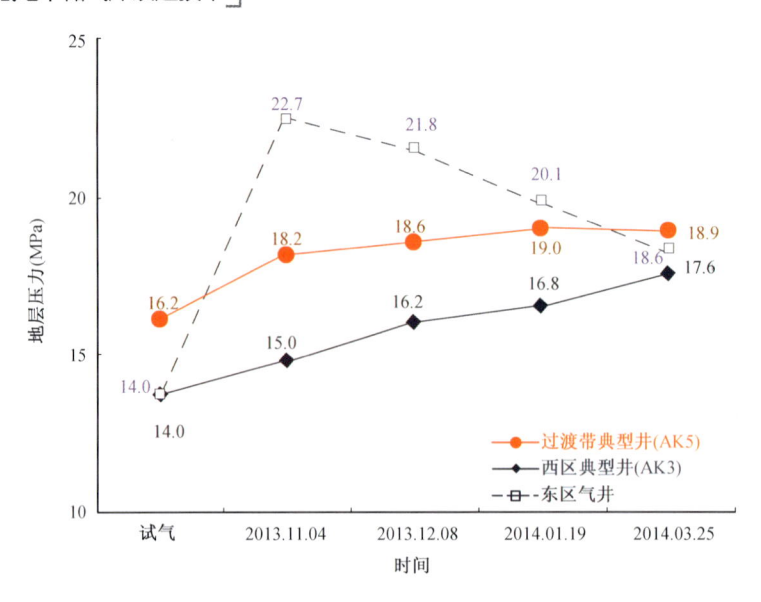

图 10-13 A 储气库 $E_{1-2}z_2^{1-2}$ 典型井地层压力变化图

表 10-11 A 储气库单井现代产量不稳定试井分析结果表

层位	井号	有效厚度（m）	孔隙度（%）	含气饱和度（%）	有效渗透率（mD）	井控半径（m）	动用储量（$10^4 m^3$）
$E_{1-2}z_2^{1-1}$	AK7	28.5	13.4	68.5	4.98	235	9937
	AK10	28.0	18.0	62.5	9.24	165	5039
	AK19	29.0	17.8	67.5	9.78	286	18088
	AK23	35.0	16.7	57.9	5.58	247	13792
小计		120.5					46856
$E_{1-2}z_2^{1-2}$	AK18	28.5	16.5	67.5	8.07	285	15137
	AK17	16.0	14.0	61.7	11.18	474	18559
	AK8	25.0	13.1	66.9	9.16	302	12538
	AK9	27.5	14.9	56.2	7.32	252	9577
	AK20	33.5	15.0	67.5	7.58	275	17833
	AK21	26.5	16.6	67.5	11.58	336	17412
	AK22	26.5	15.9	66.0	15.24	339	19825
	AK25	35.0	15.9	67.5	14.80	321	18360
	AK5	26.5	14.4	60.0	4.40	179	6354
小计		245					117036
$E_{1-2}z_2^2$	HW2	24.0	20.9	67.2	36.73	412	27752
合计		389.5					191644

从解释结果可以看出，受采气时率较短的影响，相对气藏开发而言，气井井控半径偏小，14口气井井控半径为 165~474m，平均为 274m。从直井井控半径来看，$E_{1-2}z_2^{1-1}$ 储层井控半径

为 165~286m，平均为 233m，$E_{1-2}z_2^{1-2}$ 单层直井井控半径为 179~474m，平均为 276m，$E_{1-2}z_2^{1-2}$ 储层直井井控半径要高于 $E_{1-2}z_2^{1-1}$ 储层；但 $E_{1-2}z_2^2$ 储层 HW2 水平井井控半径达到 412m，水平井明显高于 $E_{1-2}z_2^1$ 储层直井。气井动用储量具有同样的规律，从直井来看，$E_{1-2}z_2^{1-1}$ 储层动用储量为 $(5039~18088)\times10^4m^3$，平均为 $11714\times10^4m^3$，$E_{1-2}z_2^{1-2}$ 储层直井动用储量为 $(6354~19825)\times10^4m^3$，平均为 $15066\times10^4m^3$，$E_{1-2}z_2^{1-2}$ 储层直井动用储量要高于 $E_{1-2}z_2^{1-1}$ 储层；但 $E_{1-2}z_2^2$ 储层 HW2 水平井动用储量达到 $27752\times10^4m^3$，水平井明显高于 $E_{1-2}z_2^1$ 储层直井。

从气井注采阶段的动用储量对比来看（表 10-12），除 AK5 井受注气时间短影响，注气井控半径小、动用储量低外，其余单井采气期动用储量均低于注气期动用储量。14 口气井采气期动用储量为 $(5039~27752)\times10^4m^3$，平均为 $15015\times10^4m^3$，而注气期动用储量达到 $(10654~51458)\times10^4m^3$，平均为 $27676\times10^4m^3$；注气期显著高于采气期。

表 10-12 A 储气库单井注采阶段动用储量对比表

层位	井号	注气运行 井控半径(m)	注气运行 动用储量(10^4m^3)	采气运行 井控半径(m)	采气运行 动用储量(10^4m^3)
$E_{1-2}z_2^{1-1}$	AK7	175	10654	235	9937
	AK10	252	11864	165	5039
	AK19	300	28733	286	18088
	AK23	281	26015	247	13792
小计			77266		46856
$E_{1-2}z_2^{1-2}$	AK18	364	24469	285	15137
	AK17	496	34244	474	18559
	AK8	327	24486	302	12538
	AK9	445	37326	252	9577
	AK20	372	25610	275	17833
	AK21	327	22163	336	17412
	AK22	336	28228	339	19825
	AK25	376	34539	321	18360
	AK5	150	1107	179	6354
小计			232172		264836
$E_{1-2}z_2^2$	HW2	526	51458	412	27752
合计			360896		339444

三套层系 $E_{1-2}z_2^{1-2}$ 单层、$E_{1-2}z_2^{1-1}$ 单层和 $E_{1-2}z_2^2$ 砂层采气动用储量分别为 $13.56\times10^4m^3$、$4.69\times10^4m^3$、$2.78\times10^4m^3$（图 10-14），仅为注气运行的 61%、58%、54%，分层系采气期动用储量明显低于注气期，表明采气运行过程中仍存在气体的快速扩容特征，从而降低了采气期的动用储量。

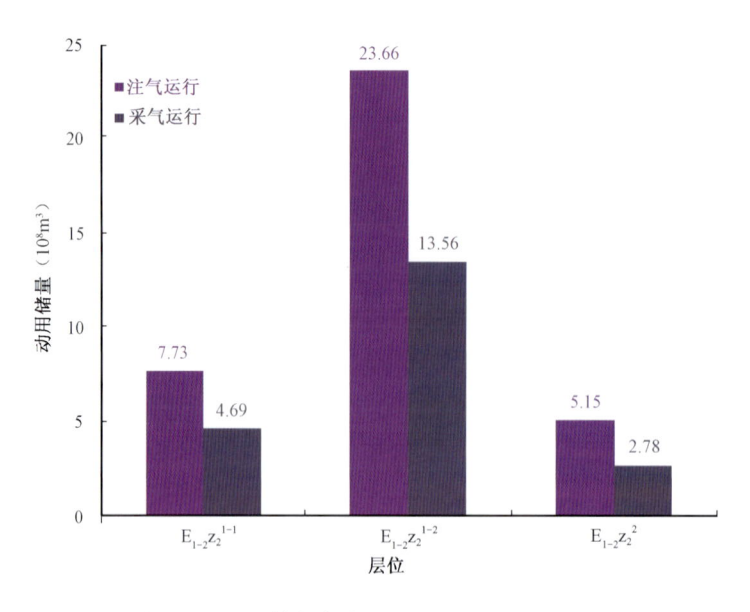

图10-14 A储气库分层系注采动用储量对比图

从主力气层 $E_{1-2}z_2^{1-2}$ 单层注采物质平衡曲线上可知(图10-15),采气曲线在注气曲线之上、曲线斜率较大,即在地层压力变化相同的情况下,注气过程动用的库容较采气过程大,表明采气过程中仍存在东区向西区的物质扩散,导致主力气层东区在采气过程中的动用储量低于注气。

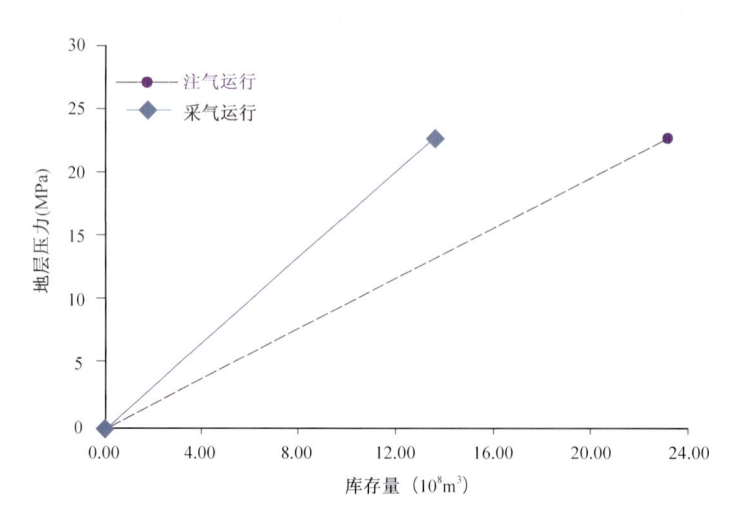

图10-15 A储气库主力气层 $E_{1-2}z_2^{1-2}$ 单层注采阶段物质平衡图

进一步定量化计算结果表明采气过程中东区向西区的扩散气量达到 $2.24 \times 10^8 m^3$（表10-13），与采气方案设计基本一致（$1.90 \times 10^8 \sim 2.16 \times 10^8 m^3$），因此在东西区仍存在压力梯度的情况下,第二周期还是需要考虑扩散气量对储气库采气能力的影响,这也为科学合理预测储气库采气能力提供了依据。

表 10-13 A 储气库单井注气不稳定拟合结果表

参数		参数值
西区压力 （MPa）	采气期前	16.2~18.6
	采气期后	17.6~18.9
扩散气量 （$10^8 m^3$）	方案预测	1.90~2.16
	采气计算	2.24
地层系数 （mD·m）	方案预测	55~60
	采气计算	62

总体而言,储气库采气运行动用储量低于注气运行,存在气体的快速扩容特征。

3. 采气动用程度特征

第一周期投产气井主要集中于东区,从单井采气拟合结果可知,$E_{1-2}z_2^{1-1}$储层井控半径为 165~286m,平均为233m,$E_{1-2}z_2^{1-2}$储层直井井控半径为179~474m,平均为276m,$E_{1-2}z_2^{1-2}$储层直井井控半径要高于$E_{1-2}z_2^{1-1}$储层;对$E_{1-2}z_2^{1-2}$储层而言,目前已投产井井间控制范围略有叠加,对东区的主体部位控制程度较高,但受AK24固井质量问题不能作为注采气,以及AK23主要动用上部高压层产气的影响,目前井网对A北断裂下盘的储层控制不够（图10-16）,部分储层不能有效利用,将直接影响储气库的工作气量。

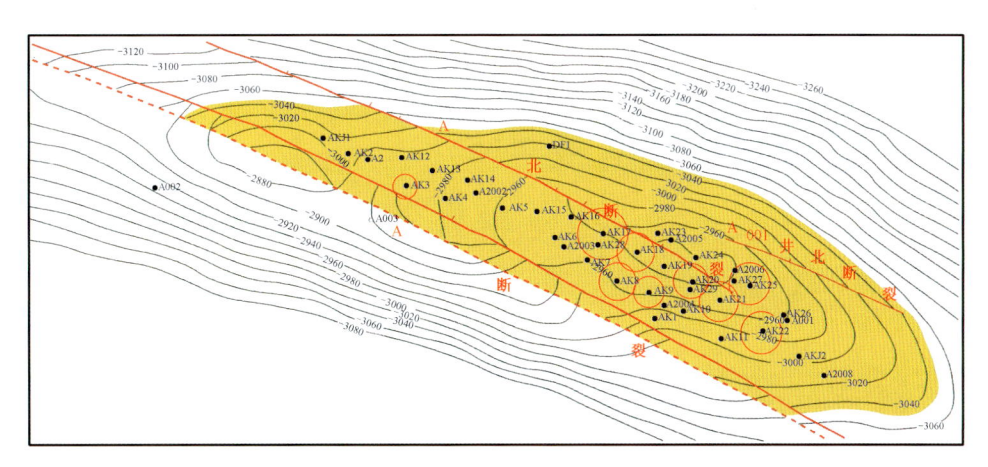

图 10-16 $E_{1-2}z_2^{1-2}$单层气井第一周期采气井井控范围图

$E_{1-2}z_2^2$砂层AHWK2水平井段长、井控范围较大,井控半径达到412m,水平井明显高于$E_{1-2}z_2^1$储层直井,对于整个$E_{1-2}z_2^2$砂层而言,1口水平井加3口直井仍然无法控制整个储层（图10-17）。

总体而言,东区井控程度较高,但部分储层仍未完全控制。

4. 边水对注气的影响特征

从西区来看,目前多口新完钻井试气过程中产水量均较小,未出现大量产水的情况,这说明边水未侵入西区内部;同时AK3井至AK13井一线区域受沉积相分布影响,储层物性变差,在一定程度上可以减缓边水向东区的侵入。

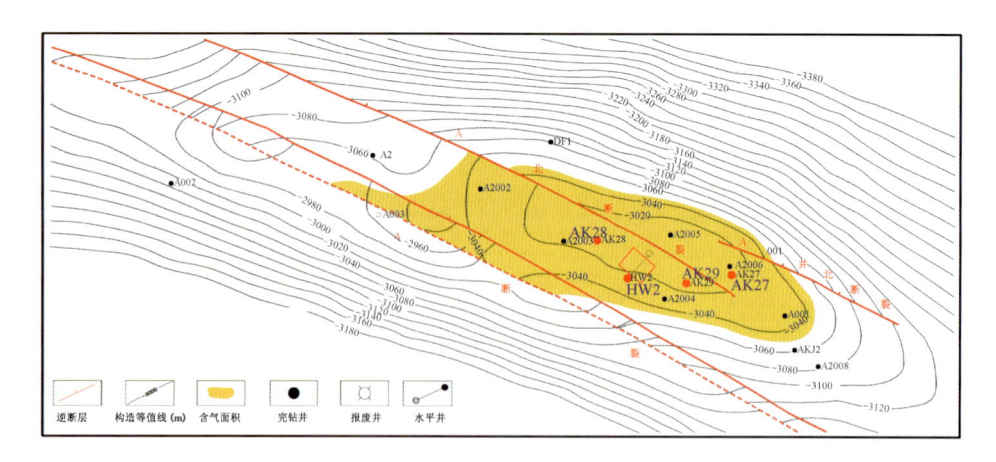

图 10-17　$E_{1-2}z_2^2$ 砂层注气井第一周期采气井井控范围图

从东区来看,目前已投产的气井产水量及水气比均较小,也没有出现大量产水的情况,气井现代产量不稳定试井分析诊断曲线没有出现明显上翘的现象,这也说明采气井没有外来边水补给的情况,边水未侵入东区储层内部。

就目前试采而言,初步反映边水能量相对较弱,对储气库运行负面影响较小。

参 考 文 献

常学军,郝建明,郑家朋,等. 平面非均质边水驱油藏来水方向诊断和调整[J]. 石油学报,2004,25(4):58 - 61,66.

常志强,肖香娇,唐明龙,等. 迪那 2 气田压力监测、试井解释及产能评价技术[J]. 油气井测试,2009,18(1): 25 - 28.

陈锋,杨春和,白世伟. 盐岩储气库最佳采气速率数值模拟研究[J]. 岩土力学,2007,28(1):57 - 62.

陈国利,梁春秀,刘子良,等. 裂缝和砂体方向性明显油藏注采井网的优化[J]. 石油勘探与开发,2004,04: 112 - 115.

陈霖,熊钰,张雅玲,等. 低渗气藏动储量计算方法评价[J]. 重庆科技学院学报(自然科学版),2013,15(5).

陈世加,马力宁,张祥,等. 油气水层的地球化学识别方法[J]. 天然气工业,1996,21(6):39 - 41.

陈晓源. 江汉盐穴储气库密封测试方法研究[J]. 江汉石油职工大学学报,2010,23(4):3 - 5.

陈元千,杨通佑. 石油及天然气储量计算方法[M]. 北京:石油工业出版社,1990.

陈元千. 油藏工程计算方法[M]. 北京:石油工业出版社,1990.

陈月明,姜汉桥. 井间示踪剂监测技术在油藏非均质性描述中的应用[J]. 石油大学学报:自然科学版,1994, 18(A00):1 - 7.

陈兆芳,张建荣,陈月明,等. 油藏数值模拟自动历史拟合方法研究及应用[J]. 石油勘探与开发,2003,30 (4):82 - 84.

崔立宏,疏壮志,杨树合,等. 大张坨地下储气库建设方案[J]. 西南石油大学学报,2003,25(2):76 - 79.

丁国生,王皆明. 枯竭气藏改建储气库需要关注的几个关键问题[J]. 天然气工业,2011,31(5):87 - 89.

丁国生,谢萍. 中国地下储气库现状与发展展望[J]. 天然气工业,2006,26(6):111 - 113.

丁国生,张昱文. 岩穴地下储气库[M]. 北京:石油工业出版社,2010.

丁国生,赵平起. 地下储气库设计实用技术[M]. 北京:石油工业出版社,2011.

丁国生. 全球地下储气库的发展趋势与驱动力[J]. 天然气工业,2010,30(8):59 - 61.

丁国生. 岩穴地下储气库技术[J]. 天然气工业,2003,23(2):106 - 108.

丁玲. 确定气水界面新方法[J]. 油气井测试,2007,16(3):28 - 30.

丁钊,熊钰. 压降法对有水气藏储量计算精度的影响及其适应性[J]. 内蒙古石油化工,2010,36(017): 43 - 44.

董凤娟,冯兵,何光渝,等. 应用层次分析法确定地下储气库最优设计方案[J]. 油气储运,2007,26(10): 18 - 21.

董敏淑. 川东张家场气田石炭系气藏确定气水界面方法[J]. 天然气工业,1996,16(3):31 - 33.

冯友良. 修正的弹性二相法[J]. 大庆石油地质与开发,2003,22(1):15 - 161.

郭平,杜玉洪. 高含水油藏及含水构造改建储气库渗流机理研究[M]. 北京:石油工业出版社,2012.

郭新江,王小平,靳正平. 现代产量递减曲线自动分析方法[J]. 天然气工业,2002,22(3):69 - 71.

国景星,戴启德. 储量精细计算方法探讨——以河流相储集层为例[J]. 油气地质与采收率,2001,8(3): 31 - 33.

郝玉鸿,许敏. 正确计算低渗透气藏的动态储量[J]. 石油勘探与开发,2002,29(5):66 - 68.

郝玉鸿. 气井工作制度对弹性二相法计算动态储量的影响[J]. 天然气工业,1998,18(5):86 - 87.

横冠仁,沈平平. 一种非稳态油水相对渗透率曲线计算方法[J]. 石油勘探与开发,1982,2:52.

侯晓春,王雅茹,杨清彦. 一种新的非稳态油水相对渗透率曲线计算方法[J]. 大庆石油地质与开发,2008,27 (4):54 - 56.

胡永乐,宋新民,杨思玉. 低渗透油气田开采技术[M]. 北京:石油工业出版社,2002.
康晓东,李相方,张国松. 气藏早期水侵识别方法[J]. 天然气地球科学,2004,15(6):637-639.
李保柱,朱玉新,宋文杰,等. 克拉2气田产能预测方程的建立[J]. 石油勘探与开发,2004,31(2):107-111.
李斌会. 聚合物驱相对渗透率曲线测定方法与应用研究[D]. 中国优秀硕士学位论文全文数据库,大庆石油学院,2009.
李传亮. 油藏工程原理(第二版)[M]. 北京:石油工业出版社,2011.
李国兴. 2006. 地下储气库发展建设与趋势. 油气储运,25(8):4-6.
李季,张吉军. 不封闭气藏建库库容设计[J]. 断块油气田,2013(3):359-361.
李建中,李奇. 油气藏型地下储气库建库相关技术[J]. 天然气工业,2013,33(10):100-103.
李建中. 利用岩盐层建设盐穴地下储气库[J]. 天然气工业,2004,24(9):119-121.
李娟娟,焦文玲,宋汉成. 示踪剂测试技术在地下储气库的应用[J]. 煤气与热力,2006,26(9):4-6.
李娟娟,焦文玲,王占胜. 含水层型地下储气库惰性气体作垫层气的数学建模与求解[J]. 天然气勘探与开发,2007,30(3):49-54.
李娟娟,焦文玲,王占胜. 含水层型地下储气库惰性气体作垫层气概述[J]. 石油规划设计,2007,18(5):40-42.
李琴. 低渗致密气藏压裂水平井产能评价方法优化[D]. 中国地质大学(北京),2013.
李士伦,等. 天然气工程[M]. 北京:石油工业出版社,2000.
李喜平,梁生,李君. 边水气藏开发过程中的气水关系分析[J]. 天然气工业,2000,20(S1):99-102.
李志,张奎文,张力春,等. 提高喇嘛甸油田储气库调峰能力[J]. 油气田地面工程,2001,20(4):12-13.
李治平,王常岭. 产量递减曲线参数最优化分析方法[J]. 石油勘探与开发,1999,26(1):56-57.
梁斌,张烈辉,李闽,等. 用数值模拟方法研究气井产量递减[J]. 西南石油大学学报(自然科学版),2008,30(3):106-109.
刘百红,秦绪英,郑四连,等. 微地震监测技术及其在油田中的应用现状[J]. 勘探地球物理进展,2006,28(5):325-329.
刘刚. 升平气田火山岩气藏数值模拟及井网部署方法研究[D]. 大庆石油学院,2007.
刘建中,王春耘,刘继民,等. 用微地震法监测油田生产动态[J]. 石油勘探与开发,2004,31(2):71-73.
刘蜀知,黄炳光,李道轩. 水驱气藏识别方法的对比及讨论[J]. 天然气工业,1999,19(4):37-40.
刘同敬,姜汉桥,黎宁,等. 井间示踪测试在剩余油分布描述中的应用[J]. 大庆石油地质与开发,2008,27(1):74-77.
刘伟,陈敏,吕振华,等. 地下储气库的分类及发展趋势[J]. 技术纵横,2011,30(12):100-101.
刘小平,吴欣松,王志章,等. 我国大中型气田主要气藏类型与分布[J]. 天然气工业,2002,22(1):1-5.
刘玉慧,袁士义,宋文杰,等. 反凝析液对产能的影响机理研究[J]. 石油勘探与开发,2001,28(1):54-56.
刘振兴,靳秀菊,朱述坤,等. 中原地区地下储气库库址选择研究[J]. 天然气工业,2005,25(1):141-143.
刘志军,兰义飞,冯强汉,等. 低渗岩性气藏建设地下储气库工作气量的确定[J]. 油气储运,2012,31(12):891-894.
卢晓敏,何晓东. 气藏动态预测物质平衡法研究[J]. 天然气勘探与开发,1999,22(3):29-32.
吕成远. 油藏条件下油水相对渗透率实验研究[J]. 石油勘探与开发,2003,30(4):102-104.
罗兴平,张大勇,王燕,等. MDT单压力点确定油/气/水界面方法[J]. 测井技术,2011,35(2):180-182.
马小明,余贝贝,马东博,等. 砂岩枯竭型气藏改建地下储气库方案设计配套技术[J]. 天然气工业,2010,30(8):67-71.
马小明,赵平起. 2011. 地下储气库设计与实用技术. 北京:石油工业出版社.
毛川勤,郑州宇. 川渝地区相国寺地下储气库库址选择[J]. 天然气工业,2010,30(8):72-75.

庞晶,钱根宝,王彬,等. 新疆 H 气田改建地下储气库的密封性评价[J]. 天然气工业,2012,32(2):83 – 85.

秦同洛,等. 实用油藏工程方法[M]. 北京:石油工业出版社,1989.

任茵. 苏里格气田苏 53 区块天然气储量计算及其参数确定方法[J]. 天然气勘探与开发,2012,35(3): 17 – 23.

沙宗伦,方凌云,方亮,等. 大庆喇嘛甸地下天然气储气库开发技术研究[J]. 天然气工业,2001,21(5): 80 – 83.

申颖浩,何顺利,王少军,等. 低渗透气藏动态储量计算新方法[J]. 科学技术与工程,2010,10(28).

申颖浩,何顺利,王少军,等. 改进压降法确定气藏动态储量[J]. 油气井测试,2012,20(6):1 – 3.

舒萍,樊晓东,刘启. 大庆地区地下储气库建设设计研究[J]. 天然气工业,2001,21(4):84 – 87.

司马立强. 测井地质应用技术[M]. 北京:石油工业出版社,2002.

宋付权,刘慈群. 低渗油藏的两相相对渗透率计算方法[J]. 西安石油学院学报:自然科学版,2000,15(1): 10 – 12.

苏欣,张琳,李岳. 国内外地下储气库现状及发展趋势[J]. 天然气与石油,2007,25(4):1 – 4.

苏欣,赵宏涛,袁宗明,等. 基于模糊综合评判法的地下储气库方案优选[J]. 石油学报,2006,27(2): 125 – 128.

孙家振. 地震综合解释教程[M]. 北京:中国地质大学出版社,2002.

谭羽飞,廉乐明,严铭卿. 国外天然气地下储气库的数值模拟研究[J]. 天然气工业,1998,18(6):93 – 94.

唐俊伟,陈彩虹. 修正等时试井资料分析新方法[J]. 石油勘探与开发,2004,31(1):97 – 99.

唐俊伟,马新华,焦创斌,等. 气井产能测试新方法—回压等时试井[J]. 天然气地球科学,2004,15(5): 540 – 544.

唐泽尧,徐中英. 天然气开采工程丛书(1):气田开发地质[M]. 北京:石油工业出版社,1997.

天工. 国家储气库已选定 11 个地点[J]. 天然气工业,2010,31(12):80.

天工. 我国最大储气库——呼图壁储气库投产[J]. 天然气工业,2013,33(7):123.

田信义,王国苑,陆笑心,等. 气藏分类[J]. 石油与天然气地质,1996,17(3)206 – 212.

王建光,廖新维,杨永智. 超高压应力敏感性气藏产能评价方法[J]. 新疆石油地质,2007,28(2):216 – 218.

王皆明,王丽娟,耿晶. 含水层储气库建库注气驱动机理数值模拟研究[J]. 天然气地球科学,2006,16(5): 673 – 676.

王俊魁,舒萍. 大庆油区地下储气库建库研究[J]. 大庆石油地质与开发,1999,18(1):24 – 27.

王丽娟,郑雅丽,李文阳,等. 水层建库气驱水机理数值模拟[J]. 天然气工业,2007,27(11):100 – 102.

王亮. 储气库库址的选型方法探究[J]. 中国石油和化工标准与质量,2013,6:216.

王怒涛,黄炳光,梁尚斌,等. 气井产能分析方法研究[J]. 大庆石油地质与开发,2004,23(1):33 – 34.

王起京,张余,刘旭. 大张坨地下储气库地质动态及运行效果分析[J]. 天然气工业,2003,23(2):89 – 9.

王希勇,熊继有,袁宗明,等. 国外天然气地下储气库现状调研[J]. 天然气勘探与开发,2004,27(1):49 – 51.

王允诚,孔金祥,李海平,等. 天然气工程丛书(气藏地质)[M]. 北京:石油工业出版社,2004.

王秩. 地震层位标定方法综述及应用[J]. 重庆科技学院学报,2011,13(1):40 – 42.

我国天然气储存技术的现状(下). 中国石油商务网,2003,02,18.

吴元燕,吴胜和,蔡正旗. 油矿地质学[M]. 北京:石油工业出版社,2005.

伍藏原,陈文龙. 利用试井数据确定凝析气藏气水界面为主[J]. 油气井测试,2004,13(3):16 – 18.

肖立新,陈能贵,张健,等. 准噶尔盆地南缘古近系紫泥泉子组沉积体系分析[J]. 天然气地球科学,2011,22 (3):426 – 431.

胥洪成,陈建军,万玉金,等. 一点法产能方程在气藏开发中的应用[J]. 石油天然气学报,2007,29(3): 454 – 456.

胥洪成,等. 水淹枯竭气藏型地下储气库盘库方法[J]. 天然气工业,2010,30(8):79-82.
徐海霞,赵万优,王长山,等. 断层封闭性演化研究方法及应用[J]. 断块油气田,2008,15(3):40-42.
闫爱华,孟庆春,林建品,等. 苏4潜山储气库密封性评价研究[J]. 长江大学学报,2013,10(16):48-50.
严谨,张烈辉,王益维. 凝析气井反凝析污染的评价及消除[J]. 天然气工业,2005,25(2):133-135.
杨清彦. 两相驱替相对渗透率研究[D]. 中国优秀博士学位论文全文数据库,中国地质大学(北京),2012.
杨通佑,范尚炯,陈元千,等. 石油及天然气储量计算方法[M]. 北京:石油工业出版社,2005.
杨伟,王雪亮,马成荣. 国内外地下储气库现状及发展趋势[J]. 油气储运,2010,26(6):15-19.
杨毅,李长俊,张红兵,等. 模糊综合评判法优选地下储气库方案设计研究[J]. 天然气工业,2005,25(8):112-114.
杨毅,蒲晓林,王霞光. 枯竭油气藏型地下储气库库址优选研究[J]. 石油工程建设,2005,31(3):1-7.
佚名. 美国天然气液化气技术[EB/OL]. http://www.cryosys.net/products/products/LNO-in-USA.htm, 2001-5-11.
曾波,漆建忠,邹源红. 川东石炭系气藏产出地层水特征初探[J]. 天然气勘探与开发,2004,27(1):8-11.
曾鼎乾. 地层对比方法概述[M]. 北京:石油工业出版社,1958.
展长虹,焦文玲,谭羽非,等. 含水岩层储气库建设与数值模拟研究[J]. 油气储运,2001,20(1):9-11.
张厚福, 苟先志,等. 石油地质学[M]. 北京:石油工业出版社,1999.
张烈辉. 油气藏数值模拟基本原理[M]. 石油工业出版社,2005.
张茂林,孙良田,李士伦. 凝析油气藏K值多组分模型数值模拟方法[J]. 石油学报,1991,12(1):60-68.
张茂林,俞高明. 油气体系拟组分相平衡及物性参数计算[J]. 天然气工业,1988,8(4):26-32.
张培军,唐玉林. 一点法公式在川东气田的应用及校正[J]. 天然气勘探与开发,2004,27(2):24-25.
张培信. 油田井间示踪测试技术进展[J]. 国外测井技术,2006,20(6):47-48.
张平,杨军孝,张育敏,等. 井间示踪剂监测技术在跃进二号油田的应用及前景分析[J]. 青海石油,2006,24(2):40-44.
张山,刘清林. 微地震监测技术在油田开发中的应用[J]. 石油物探,2002,41(2):226-231.
张新征,张烈辉,李玉林,等. 预测裂缝型有水气藏早期水侵动态的新方法[J]. 西南石油大学学报,2007,29(5):82-85.
张幸福,谢广禄,曾杰,等. 大张坨地下储气库运行模式分析[J]. 天然气地球科学,2003,14(4):240-244.
张旭. 论当前时我国地下储气库现状研究[J]. 中国石油和化工标准与质量,2013,18:168.
赵澄林,朱筱敏. 沉积岩石学[M]. 北京:石油工业出版社,2001.
赵春森,肖丹凤,宋文玲,等. 水平井与直井交错井网优化方法[J]. 石油勘探与开发,2005,32(1):119-122.
赵树东,王皆明. 天然气储气库注采技术[M]. 北京:石油工业出版社,2000.
赵树栋,王皆明. 天然气地下储气库注采技术[M]. 北京:石油工业出版社,2000.
中国石油天然气总公司开发生产局编. 低渗透油气田开发技术—全国低渗透油田开发技术座谈会论文选[M]. 北京:石油工业出版社,1994.
周邻丹. 产量递减曲线在延长油矿可采储量标定中的新应用[J]. 中国石油和化工标准与质量,2013(19):156,160.
周小平,孙雷,陈朝刚. 低渗透凝析气藏反凝析水锁伤害解除方法现状[J]. 钻采工艺,2006,28(5):66-68.
朱荣强. 天然气储气库储气规模的确定[J]. 山东化工,2013,01:63-65.
朱维耀,鞠岩,王世虎,等. 提高油层波及效率增产渗流理论和方法[M]. 北京:石油工业出版社,2004.
Beggs H D. Gas production operations[M]. OGCI publications,1984.
Brigham W E,Abbaszadeh-Dehghani M. Tracer testing for reservoir description[J]. Journal of petroleum technology, 1987,39(5):519-527.

【参考文献】

Brigham W E, Smith Jr D H. Prediction of tracer behavior in five – spot flow[C]//Conference on Production Research and Engineering. Society of Petroleum Engineers, 1965.

Chaudhry A U. Gas well testing handbook[M]. Gulf professional publishing, 2003.

CIESLINSKIJT, MOSDORF R. Gas bubble dynamics experiment and fractal analysis[J]. International Journal of Heat and Mass Transfer, 2005, 48(9):1808 – 1818.

Cullender M H. The isochronal performance method of determining the flow characteristics of gas wells[J]. 1955.

De Moegen H, Giouse H. Long – term study of cushion gas replacement by inert gas[C]//SPE Annual Technical Conference and Exhibition. Society of Petroleum Engineers, 1989.

Ferreira H, Mamora D D, Startzman R A. Simulation studies of waterflood performance with horizontal wells[C]//Permian Basin oil & gas recovery conference. 1996:529 – 534.

FRAN K HEINZE. Report of working Committee 2"UN – DERGROUND STORA GE"[C]. 22nd World Gas Conferenc, 2003:21 – 26.

GB/T 26979—2011. 天然气藏分类. 中华人民共和国国家标准[D]. 1995.

IGU. 2006 – 2009 triennium work report: study group 2.1: UGS database[C]// 24th World Gas Conference 2009. Buenos Aires: IGU, 2009.

Katz D L, Cornell D, Kobayashi R, et al. Handbook of[J]. Natural Gas Engineering. New York: McGraw – Hill Book Company, 1959.

Katz D L, Tek M R. Overview on underground storage of natural gas[J]. Journal of petroleum technology, 1981, 33(06):943 – 951.

Laille J P, Molinard J E, Wents A. Inert Gas Injection as Part of the Cushion of the Underground Storage of Saint – Clair – Sur – Epte France[C]//SPE Gas Technology Symposium. Society of Petroleum Engineers, 1988.

Mattax C C, Mckinley R M. 岩心分析论文集[C]. 杨普华, 倪方天, 译. 北京: 石油工业出版社, 1998.

Mayfield J F. Inventory verification of gas storage fields[J]. Journal of Petroleum Technology, 1981, 33(09):1,731 – 1,734.

Mostafa I. Evaluation of water and gas pattern flooding using horizontal wells in tight carbonate reservoirs[J]. Middle East Oil Show, 1993.

Nagelhout A C G, Roest J P A. Investigating fault slip in a model of an underground gas storage facility[J]. International Journal of Rock Mechanics and Mining Sciences, 1997, 34(3):212. e1 – 212. e14.

Nederveen N, Damm M. Basal waterflooding of tight chalk field with long horizontal fractured injectors[J]. Paper SPE, 1993, 26802.

Perkins T K, Johnston O C. A review of diffusion and dispersion in porous media[J]. Society of Petroleum Engineers Journal, 1963, 3(01):70 – 84.

Pierce H R, Rawlins E L. Study of a Fundamental Basis for Controlling and Gauging Natural – gas Wells[M]. 1929.

Pierce H R, Rawlins E L. The Study of Fundamental Basis for Controlling and Gauging Naturalgas Wells Part Ⅱ: A Fundamental Relatin for Gauging Gas – well Capacities[J]. USEM, RI – 2930, 1929:3.

Rawlins E L, Schellhardt M A. Back – pressure data on natural – gas wells and their application to production practices[R]. Bureau of Mines, Bartlesville, Okla. (USA), 1935.

Robinson D B, Peng D Y, CAng S Y K. The development of the Peng – Robinson equation and its application to phase equilibrium in a system containing methanol[J]. Fluid Phase Equilibria, 1985, 24(1):25 – 41.

Shaw D C. Numerical simulation of miscible displacement processes in gas storage reservoirs[M]//Underground Storage of Natural Gas. Springer Netherlands, 1989:347 – 370.

Soave G. Equilibrium constants from a modified Redlich – Kwong equation of state[J]. Chemical Engineering Science,1972,27(6):1197-1203.

Taber J J,Seright R S. Horizontal injection and production wells for EOR or waterflooding[C]//Permian Basin Oil and Gas Recovery Conference. Society of Petroleum Engineers,1992.

WU Haojiang,ZHOU Fangde,WU Yuyuan. Intelligent identification system of flow regime of oil gas – water multiphase flow[J] International Journal of Multiphase Flow,2001,27(3):459-475.

Zakirov S N,Zakirov I S. New methods for improved oil recovery of thin oil rims[C]//European Petroleum Conference. Society of Petroleum Engineers,1996.